大数据与人工智能技术丛书

大数据分析

Python爬虫、数据清洗和数据可视化 第2版·微课视频版

◎ 黄源 蒋文豪 龙颖 编著

清华大学出版社

北京

内 容 简 介

　　本书的编写目的是向读者介绍大数据分析的基本概念和相应的技术应用。全书共10章,分别介绍大数据概述、爬虫和大数据相关技术、Scrapy爬虫、Python与MySQL数据库连接与查询、数据可视化基础与应用、大数据存储与清洗、数据格式与编码技术、数据抽取与采集、pandas数据分析与清洗以及综合实训。本书将理论与实践操作相结合,通过大量的案例帮助读者快速了解和应用大数据分析相关技术,并对书中重要的、核心的知识点加大练习的比例,以达到熟练应用的目的。

　　本书可作为高等院校大数据专业、人工智能专业、软件技术专业、云计算专业、计算机网络专业的专业课教材,也可作为大数据爱好者的参考书。

图书在版编目(CIP)数据

　　大数据分析:Python爬虫、数据清洗和数据可视化:微课视频版/黄源,蒋文豪,龙颖编著.—2版.
—北京:清华大学出版社,2022.7(2024.8重印)
　　(大数据与人工智能技术丛书)
　　ISBN 978-7-302-60523-2

　　Ⅰ.①大… Ⅱ.①黄… ②蒋… ③龙… Ⅲ.①数据处理 Ⅳ.①TP274

中国版本图书馆 CIP 数据核字(2022)第 055794 号

策划编辑:魏江江
责任编辑:王冰飞
封面设计:刘　键
责任校对:李建庄
责任印制:曹婉颖

出版发行:清华大学出版社
　　　　网　　　址:https://www.tup.com.cn,https://www.wqxuetang.com
　　　　地　　　址:北京清华大学学研大厦 A 座　　　邮　　编:100084
　　　　社 总 机:010-83470000　　　　　　　　　　邮　　购:010-62786544
　　　　投稿与读者服务:010-62776969, c-service@tup.tsinghua.edu.cn
　　　　质量反馈:010-62772015, zhiliang@tup.tsinghua.edu.cn
　　　　课件下载:https://www.tup.com.cn,010-83470236
印 装 者:三河市君旺印务有限公司
经　　销:全国新华书店
开　　本:185mm×260mm　　　印　　张:22　　　　　　字　　数:508千字
版　　次:2020年1月第1版　　2022年9月第2版　　印　　次:2024 年 8 月第7次印刷
印　　数:31501～33500
定　　价:59.80 元

产品编号:094461-01

前　言

党的二十大报告指出：教育、科技、人才是全面建设社会主义现代化国家的基础性、战略性支撑。必须坚持科技是第一生产力、人才是第一资源、创新是第一动力，深入实施科教兴国战略、人才强国战略、创新驱动发展战略，开辟发展新领域新赛道，不断塑造发展新动能新优势。高等教育与经济社会发展紧密相连，对促进就业创业、助力经济社会发展、增进人民福祉具有重要意义。

本书第 1 版自 2020 年 1 月由清华大学出版社出版以来，被国内多所院校选为教材，深受师生好评，教学成果显著。此次改版在第 1 版的基础上增加了许多新的大数据技术，使得本书能够紧跟大数据的发展潮流。

大数据是现代社会高科技发展的产物，相对于传统的数据分析，大数据是海量数据的集合，它以采集、整理、存储、挖掘、共享、分析、应用、清洗为核心，正广泛地应用在军事、金融、环境保护、通信等各个行业中。

当前，发展大数据已经成为国家战略，大数据在引领经济社会发展中的新引擎作用更加明显。2014 年"大数据"首次出现在我国的《政府工作报告》中。报告中说道，要设立新兴产业创业创新平台，在大数据等方面赶超先进，引领未来产业发展。"大数据"概念逐渐在国内成为热议的词汇。2015 年国务院正式印发《促进大数据发展行动纲要》，《纲要》明确指出要不断地推动大数据发展和应用，在未来打造精准治理、多方协作的社会治理新模式，建立运行平稳、安全高效的经济运行新机制，构建以人为本、惠及全民的民生服务新体系，开启大众创业、万众创新的创新驱动新格局，培育高端智能、新兴繁荣的产业发展新生态。

本书共 10 章，主要包括大数据概述、爬虫和大数据相关技术、Scrapy 爬虫、Python 与MySQL 数据库连接与查询、数据可视化基础与应用、大数据存储与清洗、数据格式与编码技术、数据抽取与采集、pandas 数据分析与清洗以及综合实训。

本书特色如下：

(1) 采用"理实一体化"教学方式，课堂上既有老师的讲述又有学生独立思考、上机操作的内容。

(2) 紧跟时代潮流，注重技术变化，书中包含了最新的大数据分析知识及一些开源库的使用。建议读者在阅读本书时使用 Python 3.7 以上版本，并提前安装好所需要的扩展库（如 requests、Scrapy、numpy、pandas、matplotlib 等）。此外，读者在阅读本书时还需安装 MySQL 以及 Kettle 等相关软件。

(3) 编写本书的教师都具有多年的教学经验，书中内容重难点突出，能够激发学生的学习热情。

(4) 配套资源丰富，包含教学大纲、教学课件、电子教案、习题答案、程序源码、在线作业、微课视频等多种教学资源。

本书可作为高等院校大数据专业、人工智能专业、软件技术专业、云计算专业、计算机网络专业的专业课教材，也可作为大数据爱好者的参考书。

本书建议学时为 80 学时，具体分布如下表所示：

章　节	建议学时
大数据	4
爬虫与大数据	12
Scrapy 爬虫	8
数据库连接与查询	6
数据可视化基础与应用	10
大数据存储与清洗	6
数据格式与编码技术	6
数据抽取与采集	12
pandas 数据分析与清洗	12
综合实训	4

本书由黄源、蒋文豪、龙颖编著。其中，黄源编写了第 1 章、第 3 章、第 4 章、第 6～10 章；蒋文豪编写了第 2 章；龙颖编写了第 5 章。全书由黄源负责统稿工作。

在本书的编写过程中，编者得到了中国电信金融行业信息化应用重庆基地总经理助理杨琛的大力支持，同时清华大学出版社的魏江江分社长和王冰飞编辑为本书的出版做了大量的工作，在此一并表示感谢。

由于编者水平有限，书中难免出现疏漏之处，衷心希望广大读者批评指正。

编　者

目　录

源码下载

第**1**章

大 数 据

本章学习目标

- 了解大数据的定义。
- 了解大数据的特征及技术框架。
- 掌握不同数据分类。
- 了解大数据与云计算的关系。
- 了解大数据与人工智能的关系。
- 了解发展大数据的意义。
- 了解大数据在我国的发展现状。

本章先向读者介绍大数据的定义,再介绍大数据的特征及技术框架,接着介绍大数据与云计算的关系,最后介绍大数据在我国的发展现状。

1.1 大数据概述

视频讲解

1.1.1 大数据介绍

1. 大数据的定义

大数据(big data)是指无法在一定时间范围内用常规软件工具进行捕捉、管理和处理的数据集合,是需要新处理模式才能具有更强的决策力、洞察发现力和流程优化能力的海量、高增长率和多样化的信息资产。

大数据是现代社会高科技发展的产物,它不是一种单独的技术,而是一个概念、一个技术圈。相对于传统的数据分析，大数据是海量数据的集合，它以采集、整理、存储、挖掘、共享、分析、应用、清洗为核心，正广泛地应用在军事、金融、环境保护、通信等各个行业中。

2006年，全球知名咨询公司麦肯锡最早提出了大数据的概念。在这16年间，大数据从商业新概念发展成了新经济增长和企业战略的关键引擎。麦肯锡认为："大数据的应用，重点不在于堆积数据，而在于利用数据做出更好的、利润更高的决策。"因此，大数据的核心在于对海量数据的分析和利用。

按照麦肯锡的理念来理解，大数据并不是神秘的，不可触摸的，它是一种新兴的产业，从提出概念至今不断在推动着世界经济的转型和进一步的发展。如法国政府在2013年投入近1150万欧元，用于7个大数据市场项目研发。目的在于通过发展创新性解决方案，并将其用于实践，来促进法国在大数据领域的发展。法国政府在《数字化路线图》中列出了5项将大力支持的战略性高新技术，大数据就是其中一项。

综上所述，从各种各样的大数据中快速获得有用信息的能力就是大数据技术。这种技术已经对人们的生产和生活方式有了极大的影响，并且还在快速地发展中，不会停下来。

2. 大数据的发展历程

大数据的发展主要经历了3个阶段：出现阶段、热门阶段和应用阶段。

1) 出现阶段（1980—2008年）

在1980年未来学家阿尔文·托夫勒所著的《第三次浪潮》中将"大数据"称为"第三次浪潮的华彩乐章"。1997年美国宇航局研究员迈克尔·考克斯和大卫·埃尔斯沃斯首次使用"大数据"这一术语来描述20世纪90年代的挑战：超级计算机生成大量的信息（在考克斯和埃尔斯沃斯案例中，模拟飞机周围的气流）是不能被处理和可视化的。数据集之大，超出了主存储器、本地磁盘，甚至远程磁盘的承载能力，因而称之为"大数据问题"。

谷歌（Google）在2006年首先提出云计算的概念。2007—2008年随着社交网络的激增，技术博客和专业人士为"大数据"概念注入新的生机。"当前世界范围内已有的一些其他工具将被大量数据和应用算法所取代"。美国《连线》杂志主编克里斯·安德森认为当时处于一个"理论终结时代"。一些国家的政府机构和美国的顶尖计算机科学家声称："应该深入参与大数据计算的开发和部署工作，因为它将直接有利于许多任务的实现"。2008年9月，《自然》杂志推出了名为"大数据"的封面专栏，同年"大数据"概念得到了美国政府的重视；计算社区联盟（Computing Community Consortium）发表了第一个关于大数据的白皮书《大数据计算：在商务、科学和社会领域创建革命性突破》，其中提出了当年大数据的核心作用：大数据真正重要的是寻找新用途和散发新见解，而非数据本身。

2) 热门阶段（2009—2012年）

2009—2010年"大数据"成为互联网技术行业中的热门词汇。2009年印度建立了用于身份识别管理的生物识别数据库；2009年联合国全球脉冲项目研究了如何利用手机和社交网站的数据源来分析预测从螺旋价格到疾病暴发之类的问题；2009年美国政府通过启动Data.gov网站的方式进一步开放了数据的大门，该网站超过4.45万个的数据集被用于保证一些网站和智能手机应用程序来跟踪信息，这一行动促使肯尼亚及英国政府相继推出类似举措;2009年,欧洲一些领先的研究型图书馆和科技信息研究机构建立了伙伴关系,致力于改善在互联网上获取科学数据的简易性。2010年,肯尼斯·库克尔发表大数据专题报告《数据,无所不在的数据》;2011年2月,IBM的沃森超级计算机每秒可扫描并分析4TB(约2亿页文字量)的数据量,并在美国著名智力竞赛电视节目《危险边缘》上击败两名人类选手而夺冠。后来《纽约时报》评论这一刻为"大数据计算的胜利"。"大数据时代已经到来"出现在2011年6月麦肯锡发布的关于"大数据"的报告,其中正式定义了大数据的概念,后来逐渐受到各行各业的关注。

2012年,"大数据"一词越来越多地被提及,人们用它来描述和定义信息爆炸时代产生的海量数据,并命名与之相关的技术发展与创新。数据量正在迅速膨胀,它决定着未来发展,随着时间的推移,人们将越来越多地意识到数据的重要性。

2012年,美国奥巴马政府在白宫网站发布了《大数据研究和发展倡议》,这一倡议标志着大数据已经成为重要的时代特征;2012年3月22日,奥巴马政府宣布花费两亿美元投资大数据领域,这是大数据技术从商业行为上升到国家科技战略的分水岭;2012年美国颁布了《大数据的研究和发展计划》;英国2013年10月发布了《英国数据能力发展战略规划》;日本2013年6月发布了《创建最尖端IT国家宣言》;韩国2011年提出了"大数据中心战略";世界其他一些国家也制定了相应的战略和规划。

3)应用阶段(2013—2016年)

2014年"大数据"首次出现在我国的《政府工作报告》中。报告中提到,要设立新兴产业创业创新平台,在大数据等方面赶超先进,引领未来产业发展。"大数据"一词逐渐在国内成为热门词。

2015年国务院正式印发的《促进大数据发展行动纲要》明确指出,要不断地推动大数据发展和应用,在未来打造精准治理、多方协作的社会治理新模式;建立运行平稳、安全高效的经济运行新机制;构建以人为本、惠及全民的民生服务新体系;开启大众创业、万众创新的创新驱动新格局;培育高端智能、新兴繁荣的产业发展新生态。

2015年,"十三五"规划出台,规划通过定量和定性相结合的方式提出了2020年大数据产业的发展目标。在总体目标方面,提出到2020年,技术先进、应用繁荣、保障有力的大数据产业体系基本形成,大数据相关产品和服务业务收入突破1万亿元,年均复合增长率保持30%左右。

此外,随着我国大数据产业规模的迅速扩张,2016年我国大数据市场规模约为168亿人民币,预计到2025年,我国大数据产业市场规模将达到3万亿元。

3. 大数据的影响

大数据的影响主要有以下4点。

1)大数据对科学活动的影响

人类在科学研究上先后经历了实验、理论和计算3种范式。当数据量不断增长并积累到今天,传统的3种范式在科学研究,特别是一些新的研究领域已经无法很好地发挥作用,需要有一种全新的第四种范式来指导新形势下的科学研究。这种新范式就是从以计算为中心转变到以数据处理为中心,确切地说就是数据思维。

数据思维是指在大数据环境下，一切资源都将以数据为核心，人们从数据中去发现问题，解决问题，在数据背后挖掘真正的价值，科学大数据已经成为科技创新的新引擎。在维克托·迈尔-舍恩伯格撰写的《大数据时代》（中文版译名）中明确指出，大数据时代最大的转变就是放弃对因果关系的渴求，取而代之关注相关关系。也就是说，只要知道"是什么"，而不需要知道"为什么"。这就颠覆了千百年来人类的思维习惯，据称是对人类的认知和与世界交流的方式提出了全新的挑战。虽然第三范式和第四范式都是利用计算机来计算，但它们在本质上是不同的。第四范式彻底颠覆了人类对已知世界的理解，明确了一点：如果能够获取更全面的数据，也许才能真正做出更科学的预测，这就是第四范式的出发点，也许这是最迅速和实用的解决问题的途径。

因此，大数据将成为科学研究者的宝库，从海量数据中挖掘有用的信息会是一件极其有趣而复杂的事情。它要求人们既要依赖于数据，又要有独立的思考，能够从不同数据中找出隐藏的关系，从而提取出有价值的信息。图 1-1 所示为科学范式的发展过程。

图 1-1　科学范式的发展过程

2）大数据对思维方式的影响

（1）人们处理的数据从样本数据变成全部数据。面对大数据，传统的"样本数据"可能不再适用，由于大数据分析处理技术的出现，使得人们对"全量数据"的处理变得简易可行。大数据时代带来了从"样本数据"到"全量数据"的转变。在大数据可视化时代，数据的收集问题不再成为人们的困扰，采集全量的数据成为现实。全量数据带给人们视角上的宏观与高远，这将使人们可以站在更高的层级全貌看待问题，看见曾经被淹没的数据价值，发现藏匿在整体中的有趣的细节。因为拥有全部或几乎全部的数据，能使人们获得从不同的角度更细致、更全面地观察研究数据的可能性，从而使得大数据平台的分析过程成为惊喜的发现过程和问题域的拓展过程。

（2）由于是全样本数据，人们不得不接受数据的混杂性，而放弃对精确性的追求。传统的数据分析为了保证精确性和准确性，往往采取抽样分析来实现，而在大数据时代，往往采取全样分析而不再采取以往的抽样分析。因此追求极高精确率的做法已经不再是人们的首要目标，速度和效率取而代之，例如在几秒内就迅速给出针对海量数据的实时分析结果等。同时人们也应该允许一些不精确的存在，数据不可能是完全正确或完全错误的，当数据的规模以数量级增长时，对大数据进行深挖和分析，能够把握真正有用的数据，才能避免做出盲目和错误的决策。

（3）人类通过对大数据的处理放弃对因果关系的渴求，转而关注相关关系。在以往的数据分析中，人们往往执着于现象背后的因果关系，总是试图通过有限的样本来剖析其中的内在机制；而在大数据的背景下，相关关系大放异彩。通过应用相关关系，人们可以比以前更容易、更便捷、更清楚地分析事物。例如，美国一家零售商在对海量的销售数据处理中发现每到星期五下午，啤酒和婴儿尿布的销量同时上升。通过观察发现星期五下班后很多青年男子要买啤酒度周末,而这时妻子又常打电话提醒丈夫在回家路上为孩子买尿布。发现这个相关性后,这家零售商就把啤酒和尿布摆在一起,方便年轻的爸爸购物,大大提高了销售额。再如,谷歌开发了一个名为"谷歌流感趋势"的工具,它通过跟踪搜索词相关数据来判断全美地区的流感情况。这个工具会发出预警,告诉全美地区的人们流感已经进入"紧张"的级别。这样的预警对于美国的卫生防疫机构和流行病健康服务机构来说非常有用,因为它及时,而且具有说服力。此工具的工作原理为:通过关键词(如温度计、流感症状、肌肉疼痛、胸闷等)设置,对搜索引擎的使用者展开跟踪分析,创建地区流感图表和流感地图(以大数据的形式呈现出来),然后再把结果与美国疾病控制和预防中心的报告做对比,进行相关性预测。

3) 大数据对社会发展的影响

在大数据时代,不管是物理学、生物学、环境生态学等领域,还是军事、金融、通信等行业,数据正在迅速膨胀,没有一个领域可以不被波及。"大数据"正在改变甚至颠覆着人们所处的整个时代,对社会发展产生了方方面面的影响。

在大数据时代,用户会越来越多地依赖网络和各种"云端"工具提供的信息作出行为选择。从社会这个大方面上看,这有利于提升人们的生活质量、和谐程度,从而降低个人在群体中所面临的风险。例如,美国的网络公司 Farecast 通过对 2000 亿条飞行数据记录的搜索和运算,可以预测美国各大航空公司每一张机票的平均价格的走势,如果一张机票的平均价格呈下降趋势,系统就会帮助用户作出稍后再购票的明智选择。反过来,如果一张机票的平均价格呈上涨趋势,系统就会提醒用户立刻购买该机票。通过预测机票价格的走势及增降幅度,Farecast 的票价预测工具能帮助消费者抓住最佳购买时机,节约出行成本。

现在,谷歌公司的无人驾驶汽车已经在加州行驶了几千千米,未来人们可以通过人工智能与汽车产生互动,从而使自动驾驶得以实现,这些都是基于大量数据解析的结果,背后都有大数据的功劳。

4) 大数据对就业市场的影响

大数据激发内需的剧增,引发产业的巨变。生产者具有自身的价值,而消费者则是价值的意义所在。有意义的东西才会有价值,消费者如果不认同,就卖不出去,价值就实现不了;消费者如果认同,就卖得出去,价值就得以体现。大数据可以帮助人们从消费者这里分析意义所在,从而帮助生产者实现更多的价值。

此外,随着大数据的不断应用,带来各行各业数据业务的转型升级。例如,在金融业,原来的主业是做金融业务,靠佣金赚钱;而如今清算结算可能免费,利用支付信息的衍生信息增值业务赚钱。

1.1.2　大数据的特征

随着对大数据认识的不断加深,人们认为大数据一般具有 4 个特征:数据量大、数据类型繁多、数据产生的速度快及数据价值密度低。

1. 数据量大

大数据中的数据量大，就是指的海量数据。大数据往往是采取全样分析，因此大数据的"大"首先体现在其规模和容量远远超出传统数据的测量尺度，一般的软件工具难以捕捉、存储、管理和分析的数据，通过大数据的云存储技术都能保存下来，形成浩瀚的数据海洋，目前的数据规模已经从太字节（TB）级升至拍字节（PB）级。大数据之"大"还表现在其采集范围和内容的丰富多变，能存入数据库的不仅包含各种具有规律性的数据符号，还包括了各种（如图片、视频、声音等）非规则的数据。

2011年，马丁·希尔伯特和普里西利亚·洛佩兹在《科学》上发表了一篇文章，对1986—2007年人类所创造、存储和传播的一切信息数据量进行了追踪计算。其研究范围大约涵盖了60种模拟和数字技术，包括书籍、图画、信件、电子邮件、照片、音乐、视频（模拟和数字）、电子游戏、电话、汽车导航等。

据他们估算：2007年，人类存储了超过300EB的数据；1986—2007年，全球数据存储能力每年提高23％，双向通信能力每年提高28％，通用计算能力每年提高58％；在2013年，世界上存储的数据能达到约1.2ZB，预计到2025年，世界上存储的数据总量将达到180ZB（1ZB=1024EB，1EB=1024PB，1PB=1024TB，1TB=1024GB）。

2. 数据类型繁多

大数据包括结构化数据、非结构化数据和半结构化数据。

（1）结构化数据常指存储关系在数据库中的数据，该数据遵循某种标准，例如企业财务报表、医疗数据库信息、行政审批数据、学生档案数据等。

（2）非结构化数据常指不规则或不完整的数据，包括所有格式的办公文档、XML、HTML、各类报表、图片及音频、视频信息等。企业中80％的数据都是非结构化数据，这些数据每年都按指数增长60％。相对于以往便于存储的以文本为主的结构化数据，越来越多的非结构化数据的产生给所有厂商提出了挑战。在网络中非结构化数据越来越成为数据的主要部分。值得注意的是，非结构化数据具有内部结构，但不通过预定义的数据模型或模式进行结构化。它可能是文本的或非文本的，也可能是人为的或机器生成的。它也可以存储在像NoSQL这样的非关系数据库中。

（3）半结构化数据常指有一定的结构与一致性约束，但在本质上不存在关系的数据，例如常用于跨平台传输的XML数据及JSON数据等。

据IDC的调查报告显示：随着互联网和通信技术的迅猛发展，如今的数据类型早已不是单一的文本形式，如网络日志、音频、视频、图片、地理位置信息等多类型的数据对数据的处理能力提出了更高的要求，并且数据来源也越来越多样，不仅产生于组织内部运作的各个环节，也来自组织外部的开放数据。其中内部数据主要包含：政府数据，如征信、户籍、犯罪记录等；企业数据，如阿里巴巴的消费数据，腾讯的社交数据，"滴滴出行"的数据等；机构数据，如第三方咨询机构的调查数据。而开放数据主要包含网站数据和各种App终端数据及大众媒介数据等。

例如，苹果公司在iPhone手机上应用的一项语音控制功能Siri就是多样化数据处理的代表。用户可以通过语音、文字输入等方式与 Siri 进行对话交流,并调用手机自带的各项应用,例如读短信、询问天气、设置闹钟、安排日程,乃至搜寻餐厅、电影院等生活信息,收看相关评论,甚至直接订位、订票,Siri 则会依据用户默认的家庭地址或者所在位置判断、过滤搜寻的结果。企业与企业间的电子商务又称为 B2B(Business To Business)。它是指企业与企业之间通过专用网络或 Internet 进行数据信息的交换、传递,开展交易活动的商业模式,它将企业内部网和企业的产品及服务通过 B2B 网站或移动客户端与客户紧密结合起来,通过网络的快速反应为客户提供更好的服务,从而促进企业的业务发展。

3. 数据产生的速度快

在数据处理速度方面有一个著名的"1 秒定律",即要在秒级时间范围内给出分析结果,若超出这个时间,数据就失去价值了。大数据是一种以实时数据处理、实时结果导向为特征的解决方案,它的"快"有两个层面。

(1) 数据产生得快。有的数据是爆发式产生,例如,欧洲核子研究中心的大型强子对撞机在工作状态下每秒产生拍字节(PB)级的数据;有的数据是涓涓细流式产生,但是由于用户众多,短时间内产生的数据量依然非常庞大,例如点击流、日志、论坛、博客、发邮件、射频识别数据、GPS(全球定位系统)位置信息。

(2) 数据处理得快。正如水处理系统可以从水库调出水进行处理,也可以处理直接涌进来的新水流,大数据也有批处理("静止数据"转变为"正使用数据")和流处理("动态数据"转变为"正使用数据")两种范式,以实现快速的数据处理。

例如,电子商务网站从点击流、浏览历史和行为(如放入购物车)中实时发现顾客的即时购买意图和兴趣,并据此推送商品,这就是数据"快"的价值,也是大数据的应用之一。

4. 数据价值密度低

随着互联网及物联网的广泛应用,信息感知无处不在,信息海量,但价值密度较低,如何结合业务逻辑并通过强大的机器算法来挖掘数据价值,是大数据时代最需要解决的问题。以视频为例,一段 1 小时的视频,在连续不间断的监控过程中,可能发现有用的数据只有一两秒。但是为了能够得到人们想要的视频,又不得不投入大量资金用于购买网络设备、监控设备等。

由于数据采集不及时、数据样本不全面、数据不连续等,数据可能会失真,但当数据量达到一定规模时,可以通过更多的数据得到更真实、全面的反馈。

1.1.3　大数据技术基础

1. 大数据关键技术

1) 大数据采集

大数据采集技术就是对数据进行 ETL(Extract Transform Load)操作,通过对数据进行提取、转换、加载,最终挖掘数据的潜在价值,然后给用户提供解决方案或者决策参考。数据采集位于数据分析生命周期的重要一环,它通过传感器数据、社交网络数据、移动互联网数据等方式获得各种类型的结构化、半结构化及非结构化的海量数据。由于采集的数据种类错综复杂，对于这种不同种类的数据，人们进行数据分析，必须通过提取技术将复杂格式的数据进行数据提取，从数据原始格式中提取需要的数据。

在大数据采集中面临的主要问题有以下几个。

（1）数据源多种多样。

（2）数据量大、变化快。

（3）如何保证数据采集的可靠性。

（4）如何避免重复数据。

（5）如何保证数据的质量。

目前很多互联网企业都有自己的海量数据采集工具，多用于系统日志的采集，例如Hadoop 的 Chukwa、Cloudera 的 Flume 等，这些工具均采用分布式架构，能满足每秒数百兆字节的日志数据的采集和传输需求。

图 1-2 所示是在教育系统中的大数据采集。

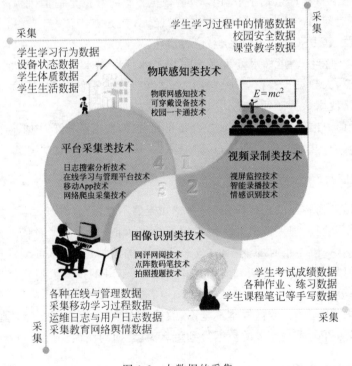

图 1-2　大数据的采集

2）大数据预处理

现实中的数据大多是"脏"数据，如缺少属性值或仅包含聚集数据等，因此需要人们对数据进行预处理。数据预处理技术主要包含以下几点。

（1）数据清理。数据清理用来清除数据中的噪声，纠正不一致。

（2）数据集成。数据集成将数据由多个数据源合并成一个一致的数据存储，例如数据仓库。

（3）数据归约。数据归约通过聚集、删除冗余特征或聚类来降低数据的规模。

（4）数据变换。数据变换把数据压缩到较小的区间，例如[0,1]，可以提高涉及距离度量的挖掘算法的准确率和效率。

图1-3所示是大数据的预处理流程。

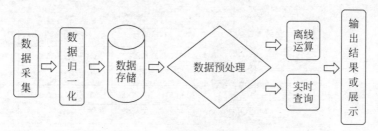

图1-3 大数据的预处理流程

3）大数据存储

大数据存储是将数量巨大且难以收集、处理、分析的数据集持久化到计算机中。因为大数据环境一定是海量的数据环境，并且增量都有可能是海量的，所以大数据的存储和一般数据的存储有极大的差别，需要非常高性能、高吞吐率、大容量的基础设备。

为了能够快速、稳定地存取这些数据，至少要依赖于磁盘阵列，同时还要通过分布式存储的方式将不同区域、类别、级别的数据存放于不同的磁盘阵列中。在分布式存储系统中包含多个自主的处理单元，通过计算机网络互联来协作完成分配的任务，其分而治之的策略能够更好地处理大规模数据分析问题，主要包含以下两类。

（1）分布式文件系统。存储管理需要多种技术协同工作，其中，文件系统为其提供最底层存储能力的支持。分布式文件系统HDFS是一个高容错性系统，被设计成适用于批量处理，能够提供高吞吐量的数据访问。

（2）分布式键值系统。分布式键值系统用于存储关系简单的半结构化数据。典型的分布式键值系统有Amazon Dynamo，获得广泛应用和关注的对象存储技术（object storage）也可以视为键值系统，其存储和管理的是对象而不是数据块。

如图1-4所示的是大数据的分布式存储系统。

4）大数据分析与挖掘

数据分析与挖掘的目的是把隐藏在一大批看来杂乱无章的数据中的信息集中起来进行萃取、提炼，以找出所研究对象的内在规律。

大数据分析与挖掘主要包含两个内容，即可视化分析与数据挖掘算法的选择。

（1）可视化分析。无论是分析专家还是普通用户，在分析大数据时最基本的要求就是对数据进行可视化分析。经过可视化分析后，大数据的特点可以直观地呈现出来，将单一的表格变为丰富多彩的图形模式，简单明了、清晰直观，更易于读者接受，例如标签云、历史流、空间信息流等都是常见的可视化技术，用户可以根据自己的需求灵活地选择这些可视化技术。

（2）大数据挖掘算法的选择。大数据分析中的理论核心就是数据挖掘算法，数据挖掘的算法多种多样，不同的算法基于不同的数据类型和格式会呈现出数据所具备的不同

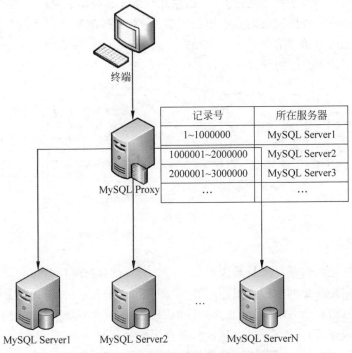

图1-4 大数据的分布式存储系统

特点。各类统计方法都能深入数据内部，挖掘出数据的价值。数据挖掘算法是根据数据创建数据挖掘模型的一组试探法和计算。为了创建该模型，算法将首先分析用户提供的数据，针对特定类型的模式和趋势进行查找，并使用分析结果定义用于创建挖掘模型的最佳参数，将这些参数应用于整个数据集，以便提取可行模式和详细统计信息。在挖掘算法中常采用人机交互技术，通过该技术可以引导用户对数据进行逐步的分析，使用户参与到数据分析的过程中，更深刻地理解数据分析的结果。

如图1-5所示的是互联网平台通过对用户日常习惯的分析得出该用户的个体标签画像。

2. 大数据计算模式

计算模式的出现有力推动了大数据技术和应用的发展，所谓大数据计算模式，即根据大数据的不同数据特征和计算特征从多样性的大数据计算问题和需求中提炼并建立的各种高层抽象（abstraction）或模型（model）。

传统的并行计算方法主要从体系结构和编程语言的层面定义了一些较为底层的并行计算抽象和模型，但由于大数据处理问题具有很多高层的数据特征和计算特征，所以大数据处理需要更多地结合这些高层特征考虑更为高层的计算模式。MapReduce是一个并行计算抽象，是面向大数据并行处理的计算模型、框架和平台，是最早由谷歌公司研究提出的一种面向大规模数据处理的并行计算模型和方法，但是在研究和实际应用中发现，MapReduce主要适用于进行大数据线下批处理，在面向低延迟和具有复杂数据关系或复

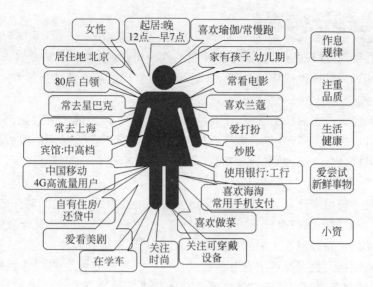

图 1-5 大数据的分析

杂计算的大数据问题时有很大的不适应性。因此,近几年来学术界和业界在不断研究并推出多种不同的大数据计算模式,例如加州大学伯克利分校著名的 Spark 系统中的"分布内存抽象 RDD";CMU 著名的图计算系统 GraphLab 中的"图并行抽象"(graph parallel abstraction)等。

大数据计算模式对应的系统如下。

- 大数据查询与分析计算:HBase、Hive、Cassandra、Pregel、Impala、Shark、Hana、Redis。
- 批处理计算:MapReduce、Spark。
- 流式计算:Scribe、Flume、Storm、S4、SparkStreaming。
- 迭代计算:HaLoop、iMapReduce、Twister、Spark。
- 图计算:Pregel、PowerGraph、GraphX。
- 内存计算:Dremel、Hana、Redis。

如图 1-6 所示的是谷歌公司的大数据计算模式。

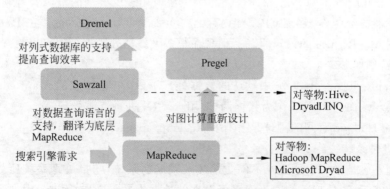

图 1-6 谷歌公司的大数据计算模式

3. 大数据框架

大数据框架是可以进行大数据分析处理工具的集合，主要用于负责对大数据系统中的数据进行计算。数据包括从持久存储中读取的数据或通过消息队列等方式接入系统中的数据，而计算则是从数据中提取信息的过程。

无论是系统中存在的历史数据，还是持续不断接入系统中的实时数据，只要数据是可访问的，就可以对数据进行处理。按照所处理的数据形式和得到结果的时效性分类，大数据处理框架可以分为三类，即批处理系统、流处理系统和混合处理系统。

1）批处理系统

批处理是一种用来计算大规模数据集的方法。批处理的过程包括将任务分解为较小的任务，分别在集群中的每个计算机上进行计算，根据中间结果重新组合数据，然后计算和组合最终结果。在处理巨大的数据集时，批处理系统是最有效的。

批处理系统在大数据世界中有着悠久的历史。批处理系统主要操作大量的、静态的数据，并且等到全部处理完成后才能得到返回的结果。批处理系统中的数据集一般符合以下特征。

（1）有限。数据集中的数据必须是有限的。

（2）持久。批处理系统处理的数据一般存储在持久存储系统上（例如硬盘上、数据库中）。

（3）海量。极海量的数据通常只能使用批处理系统来处理。批处理系统在设计之初就充分地考虑了数据量巨大的问题，实际上批处理系统也是为此而生的。

由于批处理系统在处理海量的持久数据方面表现出色，所以它通常被用来处理历史数据，很多 OLAP（在线分析处理）系统的底层计算框架使用的就是批处理系统。但是由于海量数据的处理需要耗费很多时间，所以批处理系统一般不适用于对延时要求较高的场景。

Apache Hadoop 是一种专用于批处理的处理框架，Hadoop 是首个在开源社区获得极大关注的大数据框架。在 2.0 版本以后，Hadoop 由以下组件组成。

（1）Hadoop 分布式文件系统 HDFS。HDFS 是一种分布式文件系统，它具有很高的容错性，适合部署在廉价的计算机集群上。HDFS 能提供高吞吐量的数据访问，非常适合在大规模数据集上使用，它可以用于存储数据源，也可以存储计算的最终结果。

（2）资源管理器 YARN。YARN 可以为上层应用提供统一的资源管理和调度，它可以管理服务器的资源（主要是 CPU 和内存），并负责调度作业的运行。在 Hadoop 中，它被用来管理 MapReduce 的计算服务。但现在很多大数据处理框架也可以将 YARN 作为资源管理器，例如 Spark。

（3）MapReduce。Hadoop 中默认的数据处理引擎，也是谷歌的 MapReduce 论文思想的开源实现。使用 HDFS 作为数据源，使用 YARN 进行资源管理。

Apache Hadoop 官网的网址是 http://hadoop.apache.org/。

2）流处理系统

流处理系统是指用于处理永不停止地接入数据的系统，与批处理系统所处理的数据的不同之处在于，流处理系统并不对已经存在的数据集进行操作，而是对从外部系统接入的数据进行处理。流处理系统可以分为以下两种。

（1）逐项处理。这种处理方式每次处理一条数据，是真正意义上的流处理。

（2）微批处理。这种处理方式把一小段时间内的数据当作一个微批次，对这个微批次内的数据进行处理。

在流处理系统中，无论是哪种处理方式，其实时性都要远远好于批处理系统。因此，流处理系统非常适用于对实时性要求较高的场景，例如日志分析、设备监控、网站实时流量变化等。

Apache Storm 是一种侧重于低延迟的流处理框架，它可以处理海量的接入数据，以近实时方式处理数据。Storm 的延时可以达到亚秒级。Storm 有以下关键概念。

（1）Topology。也称为拓扑，一个 Storm Topology 封装了实时应用程序的逻辑。Storm Topology 类似于 MapReduce 作业，区别是 MapReduce 最终会完成，而 Storm Topology 会一直运行（除非被强制停止）。Topology 是由 spouts 和 bolts 组成的 DAG（有向无环图）。

（2）Stream。一种不断被接入 Storm 中的无界的数据序列。

（3）Spout。Topology 中 Stream 的源。Spout 从外部数据源读取数据并接入 Storm 系统中。

（4）Bolt。用于 Storm 中的数据处理，它可以进行过滤、聚合、连接等操作。将不同的 Bolt 连接组成完整的数据处理链条，最后一个 Bolt 用来输出（到文件系统或数据库等）。

（5）Storm 的基本思想是使用 Spout 拉取 stream（数据），并使用 Bolt 进行处理和输出。在默认情况下 Storm 提供了"at least once"的保证，即每条数据被至少消费一次。当一些特殊情况（如服务器故障等）发生时，可能会导致重复消费。为了实现"exactly once"（即有且仅有一次消费），Storm 引入了 Trident。Trident 可以将 Storm 的单条处理方式改变为微批处理方式，但同时也会对 Storm 的处理能力产生一定的影响。

Apache Storm 官网的网址为 http://storm.apache.org/。

3）混合处理系统

一些处理框架可同时处理批处理和流处理工作负载。这些框架可以用相同或相关的组件和 API 处理两种类型的数据，以此让不同的处理需求得以简化，这就是混合处理系统。混合处理系统意在提供一种数据处理的通用解决方案。这种框架不仅可以提供处理数据所需的方法，而且提供了自己的集成项、库、工具，可胜任图形分析、机器学习、交互式查询等多种任务。

当前主流的混合处理框架主要有 Spark 和 Flink。

Apache Spark 由加州大学伯克利分校的 AMP 实验室开发，最初的设计受到了 MapReduce 思想的启发，但不同于 MapReduce 的是，Spark 通过内存计算模型和执行优化大幅提高了对数据的处理能力（在不同情况下速度可以达到 MR 的 $10\sim100$ 倍，甚至更高）。与 MapReduce 相比，Spark 具有以下优点。

（1）提供了内存计算模型。弹性分布式数据集（Resilient Distributed Dataset，RDD）将数据读入内存中生成一个 RDD，再对 RDD 进行计算，并且每次计算结果可以缓存在内存中,减少了磁盘 I/O,因此非常适用于迭代计算。

（2）不同于 MapReduce 的 MR 模型,Spark 采用了 DAG 编程模型,将不同步骤的操作串联成一个有向无环图,可以有效减少任务间的数据传递,从而提高了性能。

（3）Spark 提供了丰富的编程模型,可以轻松实现过滤、连接、聚合等操作,代码量比 MapReduce 少很多,因此可以提高开发人员的生产力。

（4）支持 Java、Scala、Python 和 R 等 4 种编程语言,为不同语言的使用者降低了学习成本。

Apache Spark 官网的网址为 http://spark.apache.org/。

4）主流框架的选择与比较

在实际工作中,大数据系统可以使用多种处理技术。对于仅需要批处理的工作负载,如果对时间不敏感,比其他解决方案实现成本更低的 Hadoop 将会是一个好的选择。对于仅需要流处理的工作负载,Storm 可支持更广泛的语言并实现极低延迟的处理,但默认配置可能产生重复结果并且无法保证顺序。对于混合型工作负载,Spark 可提供高速批处理和微批处理模式的流处理。该技术的支持更完善,具备各种集成库和工具,可实现灵活的集成。

Flink 提供了真正的流处理并具备批处理能力,通过深度优化可运行针对其他平台编写的任务,提供低延迟的处理,但在实际应用方面还为时过早。

最适合的解决方案主要取决于待处理数据的状态,对处理所需时间的需求,以及希望得到的结果。具体是使用全功能解决方案还是侧重于某种项目的解决方案,这个问题需要慎重权衡。在评估任何新出现的创新型解决方案时都需要考虑类似的问题。

4. 大数据与云计算

1）大数据与云计算的联系

大数据与云计算都较好地代表了 IT 界发展的趋势,二者相互联系,密不可分。大数据的本质就是利用计算机集群来处理大批量的数据,大数据的技术关注点在于如何将数据分发给不同的计算机进行存储和处理。

云计算的本质就是将计算能力作为一种较小颗粒度的服务提供给用户,按需使用和付费,体现了以下特点。

（1）经济性。不需要购买整个服务器。

（2）快捷性。即刻使用,不需要长时间购买和安装部署。

（3）弹性。随着业务增长可以购买更多的计算资源,可以在需要时购买几十台服务器的 1 个小时时间,运算完成就释放。

（4）自动化。不需要通过人来完成资源的分配和部署,通过 API 可以自动创建云主机等服务。

用一句话描述云计算就是计算机硬件资源的虚拟化,而大数据是对于海量数据的高效处理。如图 1-7 所示的是大数据与云计算的关系。

从图 1-7 可以看出,在大数据与云计算结合后可能会产生以下效应：可以提供更多基于海量业务数据的创新型服务；通过云计算技术的不断发展降低大数据业务的创新

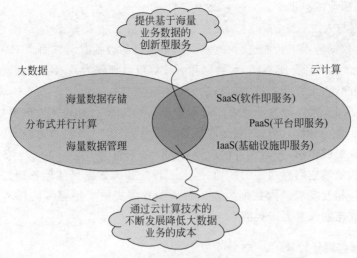

图 1-7　大数据与云计算的关系

成本。

2）大数据与云计算的区别

如果将大数据与云计算进行一些比较，最明显的区别有两个方面。

（1）在概念上两者有所不同，云计算改变了 IT，而大数据改变了业务。然而大数据必须有云作为基础架构才能得以顺畅运营。

（2）大数据和云计算的目标受众不同，云计算是 CIO 等关心的技术层，是一个进阶的 IT 解决方案。而大数据是 CEO 关注的，是业务层的产品，大数据的决策者是业务层。

综上所述，大数据和云计算二者已经彼此渗透，密不可分，在很多应用场合都可以看到二者的身影。在未来二者会继续影响，更好地服务于人们的生活和学习。

5. 大数据与人工智能

1）人工智能的概念

人工智能（artificial intelligence，AI）是研究、开发用于模拟、延伸和扩展人的智能的理论、方法、技术及应用系统的一门新的科学技术。人工智能研究的一个主要目标是使机器能够胜任一些通常需要人类智能才能完成的复杂工作。

人工智能是计算机学科的一个分支，它的主要应用如下。

（1）图像识别与语音识别。

（2）人机对弈。

（3）智能控制与智能搜索。

（4）机器人的研究与应用。

用一句话描述就是人工智能是对人脑思维过程的模拟与思维能力的模仿，但不可否认的是，随着计算机计算能力和运行速度的不断提高，机器的智能化程度是人脑不能相比的。例如，2006 年浪潮天梭击败了中国象棋的职业顶尖棋手；2016 年 AlphaGo 击败了人类最顶尖的职业围棋棋手。

2）大数据与人工智能的区别

如果将大数据与人工智能进行一些比较，最明显的区别有两方面。

（1）在概念上两者有所不同，大数据和云计算可以理解为技术上的概念，人工智能是应用层面的概念，人工智能的技术前提是云计算和大数据。

（2）在实现上，大数据主要是依靠海量数据来帮助人们对问题做出更好的判断和分析，而人工智能是一种计算形式，它允许机器执行认知功能。例如，对输入起作用或做出反应，类似于人类的做法，并能够替代人类对认知结果做出决定。

综上所述，虽然它们有很大的区别，但人工智能和大数据仍然能够很好地协同工作。二者相互促进，相互发展。大数据为人工智能的发展提供了足够多的样本和数据模型。因此，没有大数据就没有人工智能。

6. 大数据与量子计算

在 20 世纪，自然界的一个重大物理发现就是量子力学，而量子力学的主要发现是基本粒子有两种状态——叠加和纠缠。通俗来理解，叠加就是量子同时既是这样又是那样，一旦被观察或测量就会变成其中的一个样子，这就是著名的"测不准"；纠缠就是两个成对的量子粒子，即使相隔宇宙两端，也能发生暗戳戳的神秘互动，这就是大名鼎鼎的"量子纠缠"。因此，量子计算中的"叠加"决定了量子的并行计算的基础，而"纠缠"决定了量子传输的基础。当量子的这些特性被用于计算时，就能用来处理非常复杂的数据计算。

量子计算的原理是这样的：一个量子位（也叫量子比特，是量子计算和量子信息的基本概念，目前可以用光子、电子、原子等实现）可以同时表示 0 和 1，也就是说，有一定的概率是 0，有一定的概率是 1，概率和是 1。如果人们使用设备测量，测量本身会对量子位造成影响，使得量子位确切地变成 0 或者 1。测量一个量子位若干次，大概会出现 50% 的概率是 1，50% 的概率是 0，机会均等，测量次数越多，概率越稳定。图 1-8 显示了经典比特与量子比特，在经典比特中状态只会出现 0 或者 1，就像一枚硬币，不是正面朝上就是反面朝上；而在量子比特中测量时各有 50% 的概率得到 0 态或者 1 态，也就是说，量子比特被检测之前一直处在介于 $|0\rangle$ 和 $|1\rangle$ 之间的一个连续态，在测量时仅概率性地给出 0 或 1 作为测量结果。

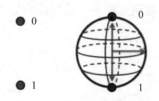

图 1-8　经典比特与量子比特

随着技术的进步，世界正在发生变化，计算机的发展速度比以往任何时候都快。自 20 世纪 90 年代以来，量子技术应用于信息的获取、存储、传递、处理和使用等过程中，形成了量子保密通信、量子计算模拟、量子精密测量等典型应用。量子计算的引入使许多计算机能够有效地处理每日存储的大量数据，提高分析数据的速度，并扩展人工智能、机器学习和编程功能。因此，以研究量子计算为基础的量子科技发展具有重大科学意义和战略价值，是人类进入工业革命之后出现的又一新领域。

在实际应用中量子计算可以通过修改慢速存储器、随机存取存储器（RAM）、随机存储器（ROM）和高速缓冲存储器来增加存储器的存储容量，这些内存更改将改善存储在不同计算机上的数据库中的内存。同样,量子计算将增强数据库不同部分的数据同化,使其成为数据集成的未来。并且量子计算将迅速提高其解释和集成大量数据集的能力,这将彻底改变并进一步发展机器学习和人工智能能力。此外,量子计算将使计算机能够在很少或没有监督的情况下工作。例如,考虑一台计算机每月生成一个组织面临的销售或损失的月度或年度报告。利用这些信息,组织可以制定战略计划,以避免损失或实施新目标,从而使公司进入新的成功活动,而量子计算可最大限度地减少工作量并增强编程功能。因此,复杂的量子计算增强了现有的计算机功能,使其更快,更高效,更易于使用。特别是机器学习一旦与量子计算相结合,一方面可以利用量子计算优良的数据处理能力解决机器学习运算效率低的问题;另一方面可以利用量子力学的性质开发更加智能的机器学习算法。

1.1.4　大数据应用

大数据的应用无处不在,从金融业到体育娱乐业,从制造业到互联网行业,从物流业到交通等各行各业都有大数据的身影。

- 金融业:通过大数据预测企业的金融风险,并通过描绘用户画像清楚用户的消费行为及其在网络上的活跃度等,以更好地掌控资金的投放。
- 制造业:大数据在产品故障诊断与预测、分析工艺流程、改进生产工艺、优化生产过程能耗、工业供应链分析与优化等方面发挥着重要的作用。
- 汽车行业:利用大数据和物联网技术开发的无人驾驶汽车在不远的未来将进入人们的日常生活。
- 互联网行业:借助于大数据技术可以分析客户行为,进行商品推荐和针对性广告投放。
- 餐饮业:利用大数据实现餐饮 O2O 模式,彻底改变传统餐饮经营方式。
- 电信业:利用大数据技术实现客户离网分析,及时掌握客户离网倾向,出台挽留客户措施。
- 能源业:随着智能电网的发展,电力公司可以掌握海量用户的用电信息,利用大数据技术分析用户的用电模式,可以改进电网的运行,合理设计电力需求响应系统,确保电网安全运行。
- 物流业:利用大数据优化物流网络,提高物流效率,降低物流成本。
- 交通业:利用大数据可以实现在智慧城市建设中的全方位交通监控与引导。
- 医疗行业:大数据可以帮助人们在医药行业实现流行病预测、智慧医疗、健康管理等,同时还可以帮助人们解读 DNA,了解更多的生命奥秘。
- 体育娱乐行业:大数据可以帮助人们训练球队,帮助教练选择比赛的阵容,投拍受欢迎题材的影视作品,以及较为全面地预测比赛结果。
- 环境监测:通过大数据基于地震预测算法的变体来精确地预测 30 天内 6 级以上的大地震。
- 新闻业:利用数据挖掘新闻背后的更多事实,也可以将大数据可视化引入编辑,向公众呈现不一样的视觉故事。

如图 1-9 所示的是大数据在金融业中的应用，图 1-10 所示的是大数据在互联网行业中的应用。

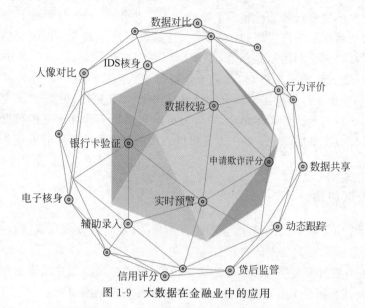

图 1-9　大数据在金融业中的应用

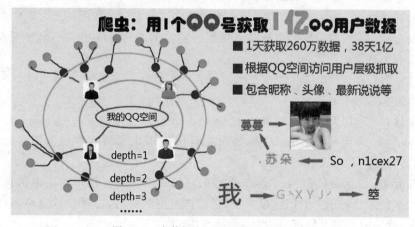

图 1-10　大数据在互联网行业中的应用

1.2　大数据的意义

1.2.1　大数据的国家战略意义

大数据是一个事关我国经济社会发展全局的战略性产业，大数据技术为社会经济活动提供决策依据，提高各个领域的运行效率，提升整个社会经济的集约化程度，对于我国的经济发展转型具有重要的推动作用。

因此如何发展大数据已经成为国家、社会、产业的一个重要话题。目前,欧美、日韩等国已经将大数据上升为国家层面的战略。

1. 国外大数据的发展

(1) 美国是率先将大数据从商业概念上升至国家战略的国家,通过稳步实施"三步走"战略,在大数据技术研发、商业应用及保障国家安全等方面已全面构筑起全球领先的优势。

(2) 2012 年,英国将大数据作为八大前瞻性技术领域之首,一次性投入 1.89 亿英镑用于相关科研与创新。英国特别重视大数据对经济增长的拉动作用,密集发布《数字战略2017》《产业战略:建设适应未来的英国》等,希望到 2025 年数字经济对本国经济总量的贡献值可达 2000 亿英镑,积极应对脱欧可能带来的经济增速放缓的挑战。

(3) 2013 年 12 月,韩国多部门联合发布"大数据产业发展战略",将发展重点集中在大数据基础设施建设和大数据市场创造上。2015 年年初,韩国给出全球进入大数据 2.0时代的重大判断,大数据技术日趋精细、专业服务日益多样,数据收益化和创新商业模式是未来大数据的主要发展趋势。

(4) 日本政府提出"提升日本竞争力,大数据应用不可或缺"的口号,2013 年 6 月,安倍内阁正式公布了新 IT 战略——《创建最尖端 IT 国家宣言》,全面阐述了 2013—2020 年以发展开放公共数据和大数据为核心的日本新 IT 国家战略,提出要把日本建设成为一个具有"世界最高水准的广泛运用信息产业技术的社会"。

以上数据充分表明了世界上多个国家已经将大力发展大数据提升到国家和政府层面,说明大数据的存在对社会和国家的综合价值。

2. 国内大数据的发展

近年来,我国的大数据产业政策也在一直有序推进,工业和信息化部在 2017 年 1 月正式印发了《大数据产业发展规划》,全面部署"十三五"时期的大数据产业发展工作,加快建设数据强国,为实现制造强国和网络强国提供强大的产业支撑。2017 年习近平总书记在十九大的报告中也反复提到了要加快建设制造强国,加快发展先进制造业,推动互联网、大数据、人工智能和实体经济深度融合,报告把大数据发展与我国的经济体系建设也紧密地融合在一起。

从国家层面上讲,大数据在推动中国经济转型方面也将发挥重要作用。其一,通过大数据的分析可以帮助解决中国城镇化发展中面临的住房、教育、交通等难题,例如,在城市发展中大数据是"智慧城市"建设中不可或缺的组成部分,通过对交通流量数据的实时采集和分析可以指导驾驶者选择最佳路线,改善城市交通状况;其二,通过大数据的研究有助于推动钢铁、零售等传统产业升级,向价值链高端发展;其三,大数据的应用可以帮助中国在发展战略型新兴产业方面迅速站稳脚跟,巩固并提升竞争优势。

1.2.2　大数据的企业意义

考虑到当今各种在线企业应用需求的巨大增长，如何有效地使用数据可能是一项艰巨的任务，特别是随着新数据源数量的增加，对新数据的需求以及对提高处理速度的需求。大数据时代通过对信息时代产生的"无序数据"进行重组，结合"数据＋算力＋算法"的模式将数据实时转变为信息，将信息实时转变为知识，通过知识提高决策效率与生产力，利用人工智能大数据实现各行业价值大爆发。结合数据要素的无限性、再生性、共享性、迅速流通性、高速重复可利用性、永久有效性的六大特征，与其他生产要素融合创造价值，激活传统行业的沉默价值，提高创新能力，带来指数级的增长。例如，大数据智能制造能够实现产品故障诊断与预测，降低生产过程能耗，控制产品生命周期。典型企业有海尔集团，在其互联工厂布置上万个传感器，每天产生数万组数据，不仅对整个工厂的运行情况进行实时监控、实时报警，同时将这些传感器布置在设备之中，对自动化设备进行实时预警，在设备发生故障之前，通过大数据预测的方式对设备进行及时维护修复。

大数据在许多企业应用程序中扮演着相当重要的角色，大数据的应用给企业带来的好处有以下几点。

（1）结合各种传统企业数据对大数据进行分析和提炼，带给企业更深入透彻的洞察力。它可以带来更高的生产力、更大的创新和更强的竞争地位。

（2）正确的数据分析可以帮助企业做出明智的业务经营决策。这里所谈的数据包括来自企业业务系统的订单、库存、交易账目、客户和供应商资料、来自企业所处行业和竞争对手的数据，以及来自企业所处的其他外部环境中的各种数据。而商业智能能够辅助的业务经营决策既可以是作业层的，也可以是管理层和策略层的。

（3）促进企业决策流程。增进企业的资讯整合与资讯分析的能力，汇总公司内、外部的资料，整合成有效的决策资讯，让企业经理人大幅提高决策效率与改善决策品质，在很大程度上影响了企业的经营和绩效。

1.2.3　我国大数据市场的预测

当前，全球经济格局加速重构，发展不确定性明显增加，围绕大数据技术产业、跨境数据流动、数据治理等方面的国际竞争日趋激烈。世界各国普遍将发展大数据产业作为重要战略，通过出台"数字新政"、强化机构设置、加大资金投入等方式，抢占大数据产业发展制高点。

大数据已成为驱动经济发展的新引擎，大数据应用范围和应用水平将加速我国经济结构调整，深度改变人们的生产、生活方式。"十三五"时期，我国大数据产业快速起步，产业发展取得显著成效：大数据产业规模年均复合增长率超过30％，2020年产业规模超过1万亿元。工业和信息化部在2021年公布的《"十四五"大数据产业发展规划》中显示，到2025年，我国大数据产业规模预计将突破3万亿元，创新力强、附加值高、自主可控的现代化大数据产业体系基本形成。

图1-11显示的是过去几年我国的大数据市场规模。

图 1-11 我国目前及未来的大数据产业规模

1.3 大数据的产业链分析

1.3.1 技术分析

大数据不仅是一个热门词汇,更代表了一个蓬勃发展的产业。从技术上讲,大数据产业链如图 1-12 所示。

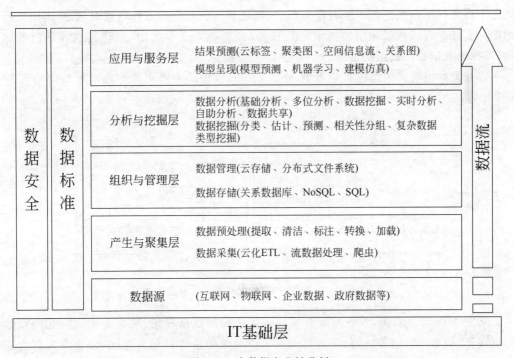

图 1-12 大数据产业链分析

从图 1-12 可以看出,大数据产业链的参与者主要包括数据提供商(数据源)、基础设施提供商(产生与聚集层)、分析技术提供商(组织与管理层、分析与挖掘层)和业务应用提供商（应用与服务层）。

数据提供商主要负责基础数据的生成和各方数据段的融合。基础设施提供商主要负责数据库平台的管理和建设，以及云设施的建设。分析技术提供商主要负责分析技术、分析服务和分析工具的提供，以及数据可视化的实现。业务应用提供商主要负责大数据的软件开发与应用。

1.3.2　运营分析

大数据运营是指以企业海量数据的存储和分析挖掘应用为核心支持的、企业全员参与的，以精准、细分和精细化为特点的运营制度和战略。

大数据运营与大数据分析不同，它把重点放在了运营上，而大数据仅是工具和途径。相比于传统的数据挖掘和分析，运营所强调的是以业务为主线和出发点，大数据部门不仅是在外部运行的所谓的"支持部门"，而更多的是和业务紧密联系在一起的"半业务部门"共同推进业务目标的实现。

首先，在运营中需要企业全员参与的意识，只有所有部门的员工达成这种意识，自觉运用简单或复杂的数据分析工具，才能真正实现助力企业从数据中发掘信息财富。在运营中把握，运营后反馈、修正，提升预见能力和掌控能力而不是被动地抄 KPI 报表；客服不再满足于为客户提供服务，而是有意识地挖掘有价值的客户新需求；企业数据挖掘团队也不再是孤军奋战于技术及项目工作中，而是肩负企业全员的数据意识、数据运用技巧的推广责任，如此，数据部门才能够将其精神、血脉融入企业之中，带动其他各部门的脉动，发挥出数据资产真正的价值。

以开发网络游戏的国内企业为例，在大数据运营中的主要实现方式如图 1-13 所示。

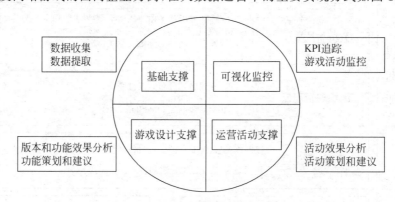

图 1-13　游戏产业的大数据运营方式

从图 1-13 可以看出，大数据运营不仅包含传统的数据收集、数据提取、数据分析、数据可视化、数据库营销等内容，更重要的是要以企业的整体目标为导向，以企业发展为支撑，以运营为驱动，涵盖运营的各个方面，以大数据为重要依据，以大数据分析结果为评判标准，实现最终构建企业"数据运营"的文化。

1.4 本章小结

(1) 大数据是指无法在一定时间范围内用常规软件工具进行捕捉、管理和处理的数据集合,是需要新处理模式才能具有更强的决策力、洞察发现力和流程优化能力的海量、高增长率和多样化的信息资产。

(2) 大数据一般具有 4 个特征:数据量大、数据类型繁多、数据产生的速度快及数据价值密度低。

(3) 大数据的应用无处不在,从金融业到体育娱乐业,从制造业到互联网行业,从物流业到交通业,到处都有大数据的身影。

(4) 大数据的关键技术包含数据采集、大数据预处理、大数据存储和大数据分析与挖掘。

(5) 按照对处理的数据形式和得到结果的时效性分类,大数据处理框架可以分为三类,即批处理系统、流处理系统和混合处理系统。

1.5 实训

视频讲解

1. 实训目的

(1) 通过本章实训了解大数据的特点,能进行简单的与大数据有关的操作,识别不同的数据类型。

(2) 因为大数据中的多数应用软件都是工作在 Linux 中,所以要通过实训掌握在 Windows 中通过安装虚拟机安装 Linux 系统的方法。

2. 实训内容

(1) 确定数据的不同类型。小明所在的公司要对存储的各种类型的数据进行分类,请帮助小明对下列数据集进行分类,指出其中的结构化数据、非结构化数据和半结构化数据。

① 汽车公司理赔数据、医院患者数据、学生成绩数据、社交网站上的数据、电话中心数据。

② 手机中的 App 健康管理数据、天气记录数据、监狱犯人记录数据、人口普查数据。

③ 网页日志数据、公司财务报表数据、电子相册数据、CD 唱片数据、短信数据。

④ 腾讯的社交数据、电子邮件数据、MP3 数据、电话录音数据、航空预订系统数据。

⑤ XML 数据、JSON 数据、交通传感器数据、地震图像数据、海洋图像数据。

(2) 编写 XML 与 JSON 程序并了解程序的不同。

① 编写 XML 程序,代码如下。

```
<?xml version = "1.0" encoding = "UTF - 8"?>
< web - app >
 < display - name > user </display - name >
 < welcome - file - list >
  < welcome - file > index.jsp </welcome - file >
 </welcome - file - list >
</web - app >
```

② 编写 JSON 程序，代码如下。

```
{
    "name":"赵平",
    "age":28.2,
    "birthday":"1990 - 01 - 01",
    "school":"蓝翔",
    "major(技能)": ["理发","挖掘机"],
    "has_girlfriend":false,
    "car":null,
    "house":null,
    "comment":"这是一个注释"
}
```

（3）为了更好地应用大数据技术，小明的公司要安装 Linux 操作系统，请帮助小明按照以下步骤安装 Linux 系统。

① 安装虚拟机软件，如图 1-14 和图 1-15 所示。

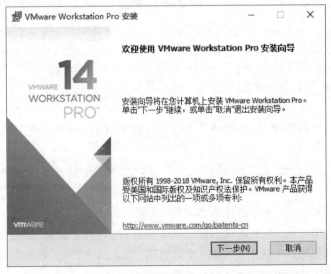

图 1-14　运行虚拟机安装软件

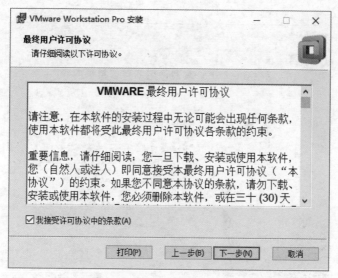

图 1-15 安装虚拟机

② 创建虚拟机,如图 1-16 和图 1-17 所示。

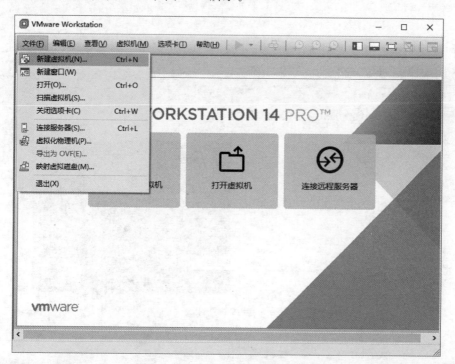

图 1-16 新建虚拟机

③ 利用新建的虚拟机安装 Red Hat Enterprise Linux 6.9,安装光盘映像文件的路径为 D:\rhel-server-6.9-i386.iso。安装 Linux 操作系统,双击桌面上的 VMware 虚拟机软件的快捷方式图标,进入虚拟机软件的主界面,默认将打开已经创建完成的虚拟机,如图 1-18 所示。

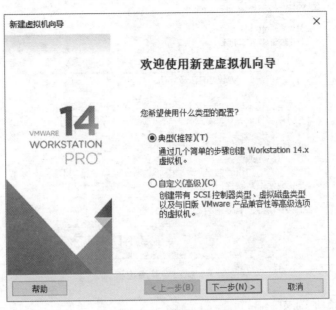

图 1-17　新建虚拟机向导

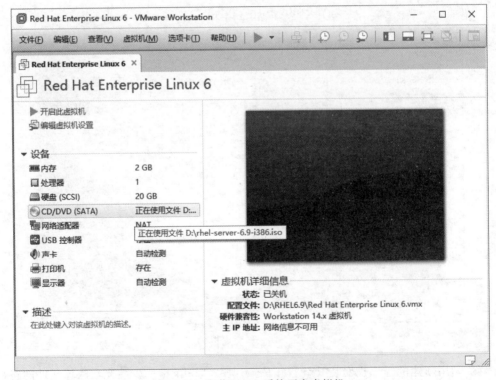

图 1-18　安装 Linux 系统开启虚拟机

④ 虚拟机安装完成后，单击窗口中的 CD/DVD(SATA)光驱图标，弹出"虚拟机设置"窗口，选中"使用 ISO 映像文件"单选按钮，然后单击"浏览"按钮选择 ISO 映像文件，

或直接输入 ISO 映像文件的地址 D:\rhel-server-6.9-i386.iso,如图 1-19 所示。

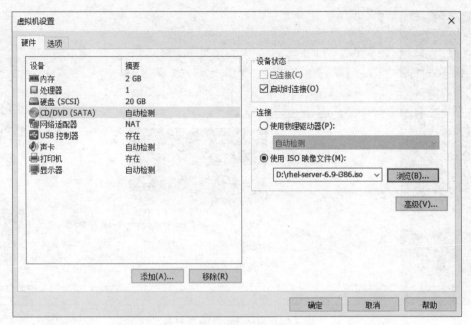

图 1-19　进入虚拟机界面

⑤ 安装完成后的界面如图 1-20 所示。

图 1-20　安装完成后的界面

⑥ 系统重新引导后,进入如图 1-21 所示的欢迎窗口,需要进行一些设置才能使用。这些设置包括选中许可证信息、设置软件更新、创建用户、设置日期和时间及设置

Kdump。

图 1-21　进入 Linux 系统界面

⑦ 设置完成后启动系统，界面如图 1-22 所示。

图 1-22　使用 Linux 系统

（4）为了更好地适应大数据技术，小明所在的公司在安装了 Linux 操作系统 Red Hat 以后，还要安装 Linux 操作系统 CentOS，请帮助小明按照以下步骤安装 Linux 系统 CentOS。

① 在虚拟机中选择安装的 CentOS 7 软件，如图 1-23 所示。

名称	修改日期	类型	大小
CentOS-7-x86_64-DVD-1804	2018/8/18 18:01	ISO 文件	4,365,312...

图 1-23　CentOS 软件的版本

② 为了更好地配置网络，在创建中选择"使用桥接网络"模式，如图 1-24 所示。

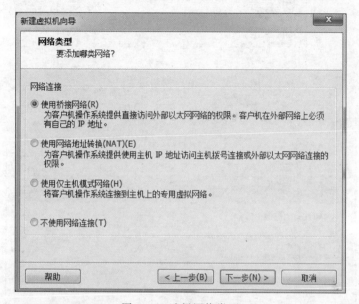

图 1-24　选择网络类型

③ 安装 CentOS 7 的界面如图 1-25 所示。

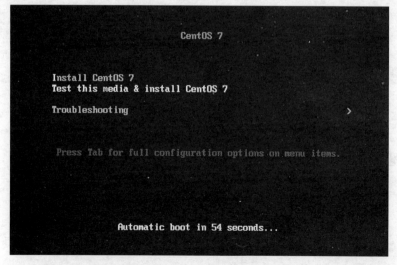

图 1-25　CentOS 的安装界面

④ 在安装 CentOS 7 时，网络连接打开的界面如图 1-26 所示。

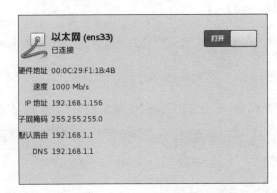

图 1-26　CentOS 网络设置界面

⑤ 设置网络连接方式及 IP 地址，如图 1-27 和图 1-28 所示。

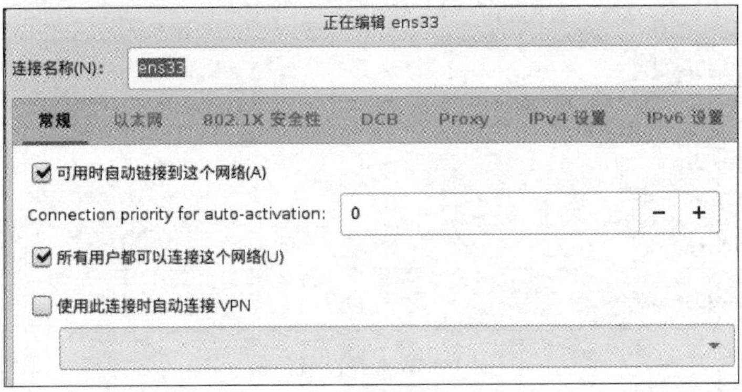

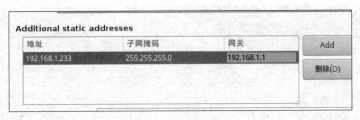

图 1-27　设置网络连接方式

图 1-28　设置 IP 地址

⑥ 创建用户并设置密码，如图 1-29 所示。

图 1-29　创建用户并设置密码

⑦ 启动 CentOS 7 系统，如图 1-30 所示。

图 1-30 启动 CentOS 7 系统

习题

1. 什么是大数据？
2. 大数据对当今世界有哪些影响？
3. 大数据有哪些框架？
4. 大数据的国家战略意义是什么？
5. 企业应当如何应对大数据时代的挑战？
6. 大数据和云计算的联系和区别是什么？
7. 请阐述结构化数据、非结构化数据的区别和联系。

第 **2** 章

爬虫与大数据

本章学习目标

- 了解爬虫的定义。
- 掌握 Python 开发运行环境。
- 使用 Python 编写爬虫。
- 使用爬虫进行网页内容的抓取。

本章首先向读者简单介绍爬虫的相关概念,再介绍 Python 的开发运行环境,紧接着讲解使用 Python 编写爬虫的相关知识,最后以实例展示使用爬虫进行网页内容的抓取。

2.1 爬虫概述

2.1.1 爬虫介绍

视频讲解

网络爬虫(web spider)又称为网络机器人、网络蜘蛛,是一种通过既定规则能够自动提取网页信息的程序。爬虫的目的在于将目标网页数据下载至本地,以便进行后续的数据分析。爬虫技术的兴起源于海量网络数据的可用性,通过爬虫技术使人们能够较为容易地获取网络数据,并通过对数据的分析得出有价值的结论。

目前,网络上有很多开源爬虫软件可供使用者选择,常见的有 Larbin、Nutch、Heritrix 等,其中 Larbin 是一个用 C++ 开发的开源网络爬虫,有一定的定制选项和较高的网页抓取速度;Nutch 是一个由 Java 实现的开源搜索引擎,它提供了人们运行自己的搜索引擎所需的全部工具;Heritrix 则是一个用 Java 开发的、开源的网络爬虫。在这里开源爬虫一般指已成型的爬虫软件。

网络爬虫按照系统结构和实现技术大致可以分为通用网络爬虫、聚焦网络爬虫、增量式网络爬虫和深层网络爬虫。实际上,网络爬虫系统通常是由几种爬虫技术相结合实现的。

搜索引擎(search engine),例如传统的通用搜索引擎 Baidu 和 Google 等,是一种大型复杂的网络爬虫,属于通用网络爬虫的范畴。通用搜索引擎存在着一定的局限性:

(1) 不同领域、不同背景的用户往往具有不同的检索目的和需求,通用搜索引擎所返回的结果包含大量用户不关心的网页。

(2) 搜索引擎实现的是在对信息进行组织和处理后为用户提供检索服务的功能,有限的搜索引擎服务器资源与无限的网络数据资源之间的矛盾将进一步加深。

(3) 随着万维网数据形式的丰富和网络技术的不断发展,图片、数据库、音频、视频、多媒体等不同格式的数据大量出现,通用搜索引擎往往对这些信息含量密集且具有一定结构的数据无能为力,不能很好地发现和获取。

(4) 通用搜索引擎大多提供基于关键字的检索,难以支持根据语义信息提出的查询。

为了解决上述问题,定向抓取相关网页资源的聚焦网络爬虫应运而生。聚焦网络爬虫是一个自动下载网页的程序,它根据既定的抓取目标,有选择地访问万维网上的网页与相关的链接,获取所需要的信息。与通用网络爬虫不同,聚焦网络爬虫并不追求大的抓取信息的覆盖面,而是将目标定为抓取与某一特定主题内容相关的网页,为面向主题的用户查询准备数据资源。

增量式网络爬虫是指对已下载网页采取增量式更新和只爬行新产生的或者已经发生变化的网页的爬虫,它能够在一定程度上保证所爬行的页面是尽可能新的页面。与周期性爬行和刷新页面的网络爬虫相比,增量式网络爬虫只会在需要的时候爬行新产生或发生更新的页面,并不重新下载没有发生变化的页面,可有效减少数据的下载量,及时更新已爬行的网页,减小时间和空间上的耗费,但是增加了爬行算法的复杂度和实现难度。例如,想获取赶集网的招聘信息,以前爬取过的数据没有必要重复爬取,只需要获取更新的招聘数据,这时候就要用到增量式网络爬虫。

Web 页面按存在方式可以分为表层网页和深层网页。表层网页是指传统搜索引擎可以索引的页面,以超链接可以到达的静态网页为主构成的 Web 页面。深层网页是大部分内容不能通过静态链接获取的、隐藏在搜索表单后的,只有用户提交一些关键词才能获得的 Web 页面。例如,用户登录或者注册才能访问的页面。可以想象这样一个场景:爬取贴吧或者论坛中的数据,必须在用户登录后,有权限的情况下才能获取完整的数据。

2.1.2 爬虫的地位与作用

网络爬虫在信息搜索和数据挖掘过程中扮演着重要的角色,对爬虫的研究开始于20世纪,目前爬虫技术已趋于成熟。网络爬虫通过自动提取网页的方式完成下载网页的工作,实现大规模数据的下载,省去了诸多人工烦琐的工作。在大数据架构中,数据收集与数据存储占据了极为重要的地位,可以说是大数据的核心基础,而爬虫技术在这两大核心技术层次中占有很大的比例。

IRLBOT 爬虫系统用于处理海量数据的抓取工作,可以对百亿级数量的网页进行爬取。据统计数据显示，IRLBOT 已经抓取互联网上的 60 亿个网页。在 Internet Archive 系统中，每台计算机中的爬虫系统同时爬行 64 个站点，爬虫系统只在同一台计算机爬行同一站点下的资源。康柏系统研究中心的 Marc Najork、Allan Heydon 研发出的 Mercator 爬虫系统，使用 Java 多线程同步方式实现多并发爬行，为了提高爬虫的爬行效率，加入了很多优化策略，例如 DNS 缓存、延迟存储等。P. De Bra 首先提出基于链接内容评价的鱼群（Fish-Search）算法来指导爬虫爬行，该算法模拟鱼群觅食和繁殖的原理，根据相关页面在逻辑上彼此接近的假设前提，搜索主题相关页面，并采用二值模型来判断页面是否与主题相关。Larry Page 和 Sergey Brin 在 20 世纪 90 年代后期发明了 Page Rank 算法，用于衡量特定网页相对于搜索引擎索引中的其他网页的重要程度，目前在 Google 搜索引擎中使用。Aggarwal 提出了一种基于概率模型的搜索策略，该方法利用页面内容和 URL 结构特征构建 Web 的概率模型，并在此基础上计算链接价值，以此指导爬虫爬行。

本章主要介绍在 Python 3.7 下使用爬虫技术来抓取 Web 页面中的相关数据。

2.2 Python 介绍

视频讲解

2.2.1 Python 开发环境的搭建

Python 是一种面向对象的解释型计算机程序设计语言，由荷兰人 Guido van Rossum 于 1989 年发明。Python 的第一个公开发行版于 1991 年发行。

Python 语言具有如下特点。

（1）开源、免费、功能强大。

（2）语法简洁、清晰，强制用空白符（white space）作为语句缩进。

（3）具有丰富和强大的库。

（4）易读、易维护，用途广泛。

（5）解释性语言，其变量类型可改变，类似于 JavaScript 语言。

使用 Python 开发应用程序，先要搭建 Python 的开发环境，包括 Python 的解释器与程序编辑的 IDE 工具。本节的学习目标是搭建这些 Python 的开发环境。

1. Python 自带的开发环境

Python 的开发环境十分简单，用户可以登录其官网 https://www.python.org/中直接下载 Python 的安装程序包，若是安装 Windows 操作系统上的 Python，请下载"64 位下载 Windows x86-64 executable installer"版本。目前 Python 有两个主流版本，一个是 Python 2.7，另一个是 Python 3.7，这两个版本在语法上有些差异。本书搭建的 Python 开发环境为 Python 3.7。

下载 Python 3.7 安装程序包后直接安装，安装首页如图 2-1 所示。

在安装首页中选中 Add Python 3.7 to PATH 复选框添加路径，选择 Customize installation 选项进行自定义安装，如图 2-2 所示。

在不改变默认设置的情况下单击 Next 按钮进行下一步，如图 2-3 所示。

图 2-1　Python 3.7 安装首页

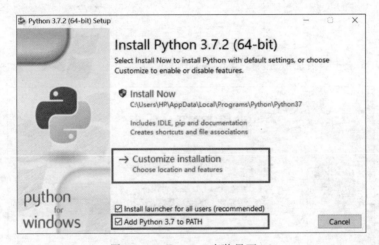

图 2-2　Python 3.7 安装界面(1)

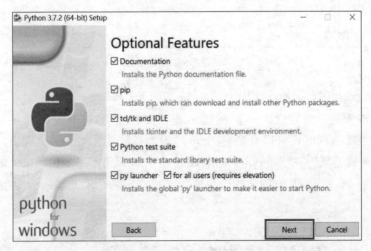

图 2-3　Python 3.7 安装界面(2)

选择一个用户存放 Python 程序的安装路径，单击 Install 按钮开始安装，如图 2-4 所示。

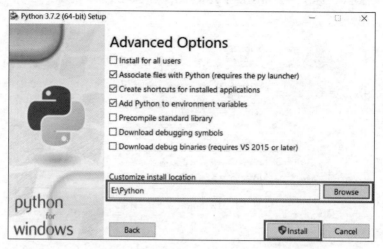

图 2-4 Python 3.7 安装界面(3)

等待 Python 进度条加载完毕，如图 2-5 所示。

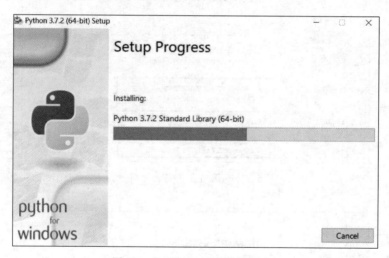

图 2-5 Python 3.7 安装界面(4)

安装完毕，单击 Close 按钮关闭安装界面，如图 2-6 所示。

在 Python 安装完成后验证一下 Python 是否安装成功，打开应用程序 Python，可以看到 Python IDLE，同时还可以看到 Python 的版本号是 3.7，如图 2-7 所示。

Python 安装完成后在 Windows 的启动菜单中可以看到 Python 3.7 的选项，启动 Python 3.7 可以看到 Python 的命令行界面，其中"＞＞＞"后面就是输入命令的地方。例如输入：

```
print("Hello World!")
```

图 2-6　Python 3.7 安装成功

图 2-7　查看 Python 的版本号

按 Enter 键后就会显示输出"Hello World!"的结果，如图 2-8 所示。

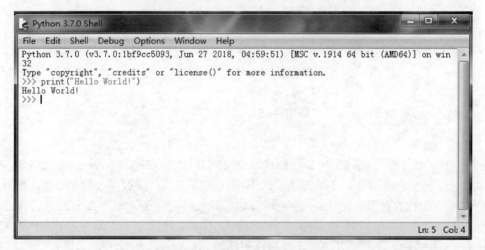

图 2-8　Python 运行输出界面

该环境是命令行环境，能运行一些简单的测试语句，用它来编写程序是不太适合的。Python自带了一个IDE，但是该IDE的功能也比较有限，只适合写一些简单的程序，不太适合开发Python工程项目。

2. PyCharm的Python开发环境

比较流行的Python开发环境是PyCharm，它的风格类似于Eclipse，是一种专门为Python开发的IDE，带有一整套可以帮助用户在使用Python语言开发时提高效率的工具，例如调试、语法高亮、Project管理、代码跳转、智能提示、自动完成、单元测试和版本控制等。

用户可以登录PyCharm的官方网站http://www.jetbrains.com/pycharm/下载免费的PyCharm Community版本。这个版本虽然不及收费的PyCharm Professional专业版本功能强大，但对于一般的Python应用程序开发已经足够。PyCharm的开发环境如图2-9所示。

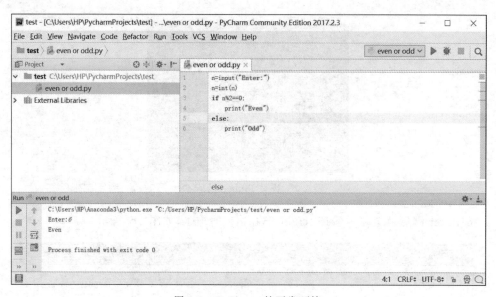

图2-9　PyCharm的开发环境

3. Anaconda的Python开发环境

另一个比较流行的Python开发环境是Anaconda。该程序比较庞大，是一个十分强大的Python开发环境，自带Python解释器。也就是说，在安装Anaconda时就自动安装了Python，同时它还带有一个功能强大的IDE开发工具Spyder。Anaconda最大的优点是可以帮助用户找到安装Python的各种各样的开发库，使得Python的开发十分方便与高效。另外，Anaconda对Windows用户十分有用，因为Python的一些开发库在Windows环境下安装经常出现这样或那样的问题，而Anaconda能顺利地解决这些问题。用户可以登录Anaconda的官方网站https://www.anaconda.com下载Anaconda的安装文件进行Python开发环境的安装。Anaconda的开发环境Spyder如图2-10所示。

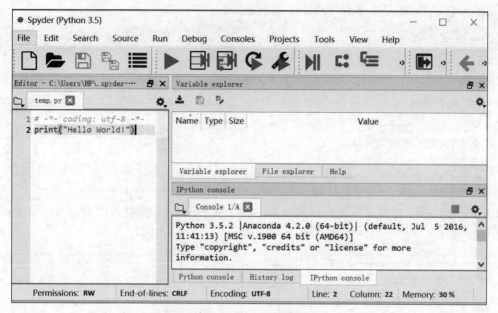

图 2-10 Anaconda 的开发环境 Spyder

2.2.2 编写 Python 程序

在开发环境中建立一个 Python 程序,看一下 Python 是如何运行程序的,它有什么特点?

1. 初识 Python 程序

【例 2-1】 编写一个最简单的 Python 程序。

(1) 启动 Python 3.7,在程序编译环境中输入:

```
print("Hi, My First Python Application! ")
```

按 Enter 键,就可以看到运行结果,如图 2-11 所示。

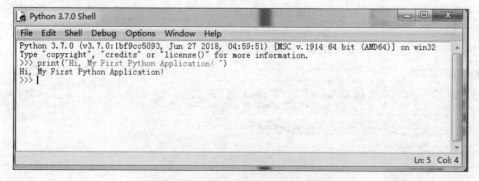

图 2-11 Python 3.7 运行程序的效果

（2）启动 PyCharm，在程序编译环境中输入：

```
print("Hi, My First Python Application! ")
```

选择 File→New Project 选项，新建一个名为 test 的文件；再选择名称为 test 的文件并右击，在弹出的快捷菜单中选择 New→Python File 选项，给新建的 Python 程序命名为 Ex2_1。

在程序编译环境中输入：

```
print("Hi, My First Python Application! ")
```

单击 Run 按钮，再选择需要运行的名称为 Ex2_1 的 Python 程序就可以看到运行结果，如图 2-12 所示。

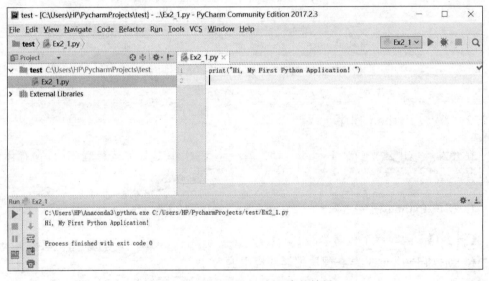

图 2-12　PyCharm 运行程序的效果

（3）启动 Anaconda 中的 Spyder，进入 Python console 界面，在程序编译环境中输入：

```
print("Hi, My First Python Application! ")
```

按 Enter 键，就可以看到运行结果，如图 2-13 所示。

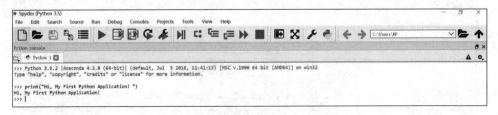

图 2-13　Spyder 运行程序的效果

2. Python 程序的编写风格

Python 的语句很特别,它没有像其他很多语言那样把要执行的语句用成对的花括号
{}包起来,而是把语句向右缩进,这就是 Python 的风格,它是靠缩进语句来表示要执行
的语句的。在 Python 的编译环境中会自动地把要缩进的语句进行缩进,用户也可以按
Tab 键或者 Space 键进行缩进,如下所示为典型的 Python 程序书写风格。

```
if s > = 0:
    s = math. sqrt(s)
    print("平方根是: ", s)
else:
    print("负数不能开平方")
```

3. Python 程序的注释语句

程序的注释语句是不执行的语句,是用来注释给用户或者程序员自己阅读的,在程
序的关键部位写上注释语句是一个良好的习惯,可增强程序的可读性。Python 的单行
注释语句用 # 开始,从 # 开始一直到末尾的部分都是注释部分,另外还可以使用连续 3
个双引号或者单引号来注释多行 Python 语句。如图 2-14 所示的是 Python 注释语句。

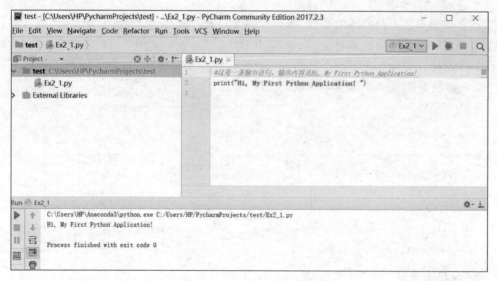

图 2-14　Python 注释语句

2.2.3　Python 数据类型

在此之前,用户可能认为 Python 的变量是没有类型的,Python 的变量更像是名字标
签,想贴在何处就贴在何处。通过这个标签就可以轻易找到变量在内存中对应的存放位
置,但这绝不是说 Python 就没有数据类型。Python 有很多重要的数据类型,在此介绍一
些 Python 常用的数据类型,包含整型、浮点型、布尔类型、字符串类型、列表类型和元组

类型等，同时介绍与数据类型相关的知识。

1. 整型

整型，简单地表述就是人们平时所见的整数。Python 3 的整型已经与长整型进行了无缝结合，现在的 Python 3 的整型类似于 Java 的 BigInteger 类型，它的长度不受限制，所以用 Python 3 很容易进行大数的计算。

2. 浮点型

浮点型是人们平时所说的小数，例如，圆周率 3.14 是浮点型，地球到太阳的距离大约为 1.5 亿千米也是浮点型。Python 区分整型和浮点型的唯一方式就是看有没有小数点。谈到浮点型，必须讲解一下 E 记法，E 记法就是人们平时所说的科学记数法，用于表示特别大和特别小的数。如图 2-15 所示的是在 Python 3 环境下浮点型数据的输出。

对于地球到太阳的距离 1.5 亿千米，如果转换成米，那就是一个非常庞大的数字（150000000000），但是如果用 E 记法就是 1.5e11（大写 E 和小写 e 都可以）。E 的意思是指数，底数为 10，E 后边的数字就是 10 的多少次幂。例如，150000 等于 1.5×100000，也就是 1.5×10^5，E 记法写成 1.5E5。

3. 布尔类型

布尔类型事实上是特殊的整型，布尔类型用 True 和 False 来表示"真"与"假"，同时布尔类型可以被当作整数来对待，True 相当于整型值 1，False 相当于整型值 0。因此，如图 2-16 所示的在 Python 3 环境下的布尔类型的运算都是可以的（最后的例子报错是因为 False 相当于 0，而 0 不能作为除数）。

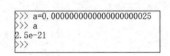

```
>>> a=0.0000000000000000025
>>> a
2.5e-21
>>>
```

图 2-15　Python 浮点型数据的输出

```
>>> True+True
2
>>> True*True
1
>>> True*False
0
>>> True/False
Traceback (most recent call last):
  File "<stdin>", line 1, in <module>
ZeroDivisionError: division by zero
>>>
```

图 2-16　Python 布尔类型数据的输出

4. 字符串类型

字符串是程序中最常用的一种数据类型，字符串可以包含中文与英文等任何字符，在内存中用 Unicode 编码存储，但是在存储到磁盘中时往往采用 GBK 或者 UTF-8 等其他编码形式。

字符数组可以用来存储字符串，字符串在内存中是以字符数组的形式存放的，字符串可以看成字符的数组，例如，s="Hello"。

1) 获取字符串长度函数 len()

字符串 s 的长度为 len(s)。例如,len("abc")获取字符串的长度为 3;len("呵呵 abc")获取字符串的长度为 5。

注意,空字符串 s=""是连续两个引号,中间没有任何字符信息,空串的长度为 0, len(s)=0,但是 s=" "包含一个空格,s 不是空串,其字符串的长度为 1。

2) 读出字符串中的各个字符

要得到字符串中的第 i 个字符,可以像数组访问数组元素那样用 s[i]得到这些字符,其中 s[0]是第 1 个字符,s[1]是第 2 个字符,……,s[len(s)−1]是最后一个字符。例如:

```
s = "ILU"
n = len(s)
for i in range(n):
    print(s[i])
```

对应输出的结果为:

```
I
L
U
```

注意,字符串中的字符是不可以改变的,因此不能对某个字符 s[i]赋值。例如, s[0]='h'是错误的。

3) 编码转换为字符

如果知道一个符号的编码为 n,那么可以用 chr(n)函数把它转换为对应的字符, 例如:

```
a = chr(119)
b = chr(101)
print (a, b)
```

对应输出的结果为:

```
w e
```

4) 字符串大小的比较

两个字符串 a、b 可以比较大小,比较规则是按各个对应字符的 Unicode 编码,编码大的一个为大。

比较 a[0]和 b[0],如果 a[0]>b[0],则 a>b;如果 a[0]<b[0],则 a<b;如果 a[0]=b[0],则继续比较 a[1]和 b[1]。

比较 a[1]和 b[1],如果 a[1]>b[1],则 a>b;如果 a[1]<b[1],则 a<b;如果 a[1]=b[1],则继续比较 a[2]和 b[2]。

……

这个过程一直进行下去，直到比较出两个字符串的大小，如果比较完毕两个字符串的每个字符都一样，并且两个字符串一样长，即 len(a)＝len(b)，那么 a＝b；如果 len(a)＞len(b)，则 a＞b；如果 len(a)＜len(b)，则 a＜b。

5) 英文字母的大小写转换

假如 C 是一个大写英文字母，则 ord(c) 是它的编码，ord(c)−ord("A") 是它相对于 "A" 的偏移量，ord("a") 是"a"的编码，显然 ord("a")＋ord(c)−ord("A") 是 c 对应的小写字母的编码，因此 chr(ord("a")＋ord(c)−ord("A")) 就是 c 对应的小写字母。例如：

```
c = "B"
d = chr(ord("a") + ord(c) - ord ("A"))
print(d)
```

对应输出的结果为：

```
b
```

同理，如果 c 是一个小写的英文字母，那么 chr(ord("A")＋ord(c)−ord("a")) 是它对应的大写字母。

6) 字符串函数

(1) 求字符串的子串函数 string [start：end：step]。其中 start、end、step 3 个参数都是可选的，冒号是必需的。该函数的含义是从 start 开始（包括 string[start]），以 step 为步长，获取 end 的一段元素（注意不包括 string[end]）。

如果 step＝1，那么就是 string[start]，string[start＋1]，…，string[end−2]，string[end−1]。如果 step＞1，那么第一个元素为 string[start]，第二个元素为 string[start＋step]，第三个元素为 string[start＋2 ∗ step]，以此类推，最后一个元素为 string[m]，其中 m＜end，但是 m＋step＞＝end，即索引的变化是从 start 开始，按 step 跳跃变化，不断增大，但是不等于 end，也不超过 end。如果 end 超过了最后一个元素的索引，那么最多取到最后一个元素。

start 不指定时默认值为 0；end 不指定时默认为序列尾；step 不指定时默认为 1。

step 为正数，则索引是增加的，索引沿正方向变化；如果 step＜0，那么索引是减少的，索引沿负方向变化。

另外，不能使用 step＝0，否则索引就原地踏步。

如果 start、end 为负数，表示倒数的索引。例如，start＝−1，表示 len(string)−1；start＝−2，表示 len(string)−2。

(2) 字符串大小写转换函数 upper()、lower()。

格式：s.upper()

作用：返回一个字符串，把 s 中所有的小写字母转换为大写字母。

格式：s.lower()

作用：返回一个字符串，把 s 中所有的大写字母转换为小写字母。

（3）字符串查找函数 find(t)、rfind(t)。

格式：s. find(t)

作用：返回在字符串 s 中查找 t 子串第一次出现的位置值（字符串中的第一个字符位置值为 0），如果不存在返回值为－1。

格式：s. rfind(t)

作用：返回在字符串 s 中查找 t 子串最后一次出现的位置值（字符串中的第一个字符位置值为 0），如果不存在返回值为－1。

（4）字符串索引查找函数 index(t)。

格式：s. index(t)

作用：返回在字符串 s 中查找 t 子串第一次出现的位置值（字符串中的第一个字符位置值为 0），如果不存在就报错。

注意：index()函数与 find()函数的功能完全一样，不同的是当查找的子串不存在时，index()会报错，find()是返回值－1。

（5）字符串判断函数 startswith(t)、endswith(t)。

格式：s. startswith(t)

作用：判断字符串 s 是否以子串 t 开始，返回逻辑值。

格式：s. endswith(t)

作用：判断字符串 s 是否以子串 t 结束，返回逻辑值。

（6）字符串去掉空格函数 lstrip()、rstrip()、strip()。

格式：s. lstrip()

作用：返回一个字符串，去掉了 s 中左边的空格。

格式：s. rstrip()

作用：返回一个字符串，去掉了 s 中右边的空格。

格式：s. strip()

作用：返回一个字符串，去掉了 s 中左边与右边的空格，等同于 s. lstrip(). rstrip()。

（7）字符串分离函数 split(sep)。

格式：s. split(sep)

作用：用 sep 分隔字符串 s，分隔出的部分组成列表返回。

其中 sep 是分隔符，结果是字符串按 sep 字符串分隔成多个字符串，这些字符串组成一个列表，即函数 split()调用后返回一个列表。

5. 列表类型

列表是 Python 中最常用的数据类型，列表的数据项不需要具有相同的类型。列表中的每个元素都分配一个数字表示它的位置或索引，第 1 个索引值是 0，第 2 个索引值是 1，以此类推。

1）创建一个列表

只要把逗号分隔的不同数据项使用方括号括起来即可创建一个列表，例如：

```
list1 = [1,2,3,4,'5',6,2]
```

列表的元素可以重复，例如 list1 中的 2 重复出现。列表中的元素类型不一定要完全一样，例如 list1 中有字符串也有数值。

2）访问列表中的值

使用下标索引来访问列表中的值，同样也可以使用方括号的形式截取字符，截取的方法与字符串中截取的方法类似。例如：

```
list1 = [1,2,3,4,5,6,7]
print(list1[1:5])
```

对应输出的结果为：

```
[2,3,4,5]
```

3）更新列表

可以对列表的数据项进行修改或更新，也可以使用 append 方法来添加列表项。

4）删除列表元素

可以使用 del 语句来删除列表中的元素。

5）列表联合操作

可以使用"＋"来连接多个列表。

6）列表的截取 L[start：end：step]

start、end、step 3 个参数是可选的，冒号是必须包含的。该函数的含义是从 start 开始（包括 L[start]），以 step 为步长，获取到 end 的一段元素（注意不包括 L[end]）。

7）判断一个元素是否在列表中

使用 in 或 not in 操作判断一个元素是否在列表中。

8）列表常用操作函数

（1）list.append(obj)。

作用：在列表末尾添加新的对象。

（2）list.count(obj)。

作用：统计某个元素在列表中出现的次数。

（3）list.extend(seq)。

作用：在列表末尾一次性追加另一个序列中的多个值（用新列表扩展原来的列表）。

（4）list.index(obj)。

作用：从列表中找出某个值第一个匹配项的索引位置。

（5）list.insert(index，obj)。

作用：将对象插入列表。

（6）list.remove(obj)。

作用：移除列表中某个值的第一个匹配项。

（7）删除元素：del list[index]。

作用：删除某个指定索引 index 的元素。

（8）弹出元素：list. pop(index＝－1)。

弹出元素与删除元素一样，都是从列表中移除一个元素项。如果要弹出某个指定索引 index 的元素，那么可以使用 list. pop (index)。index 的默认值是－1，使用 list. pop()即弹出最后一个元素。

（9）list. reverse()。

作用：将列表中的元素反向。注意，反向后原来列表的元素顺序将发生改变。

（10）list. sort()。

作用：对原列表进行排序。注意，排序后原来列表中的元素顺序将发生改变。

6. 元组类型

元组也是 Python 中常用的一种数据类型，它是 tuple 类的类型，与列表 list 几乎一致。元组与列表的区别如下。

（1）元组数据使用圆括号()来表示，如 t＝('a','b','c','d','e','f')。

（2）元组数据的元素不能改变，只能读取。

因此，可以简单理解元组就是只读的列表，除了不能改变外其他特性与列表完全一样。

7. 类型转换

下面介绍几个与数据类型紧密相关的函数：int()、float()和 str()。

```
>>> a='120'
>>> b=int(a)
>>> a,b
('120', 120)
>>> c=1.99
>>> d=int(c)
>>> c,d
(1.99, 1)
>>>
```

图 2-17　Python 中的 int 类型转换输出

int()的作用是将一个字符串或浮点数转换为一个整数。如图 2-17 所示的是在 Python 3 环境中的 int 类型转换输出。

如果是浮点数转换为整数，那么 Python 会采取"截断"处理，也就是把小数点后的数据直接去掉，注意不是四舍五入。

float()的作用是将一个字符串或整数转换成一个浮点数，即转换为小数。如图 2-18 所示的是在 Python 3 环境中的 float 类型转换输出。

str()的作用是将一个数或任何其他类型转换成一个字符串。如图 2-19 所示的是在 Python 3 环境中的 str 类型转换输出。

```
>>> a='120'
>>> b=float(a)
>>> a,b
('120', 120.0)
>>> c=120
>>> d=float(c)
>>> c,d
(120, 120.0)
>>>
```

图 2-18　Python 中的 float 类型转换输出

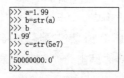

```
>>> a=1.99
>>> b=str(a)
>>> b
'1.99'
>>> c=str(5e7)
>>> c
'50000000.0'
>>>
```

图 2-19　Python 中的 str 类型转换输出

8. 获得关于类型的信息

有时候可能需要确定一个变量的数据类型，例如，当需要用户输入一个整数，但用户却输入了一个字符串，就有可能引发一些意想不到的错误或导致程序崩溃。Python 提供了一个可以明确告诉用户变量的类型的函数，就是 type() 函数。如图 2-20 所示的是在 Python 3 环境中的 type() 函数输出。

另外还可以使用 isinstance() 函数来确定变量的类型。这个函数有两个参数，第一个参数是待确定类型的数据；第二个参数是指定一个数据类型。isinstance() 会根据两个参数返回一个布尔类型的值，True 表示类型一致，False 表示类型不一致。如图 2-21 所示的是在 Python 3 环境中的 isinstance() 函数输出。

```
>>> type('120')
<class 'str'>
>>> type(1.20)
<class 'float'>
>>> type(1e20)
<class 'float'>
>>> type(120)
<class 'int'>
>>> type(False)
<class 'bool'>
>>>
```

```
>>> a="I Love you"
>>> isinstance(a, str)
True
>>> isinstance(120, float)
False
>>> isinstance(120, int)
True
>>>
```

图 2-20　Python 中的 type() 函数输出　　　　图 2-21　Python 中的 isinstance() 函数输出

2.3　爬虫相关知识

爬虫主要是与网页打交道的，因此了解一些 Python、Web 前端与爬虫的相关知识是非常有必要的。

2.3.1　了解网页结构

任意打开一个网页（https://www.jd.com/）右击，从弹出的快捷菜单中选择"检查"选项，即可查看该网页结构的相应代码，如图 2-22 所示。

分析图 2-22，该图上半部分为 HTML 文件，下半部分为 CSS 样式，用< script ></script >标签的就是 JavaScript 代码。用户浏览的网页就是浏览器渲染后的结果，浏览器就像翻译官，把 HTML、CSS 和 JavaScript 进行翻译得到用户使用的网页界面。

打开一个网页（https://www.jd.com/），右击，从弹出的快捷菜单中选择"查看网页源代码"选项，即可查看该网页的源代码，如图 2-23 所示。

无论是通过浏览器打开网站、访问网页，还是通过脚本对 URL 网址进行访问，本质上都是对 HTTP 服务器的请求，浏览器上所呈现的、控制台所显示的都是 HTTP 服务器对用户请求的响应。

通常 HTTP 消息包括客户机向服务器的请求消息和服务器向客户机的响应消息。这两种类型的消息由一个起始行、一个或者多个头域、一个指示头域结束的空行和可选的消息体组成。

HTTP 采取的是请求响应模型，该协议永远都是客户端发起请求，服务器回应响应。HTTP 是一个无状态的协议，同一个客户端的这次请求和上次请求没有对应的关系。

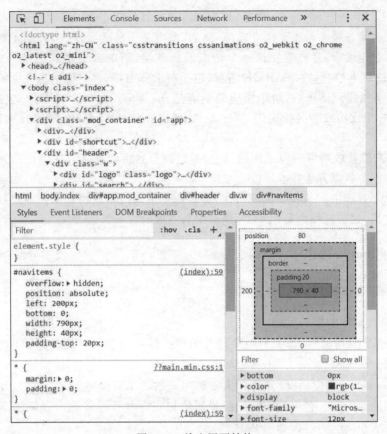

图 2-22 检查网页结构

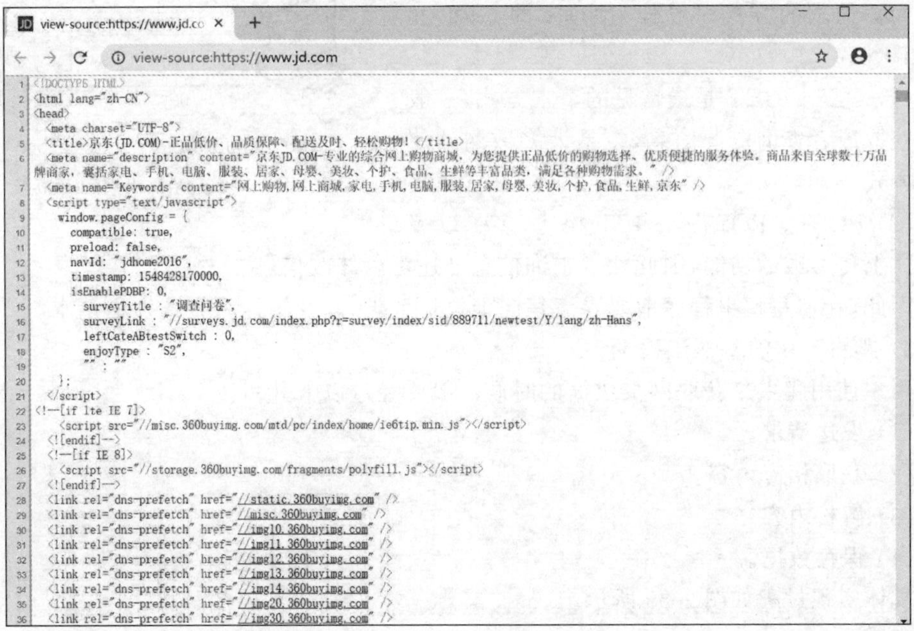

图 2-23 查看网页源代码

一次 HTTP 操作称为一个事务，其执行过程可以分为 4 个步骤：

(1) 客户端与服务器需要建立连接，例如，单击某个超链接，HTTP 的工作就开始了。

(2) 建立连接后，客户端发送一个请求给服务器，请求方的格式为统一资源标识符（URL）、协议版本号，后边是 MIME 信息，包括请求修饰符、客户机信息和可能的内容。

(3) 服务器接到请求后，给予相应的响应信息，其格式为一个状态行，包括信息的协议版本号、一个成功或错误的代码，后边是 MIME 信息，包括服务器信息、实体信息和可能的内容。

(4) 客户端接收服务器所返回的信息，通过浏览器将信息显示在用户的显示屏上，然后客户端与服务器断开连接。

如果以上过程中的某一步出现错误，那么产生错误的信息将返回到客户端，在输出端显示屏上输出，这些过程都是由 HTTP 协议来完成的。

视频讲解

2.3.2　Python 与爬虫

1. 爬虫的基本原理

1) 网页请求和响应的过程

(1) Request(请求)。每一个用户打开的网页都必须在最开始由用户向服务器发送访问的请求。

(2) Response(响应)。服务器在接收到用户的请求后会验证请求的有效性，然后向用户发送相应的内容。客户端接收到服务器的相应内容后再将此内容展示出来，以供用户浏览。请求和响应的过程如图 2-24 所示。

2) 网页请求的方式

网页请求的方式一般分为两种，即 GET 和 POST。

(1) GET。GET 是最常见的请求方式，一般用于获取或者查询资源信息，也是大多数网站使用的方式。

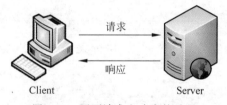
图 2-24　网页请求和响应的过程

(2) POST。POST 与 GET 相比，多了以表单形式上传参数的功能，因此除了查询信息外还可以修改信息。

因此，在书写爬虫程序前要弄清楚向谁发送请求，以及用什么方式发送请求。

3) 爬虫工作的基本流程

用户使用爬虫来获取网页数据的时候一般要经过以下几步。

(1) 发送请求。

(2) 获取相应内容。

(3) 解析内容。

(4) 保存数据。

具体实现过程如图 2-25 所示。

图 2-25 爬虫工作的基本流程

2. urllib 模块

Python 凭借其强大的函数库及部分函数对获取网站源代码的针对性,成为能够胜任网络数据爬取的计算机语言。使用 Python 编写爬虫代码,要解决的第一个问题是 Python 如何访问互联网,为此 Python 专门准备了 urllib 模块。urllib 是由 URL 和 lib 两个单词共同构成的,URL 就是网页的地址,lib 是 library(库)的缩写。

URL 的一般格式为(带方括号[ ]的为可选项)protocol://hostname[port]/path/[;parameters][?query]♯fragment。

URL 由以下三部分组成。

(1) 协议。常见的有 HTTP、HTTPS、FTP、FILE(访问本地文件夹)、ED2K(电驴的专用链接)等。

(2) 存放资源的服务器的域名系统(DNS)主机名或 IP 地址(有时候要包含端口号,各种传输协议都有默认的端口号,如 HTTP 的默认端口为80)。

(3) 主机资源的具体地址,例如目录和文件名等。

第1部分和第2部分用"://"隔开;第2部分和第3部分用"/"隔开;第1部分和第2部分是不可缺少的,第3部分有时可以省略。

严格地讲,urllib 并不是一个模块,它其实是一个包(package),里面共有 4 个模块。因此它包含了对服务器请求的发出、跳转、代理和安全等各个方面的内容。

【例 2-2】 使用 urllib 访问目标网页。

在 urllib 模块中可以使用 urllib. request. urlopen()函数访问网页,urllib. request. urlopen()函数的参数为:

```
urllib. request. urlopen ( url, data = None, [ timeout, ] * , cafile = None, capath = None,
cadefault = False, context = None)
```

urllib. request. urlopen()函数的参数的功能如表 2-1 所示。

表 2-1 urllib. request. urlopen()函数的参数的功能

参　　数	功　　能
url	打开的网址
data	data 用来指明发往服务器请求中的额外的参数信息,data 默认是 None,此时以 GET 方式发送请求;当用户给出 data 参数的时候,改为以 POST 方式发送请求
timeout	设置网站的访问超时时间
cafile、capath、cadefault	用于实现可信任的 CA 证书的 HTTP 请求
context	实现 SSL 加密传输

具体实现过程如图 2-26 所示。

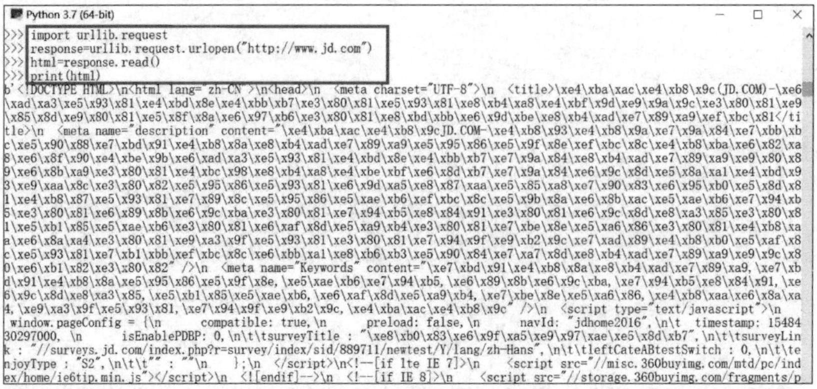

图 2-26　通过 urllib 访问网页

这跟在浏览器上使用"检查"功能看到的如图 2-22 所示的内容是不一样的，因为 Python 爬取的内容是以 UTF-8 编码的 bytes 对象，要还原为带中文的 HTML 代码，需要对其进行解码，将它变成 Unicode 编码，如图 2-27 所示。

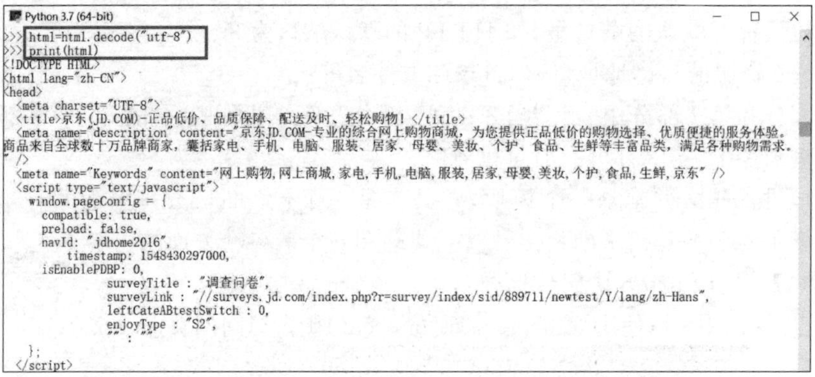

图 2-27　UTF-8 编码转换为 Unicode 编码

【例 2-3】　使用 urllib 获取响应信息。

代码如下。

```
import urllib.request
url = "http://www.baidu.com/"
response = urllib.request.urlopen(url)
print(response.getcode())
print(response.geturl())
print(response.getheaders())
```

该例通过 response.getcode()、response.geturl()以及 response.getheaders()获取了各种响应信息。其中，getcode()表示获取当前网页的状态码，状态码 200 表示网页正常，403 表示不正常，404 表示失败等；geturl()表示获取当前网页的网址；getheaders()表示返回一个包含服务器响应 HTTP 请求所发送的标头。

运行结果如图 2-28 所示。

图 2-28　获取响应信息

3. Requests 库

Requests 是用 Python 语言编写，基于 urllib，采用 Apache2 Licensed 开源协议的 HTTP 库。它比 urllib 更加方便，可以节约开发者大量的工作，完全满足 HTTP 测试需求。Requests 实现了 HTTP 协议中的绝大部分功能，它提供的功能包括 Keep-Alive、连接池、Cookie 持久化、内容自动解压、HTTP 代理、SSL 认证、连接超时、Session 等很多特性，更重要的是它同时兼容 Python 2 和 Python 3。

1）Requests 库的安装

Requests 库的安装十分简单，一般可在 Windows 命令行中输入"pip install requests"来完成下载和安装。

安装完成后，在 Python 环境中即可导入该模块，如果不报错则表示安装成功。导入模块的命令为 import requests，运行界面如图 2-29 所示。

图 2-29　成功安装 Requests 库

Requests 库中获取的响应属性如表 2-2 所示。

表 2-2　响应属性

属　　性	说　　明
r. status_code	HTTP 请求的返回状态，200 表示连接成功，404 表示失败
r. text	HTTP 响应内容的字符串形式（即 url 对应的页面内容）
r. encoding	从 HTTP header 中猜测的响应内容的编码方式
r. content	HTTP 响应内容的二进制形式
r. apparent_encoding	根据网页内容分析出的编码方式

2）Requests 库的使用实例

【例 2-4】　使用 GET 方式抓取网页数据。

使用 GET 方式抓取网页数据，代码如下。

```
import requests
url = "http://www.baidu.com"
strhtml = requests.get(url)
print(strhtml.text)
```

语句的含义如下。

import requests：导入 Requests 库。

url＝"http://www.baidu.com"：访问目标网页。

strhtml＝requests.get(url)：将获取的数据保存到 strhtml 变量中。

print(strhtml.text)：打印网页源代码。

运行程序如图 2-30 所示。

图 2-30　Requests 库的使用实例

【例 2-5】　使用 GET 方式读取网页数据，并设置超时反应。

代码如下。

```
import requests
r = requests.get("https://www.163.com/", timeout = 1)
print(r.status_code)
```

本例使用 timeout 来设置响应时间，timeout 并不是整个下载响应的时间限制，而是如果服务器在 timeout 秒内没有应答，将会引发一个异常。本例的运行结果如图 2-31 所示。

```
=== RESTART: D:/Users/xxx/AppData/Local/Programs/Python/Python37/爬虫/4-6.py ===
200
>>> |
```

图 2-31　使用 GET 方式抓取网页数据，并设置超时反应

【例 2-6】　使用 Requests 库抓取网页中的图片。

代码如下。

```
import requests
r3 = requests. get ( " https://www. baidu. com/img/PCtm _ d9c8750bed0b3c7d089fa7d55720d6cf.
png")
with open('baidu. png','wb')as f:
f. write(r3. content)
```

本例使用 Requests 库抓取了网页中的图片，图片地址为 https://www. baidu. com/img/PCtm_d9c8750bed0b3c7d089fa7d55720d6cf. png；语句"with open('baidu. png','wb')as f"创建了一个文件来保存图片；"with open as f"在 Python 中用来读写文件(夹)；"f. write(r3. content)"将图片字节码写入创建的文件中。

运行本例可以看到在文件路径下保存的名为 baidu. png 的图片，如图 2-32 所示。

图 2-32　保存的图片

使用该方法可爬取网页中的图片或视频文件。

【例 2-7】　使用 Requests 库抓取网页中的 JSON 格式数据。

代码如下。

```
import requests
r = requests.get('http://t.weather.sojson.com/api/weather/city/101040100')
r. encoding = 'utf - 8'
print(r. json()['cityInfo']['city'])
print(r. json()['cityInfo']['citykey'])
print(r. json()['data']['wendu'])
```

本例爬取了中国城市天气网中的数据，并将原本用 JSON 格式存储的数据打印出来。该网页(http://t. weather. sojson. com/api/weather/city/101040100)中的 JSON 数据如下所示。

```
{"message":"status":200,"date":"20230908","time":"2023 - 09 - 08 11:45:20","cityInfo":
{"city":"重庆市","citykey":"101040100","parent":"重庆
","updateTime":"07:46"},"data":{"shidu":"71 %","pm25":11.0,"pm10":32.0,
… …
```

该例运行结果如下。

```
重庆市
101040100
28
```

其中，city 为城市名称，citykey 为城市编码，wendu 为当天温度值。

打开网址 http://www.weather.com.cn/，如图 2-33 所示，在搜索栏中选中不同的城市，可得到不同的编码，如北京编码为 101010100，重庆编码为 101040100。

图 2-33　天气网首页

4. BeautifulSoup 库

HTML 文档本身是结构化的文本，有一定的规则，通过它的结构可以简化信息提取，于是就有了像 lxml、pyquery、BeautifulSoup 等类似的网页信息提取库。其中 BeautifulSoup 提供一些简单的、Python 式的函数来处理导航、搜索、修改分析树等功能。它是一个工具箱，通过解析文档为用户提供需要抓取的数据，因为简单，所以不需要多少代码就可以写出一个完整的应用程序。目前 BeautifulSoup 已成为和 lxml、html5lib 一样出色的 Python 解释器（库），并为用户灵活地提供不同的解析策略。

BeautifulSoup 将复杂的 HTML 文档转换为一个树形结构来读取，其中树形结构中的每个节点都是 Python 对象，并且所有对象可以归纳为 Tag、NavigableString、BeautifulSoup 以及 Comment 4 种。每种对象的含义见表 2-3。

表 2-3　BeautifulSoup 对象的含义

对　　象	含　　义
Tag	表示 HTML 中的一个标签
NavigableString	表示获取标签内部的文字
BeautifulSoup	表示一个文档的全部内容
Comment	表示一个特殊类型的 NavigableString 对象

要使用 BeautifulSoup 库,首先需要在 Python 3 中安装,可以直接在 cmd 下用 pip3 命令进行安装:

```
pip install beautifulsoup4
```

值得注意的是,安装的包名是 beautifulsoup4。安装完成后可以通过导入该库来判断是否安装成功,如图 2-34 所示。

```
>>> from bs4 import BeautifulSoup
>>>
```

图 2-34 安装并测试 BeautifulSoup

BeautifulSoup 所支持的解析器如表 2-4 所示。

表 2-4 BeautifulSoup 所支持的解析器

解 析 器	使 用 方 法
Python 标准库	BeautifulSoup(markup,"html. parser")
lxml HTML 解析器	BeautifulSoup(markup,"lxml")
lxml XML 解析器	BeautifulSoup(markup,"xml")
html5lib	BeautifulSoup(markup,"html5lib")

在 Python 3 中,BeautifulSoup 库的导入语句如下:

```
from bs4 import BeautifulSoup
```

【例 2-8】 使用 BeautifulSoup 获取网页中的超链接信息。

准备 2-2.html 网页,内容如下。

```
<!DOCTYPE html>
<html lang = "zh">
<head>
<title>这是我的网页</title>
</head>
<body>
<h1>我的第一个标题</h1>
<p>我的第一个段落.</p>
<a class = "mnav" href = "http://news.baidu.com" name = "tj_trnews">新闻 </a>
</body>
</html>
```

在 Python 3 中导入 BeautifulSoup 库获取该网页的超链接信息,代码如下。

```
from bs4 import BeautifulSoup
file = open('2 - 2.html', 'rb')
html = file.read()
  bs = BeautifulSoup(html,"html.parser")        ♯缩进格式
  print(bs.a.attrs)
```

该例使用语句 print(bs. a. attrs)来输出超链接标签<a>的所有属性,运行该程序如图 2-35 所示。

```
=== RESTART: D:/Users/xxx/AppData/Local/Programs/Python/Python37/爬虫/4-9.py ===
{'class': ['mnav'], 'href': 'http://news.baidu.com', 'name': 'tj_trnews'}
>>> |
```

图 2-35　使用 BeautifulSoup 获取网页中的超链接信息

2.3.3　基础爬虫框架

基础爬虫框架如图 2-36 所示,该图介绍了基础爬虫框架包含哪些模块,以及各模块之间的关系。

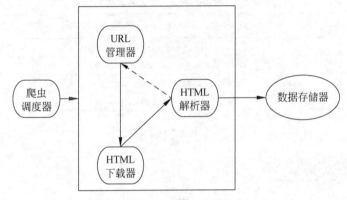

图 2-36　基础爬虫框架

基础爬虫框架主要包括五大模块,分别为爬虫调度器、URL 管理器、HTML 下载器、HTML 解析器和数据存储器。这五大模块的功能如下:

(1) 爬虫调度器主要负责统筹其他 4 个模块的协调工作。

(2) URL 管理器负责管理 URL 链接,维护已经爬取的 URL 集合和未爬取的 URL 集合,提供获取新 URL 链接的接口。

(3) HTML 下载器用于从 URL 管理器中获取未爬取的 URL 链接并下载 HTML 网页。

(4) HTML 解析器用于从 HTML 下载器中获取已经下载的 HTML 网页,并从中解析出新的 URL 链接交给 URL 管理器,解析出有效数据交给数据存储器。

(5) 数据存储器用于将 HTML 解析器解析出来的数据通过文件或者数据库的形式存储起来。

2.3.4　正则表达式

1. 正则表达式介绍

正则表达式又称为规则表达式,是对字符串进行操作的一种逻辑公式。其特点是用事先定义好的一些特定字符及这些特定字符的组合组成一个"规则字符串",这个"规则字符串"用来表达对字符串的一种过滤逻辑,通常被用来检索、替换那些符合某个模式(规则)的文本。构造正则表达式的方法和创建数学表达式的方法一样,都是用多种元字符与运算符将小的表达式结合在一起来创建更大的表达式。正则表达式的组件可以是单个的字符、字符集合、字符范围、字符间的选择或者所有这些组件的任意组合。表 2-5 给出了常见的正则表达式的规则说明。

表 2-5　常见的正则表达式的规则说明

正则表达式	说　　明
^	匹配输入字符串的开始位置
$	匹配输入字符串的结束位置
*	代表任意的字符
.	匹配除了换行符外的任意字符
+	匹配前面的子表达式一次或多次
?	匹配前面的子表达式零次或一次
\d	代表一个数字
\n	匹配换行符
\s	匹配任何空白字符,包括空格、制表符、换页符等
\t	匹配一个制表符
\b	匹配一个单词边界,也就是指单词和空格间的位置
\w	匹配包括下画线的任何单词字符
\r	匹配一个回车
\D	匹配一个非数字字符
|	分支结构,匹配符号之前的字符或后面的字符
[xyz]	匹配所包含的任意一个字符
[^xyz]	匹配未包含的任意字符
[a−z]	匹配指定范围内的任意字符
[^a−z]	匹配任何不在指定范围内的任意字符

例如声明"电话号码",该数据类型由"＊＊＊—＊＊＊＊＊＊＊＊"组成,如"023-67670011",可使用正则表达式书写为"\d{3}-\d{8}"。

再如声明"密码",该数据类型由"＊＊＊＊＊＊＊＊＊"组成,前面 3 位是字母,后面 6 位是数字,如"abc123456",可使用正则表达式书写为"[a-z]{3}[0-9]{6}"。

正则表达式有以下常见应用:

(1) 替换指定内容。

(2) 替换数字。

(3) 删除指定字符。

(4) 删除空行。

2. 正则表达式实例

在 Python 3 中,可以通过自带的 re 模块来实现正则表达式的功能。

【例 2-9】　使用 re 模块匹配普通字符串。

代码如下。

```
import re
a = "student"
str1 = "teacherandstudent"
ret = re.search(a, str1)
print(ret)
```

本例导入了 Python 中的 re 模块，并使用其中的 search()函数从字符串"teacherandstudent"中搜索"student"第一次出现的匹配情况。本例的运行结果如图 2-37 所示。

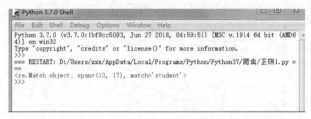

图 2-37　使用 re 模块匹配普通字符串

【例 2-10】 使用通用字符串匹配字符。

代码如下。

```
import re
a = "\d{2}st"
str1 = "teacherand12345student"
ret = re.search(a, str1)
print(ret)
```

在本例中，\d{2} st 表示在字符 st 前面有两个任意的十进制数字[0-9]，本例的运行结果如图 2-38 所示。

```
=== RESTART: D:/Users/xxx/AppData/Local/Programs/Python/Python37/爬虫/正则2.py =
==
<re.Match object; span=(13, 17), match='45st'>
>>> |
```

图 2-38　使用通用字符串匹配字符

从程序的运行结果可以看出，正则表达式"\d{2}st"匹配"teacherand12345student"成功。Python 中 re 模块中的主要函数及其含义如表 2-6 所示。

表 2-6　Python 中 re 模块中的函数及其含义

函数名称	含　义
re.match	从字符串的起始位置匹配一个模式，如果匹配不成功则返回 None
re.search	在字符串内查找模式匹配，找到第一个匹配后返回，如果字符串没有匹配成功则返回 None
re.sub	用于替换字符串中的匹配项
re.split	分割字符串

续表

函数名称	含　义
re. findall	在字符串中找到正则表达式所匹配的所有子串,并返回一个列表,如果没有找到匹配的子串,则返回空列表
re. finditer	和 findall 类似,在字符串中找到正则表达式所匹配的所有子串,并把它们作为一个迭代器返回
re. compile	把正则表达式编译成一个正则表达式对象
re. pattern	将正则表达式 pattern 编译成 pattern 对象,并返回该对象

【例 2-11】 使用 re. match 进行匹配。

```
import re
print(re.match('xyz', 'xyz.com'))        ♯ 在起始位置匹配
print(re.match('xyz', 'www.xyz.com'))    ♯ 不在起始位置匹配
```

程序运行结果如下。

```
< re. match object; span = (0, 3), match = 'xyz'>
None
```

【例 2-12】 使用 re. findall 进行匹配。

```
import re
print(re.findall(r'123', '123python123'))     ♯ 匹配成功
print(re.findall(r'123py', '123python123'))   ♯ 匹配成功
print(re.findall(r'1234', '123python123'))    ♯ 匹配不成功
```

程序运行结果如下。

```
['123', '123']
['123py']
[ ]
```

【例 2-13】 使用正则表达式爬取网页标题。

```
import re
import urllib. request
url = "http://weather.sina.com.cn/"
content = urllib. request. urlopen(url). read()
title = re. findall(r'< title >(. * ?)</title>', content. decode('utf - 8'))
print(title[0])
```

该例使用语句"re. findall(r'< title >(. * ?)</title >'"爬取网址为 http://weather. sina. com. cn/中的标题文本内容,运行结果如下。

```
天气预报_全国,世界主要城市天气预报_新浪天气_新浪网
```

2.4　利用爬虫抓取网页内容

下面以一个实际的案例来讲解用 Python 语言编写一个爬虫，实现对酷狗音乐网页内容的爬取。

2.4.1　观察与分析页面

爬取的内容为酷狗音乐榜单中酷狗 TOP500 的音乐信息，如图 2-39 所示。

图 2-39　酷狗音乐网站的首页

网页版酷狗音乐不能手动翻页，进行下一步的浏览。通过观察，第一页网页的 URL 为 http://www.kugou.com/yy/rank/home/1-8888.html；第二页网页的 URL 为 http://www.kugou.com/yy/rank/home/2-8888.html；第三页网页的 URL 为 http://www.kugou.com/yy/rank/home/3-8888.html。以此类推，发现更换不同数字即为酷狗音乐网站对应的不同页面，故只需更改"home/"后面的第 1 个数字即可，如图 2-40 所示。因为每页显示 22 首歌曲，所以总共需要 23 个 URL。

图 2-40　酷狗音乐网站不同网页的显示

再确定需要爬取的内容信息，有音乐对应的排名情况、歌手名、歌曲名和歌曲时长，如图 2-41 所示。

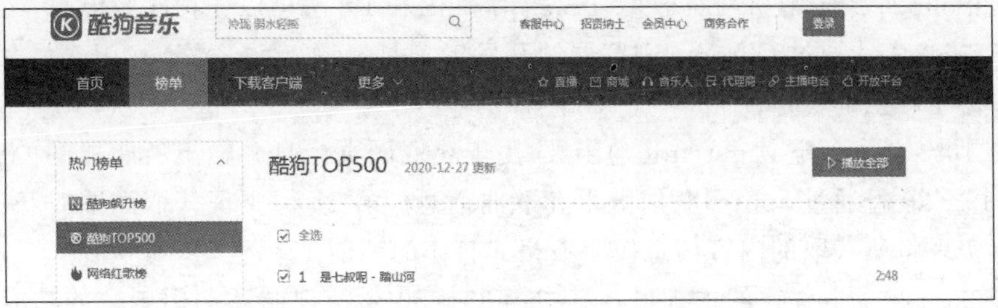

图 2-41　确定需爬取的内容信息

2.4.2　抓取过程分析

用 Python 编写的爬虫代码如下。

```
1  import requests
2  from bs4 import BeautifulSoup
3  import time
4
5  headers = {
6      'User - Agent':'Mozilla/5.0 (Windows NT 6.1; WOW64) AppleWebKit/537.36 (KHTML,
7  like Gecko) Chrome/56.0.2924.87 Safari/537.36'
8  }
9
10 def get_info(url):
11     wb_data = requests.get(url, headers = headers)
12     soup = BeautifulSoup(wb_data.text,'lxml')
13     ranks = soup.select('span.pc_temp_num')
14     titles = soup.select('div.pc_temp_songlist > ul > li > a')
15     times = soup.select('span.pc_temp_tips_r > span')
16     for rank,title,time in zip(ranks,titles,times):
17         data = {
18             'rank':rank.get_text().strip(),
19             'singer':title.get_text().split('-')[0],
20             'song':title.get_text().split('-')[1],
21             'time':time.get_text().strip()
22         }
23         print(data)
24
25 if __name__ = = '__main__':
26     urls = ['http://www.kugou.com/yy/rank/home/{} - 8888.html'.format(str(i)) for i in
27 range(1,24)]
28     for url in urls:
29         get_info(url)
30         time.sleep(1)
```

代码分析：

(1) 1～3 行：导入程序需要的库，Requests 库用于请求网页获取网页数据，BeautifulSoup 库用于解析网页数据，time 库的 sleep()方法可以让程序暂停。

(2) 5～8 行：通过 Chrome 浏览器的开发者工具复制 User-Agent，用于将其伪装为浏览器，便于爬虫的稳定性。

(3) 10～23 行：定义 get_info()函数，用于获取网页信息并输出所爬取的内容信息。其中第 19～20 行通过 split()获取歌手和歌曲信息；第 21 行实现获取歌曲时长的功能；第 23 行实现将所获取的内容信息按字典格式打印的功能。

(4) 25～29 行：程序的主入口。其中第 28～30 行实现循环调用函数的功能；第 29 行调用 get_info()函数；第 30 行实现睡眠一秒的功能。

2.4.3 获取页面内容

最后可爬取出酷狗音乐榜单中酷狗 TOP500 的音乐信息了，这里爬取出酷狗 TOP500 中音乐排名前 30 的内容，如图 2-42 所示。

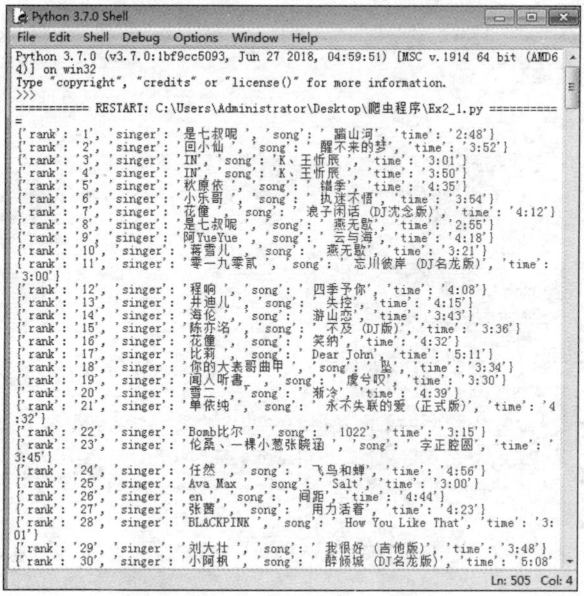

Python 3.7.0 Shell
File Edit Shell Debug Options Window Help
Python 3.7.0 (v3.7.0:1bf9cc5093, Jun 27 2018, 04:59:51) [MSC v.1914 64 bit (AMD64)] on win32
Type "copyright", "credits" or "license()" for more information.
>>>
=========== RESTART: C:\Users\Administrator\Desktop\爬虫程序\Ex2_1.py ==========
{'rank': '1', 'singer': '是七叔呢 ', 'song': ' 踏山河', 'time': '2:48'}
{'rank': '2', 'singer': '回小仙 ', 'song': ' 醒不来的梦', 'time': '3:52'}
{'rank': '3', 'singer': 'IN', 'song': 'K、王忻辰 ', 'time': '3:01'}
{'rank': '4', 'singer': 'IN', 'song': 'K、王忻辰 ', 'time': '3:50'}
{'rank': '5', 'singer': '秋原依 ', 'song': ' 错季', 'time': '4:35'}
{'rank': '6', 'singer': '小乐哥 ', 'song': ' 执迷不悟', 'time': '3:54'}
{'rank': '7', 'singer': '花僮 ', 'song': ' 浪子闲话 (DJ沈念版)', 'time': '4:12'}
{'rank': '8', 'singer': '是七叔呢 ', 'song': ' 燕无歇', 'time': '2:55'}
{'rank': '9', 'singer': '阿YueYue ', 'song': ' 云与海', 'time': '4:18'}
{'rank': '10', 'singer': '蒋雪儿 ', 'song': ' 燕无歇', 'time': '3:21'}
{'rank': '11', 'singer': '零一九零贰 ', 'song': ' 忘川彼岸 (DJ名龙版)', 'time': '3:00'}
{'rank': '12', 'singer': '程响 ', 'song': ' 四季予你', 'time': '4:08'}
{'rank': '13', 'singer': '井迪儿 ', 'song': ' 失控', 'time': '4:15'}
{'rank': '14', 'singer': '海伦 ', 'song': ' 游山恋', 'time': '3:43'}
{'rank': '15', 'singer': '陈亦洺 ', 'song': ' 不及 (DJ版)', 'time': '3:36'}
{'rank': '16', 'singer': '花僮 ', 'song': ' 笑纳', 'time': '4:32'}
{'rank': '17', 'singer': '比莉 ', 'song': ' Dear John', 'time': '5:11'}
{'rank': '18', 'singer': '你的大表哥曲甲 ', 'song': ' 坠', 'time': '3:34'}
{'rank': '19', 'singer': '闻人听書_ ', 'song': ' 虞兮叹', 'time': '3:30'}
{'rank': '20', 'singer': '雪二 ', 'song': ' 渐冷', 'time': '4:39'}
{'rank': '21', 'singer': '单依纯 ', 'song': ' 永不失联的爱 (正式版)', 'time': '4:32'}
{'rank': '22', 'singer': 'Bomb比尔 ', 'song': ' 1022', 'time': '3:15'}
{'rank': '23', 'singer': '伦桑、一棵小葱张晓涵 ', 'song': ' 字正腔圆', 'time': '3:45'}
{'rank': '24', 'singer': '任然 ', 'song': ' 飞鸟和蝉', 'time': '4:56'}
{'rank': '25', 'singer': 'Ava Max ', 'song': ' Salt', 'time': '3:00'}
{'rank': '26', 'singer': 'en ', 'song': ' 间距', 'time': '4:44'}
{'rank': '27', 'singer': '张茜 ', 'song': ' 用力活着', 'time': '4:23'}
{'rank': '28', 'singer': 'BLACKPINK ', 'song': ' How You Like That', 'time': '3:01'}
{'rank': '29', 'singer': '刘大壮 ', 'song': ' 我很好 (吉他版)', 'time': '3:48'}
{'rank': '30', 'singer': '小阿枫 ', 'song': ' 醉倾城 (DJ名龙版)', 'time': '5:08'
Ln: 505 Col: 4

图 2-42 酷狗 TOP500 中音乐排名前 30 的内容

【课堂练习】 爬取豆瓣音乐排行榜，网址为 https://music.douban.com/chart，如图 2-43 所示。

代码如下。

```
from bs4 import BeautifulSoup
import requests
def parseHtml(url):
```

图 2-43 豆瓣音乐排行榜

```
    headers = {"User - Agent": "Mozilla/5.0 (Windows NT 10.0; WOW64) AppleWebKit/537.36
(KHTML, like Gecko) Chrome/58.0.3029.110 Safari/537.36 SE 2.X MetaSr 1.0"}
    response = requests.get(url, headers = headers)
    soup = BeautifulSoup(response.text, 'lxml')
    for index, li in enumerate(soup.select(".article li")):
        if(index < 10):
            print('歌曲排名:' + li.span.text)
            print('歌曲链接:' + li.a['href'])
            print('歌曲名:' + li.find(class_ = "icon - play").a.text) #使用方法选择器
            print('演唱者/播放次数:' + li.find(class_ = "intro").p.text.strip())
            print('上榜时间:' + li.find(class_ = "days").text.strip())
        else:
            print('歌曲排名:' + li.span.text)
            print('歌曲名:' + li.find(class_ = "icon - play").a.text)
            print('演唱者/播放次数:' + li.find(class_ = "intro").p.contents[2].strip())
#方法选择器和节点选择器搭配使用
            print('上榜时间:' + li.find(class_ = "days").text.strip())
def main():
    url = "http://music.douban.com/chart"
    parseHtml(url)
if __name__ == '__main__':
    main()
```

程序运行结果如图 2-44 所示。

```
================ RESTART: C:/Users/xxx/Desktop/爬取豆瓣.py ================
歌曲排名：1
歌曲链接：https://site.douban.com/mrblack/
歌曲名：say88
演唱者/播放次数：布布布莱克 ／ 2716次播放
上榜时间：(上榜123天)
歌曲排名：2
歌曲链接：https://site.douban.com/zhangxianzhi/
歌曲名：74-见一面吧-1500
演唱者/播放次数：张弦织 ／ 1318次播放
上榜时间：(上榜120天)
歌曲排名：3
歌曲链接：https://site.douban.com/HOPE/
歌曲名：四九城
演唱者/播放次数：啸 ／ 16174次播放
上榜时间：(上榜127天)
歌曲排名：4
歌曲链接：https://site.douban.com/Post80sG/
歌曲名：Check It Out Y'All
演唱者/播放次数：Post80s ／ 7841次播放
上榜时间：(上榜118天)
歌曲排名：5
歌曲链接：https://site.douban.com/jiabohao/
歌曲名：theo's body without organism
演唱者/播放次数：贾博昊 ／ 8470次播放
上榜时间：(上榜127天)
歌曲排名：6
歌曲链接：https://site.douban.com/boyouwenhua/
歌曲名：而我的青春只有你（流行2000）
演唱者/播放次数：博友文化音乐工作室 ／ 4947次播放
上榜时间：(上榜127天)
歌曲排名：7
歌曲链接：https://site.douban.com/liuhaiyang/
歌曲名：古镇
演唱者/播放次数：刘海洋 ／ 10451次播放
上榜时间：(上榜130天)
歌曲排名：8
歌曲链接：https://site.douban.com/XJBT4836/
歌曲名：Ain't Got No Where to Go
```

图 2-44　爬取结果

提示：在 li class＝"clearfix"下寻找路径，如图 2-45 所示。

```
▼<div id="wrapper">
  ▼<div id="content">
      <h1>音乐排行榜</h1>
    ▼<div class="grid-16-8 clearfix">
      ▼<div class="article">
        ▼<div class="mod">
          ▶<h2>...</h2>
          ▼<ul class="col5">
            ▼<li class="clearfix"> == $0
                <span class="green-num-box">1</span>
              ▼<a class="face" href="https://site.douban.com/mrblack/" target="_blank">
                  <img src="https://img2.doubanio.com/view/site/small/public/4840c021955ca5e.jpg">
                </a>
              ▼<div class="intro">
                ▼<h3 class="icon-play" data-sid="764845">
                    <a href="javascript:;">say88</a>
                  </h3>
                  <p>布布布莱克 / 2723次播放</p>
                </div>
                <span class="days">(上榜227天)</span>
                <span class="trend arrow-stay"> 0 </span>
                ::after
            </li>
```

图 2-45　爬取的网页路径

2.5 本章小结

(1) 网络爬虫(web spider)又称为网络机器人、网络蜘蛛,是一种通过既定规则能够自动提取网页信息的程序。网络爬虫在信息搜索和数据挖掘过程中扮演着重要的角色。

(2) Python 语言具有开源、免费、功能强大;语法简洁、清晰,强制用空白符(white space)作为语句缩进;提供丰富和强大的库;易读、易维护,用途广泛;解释性语言,其变量类型可以改变,类似于 JavaScript 语言等特点。

(3) Python 的语句向右边缩进,它是靠缩进语句来表示要执行的语句的。

(4) Python 的变量是没有类型的,但这绝不是说 Python 就没有数据类型。Python 常用的数据类型有整型、浮点型、布尔类型、字符串类型、列表类型、元组类型等。

(5) 基础爬虫框架主要包括五大模块,分别为爬虫调度器、URL 管理器、HTML 下载器、HTML 解析器和数据存储器。

(6) 使用 Python 编写爬虫代码,需要用到 Python 专门的 urllib 模块和 Requests 库。

2.6 实训

视频讲解

1. 实训目的

(1) 通过本章实训了解网络爬虫的相关概念及网络爬虫的实现原理。

(2) 掌握使用 Python 语言编写爬虫。

2. 实训内容

1) 使用 Requests 库编写爬虫

(1) 使用 Requests 库编写爬虫爬取百度网页的数据,代码如下。

```
>>> import requests
>>> r = requests.get("http://www.baidu.com")
>>> r.status_code
200
>>> r.encoding = 'utf - 8'
>>> r.text
```

(2) 运行结果如图 2-46 所示。

2) 使用 urllib 访问百度翻译并输出翻译的结果

代码如下。

```
import json
import urllib.request
import urllib.parse
url = "https://fanyi.baidu.com/sug/"
```

```
管理员: C:\windows\system32\cmd.exe - python

Microsoft Windows [版本 6.1.7601]
版权所有 (c) 2009 Microsoft Corporation。保留所有权利。

C:\Users\xxx>python
Python 3.7.0 (v3.7.0:1bf9cc5093, Jun 27 2018, 04:59:51) [MSC v.1914 64 bit (AMD6
4)] on win32
Type "help", "copyright", "credits" or "license" for more information.
>>> import requests
>>> r=requests.get("http://www.baidu.com")
>>> r.status_code
200
>>> r.encoding='utf-8'
>>> r.text
'<!DOCTYPE html>\r\n<!--STATUS OK--><html> <head><meta http-equiv=content-type c
ontent=text/html;charset=utf-8><meta http-equiv=X-UA-Compatible content=IE=Edge>
<meta content=always name=referrer><link rel=stylesheet type=text/css href=http:
//s1.bdstatic.com/r/www/cache/bdorz/baidu.min.css><title>百度一下，你就知道</tit
le></head> <body link=#0000cc> <div id=wrapper> <div id=head> <div class=head_wr
apper> <div class=s_form> <div class=s_form_wrapper> <div id=lg> <img hidefocus=
true src=//www.baidu.com/img/bd_logo1.png width=270 height=129> </div> <form id=
form name=f action=//www.baidu.com/s class=fm> <input type=hidden name=bdorz_com
e value=1> <input type=hidden name=ie value=utf-8> <input type=hidden name=f val
ue=8> <input type=hidden name=rsv_bp value=1> <input type=hidden name=rsv_idx va
lue=1> <input type=hidden name=tn value=baidu><span class="bg s_ipt_wr"><input i
d=kw name=wd class=s_ipt value maxlength=255 autocomplete=off autofocus></span><
span class="bg s_btn_wr"><input type=submit id=su value=百度一下 class="bg s_btn
"></span> </form> </div> </div> <div id=u1> <a href=http://news.baidu.com name=t
j_trnews class=mnav>新闻</a> <a href=http://www.hao123.com name=tj_trhao123 clas
s=mnav>hao123</a> <a href=http://map.baidu.com name=tj_trmap class=mnav>地图</a>
 <a href=http://v.baidu.com name=tj_trvideo class=mnav>视频</a> <a href=http://t
ieba.baidu.com name=tj_trtieba class=mnav>贴吧</a> <noscript> <a href=http://www
.baidu.com/bdorz/login.gif?login&tpl=mn&u=http%3A%2F%2Fwww.baidu.com%2f%
3fbdorz_come%3d1 name=tj_login class=lb>登录</a> </noscript> <script>document.wr
ite('\'<a href="http://www.baidu.com/bdorz/login.gif?login&tpl=mn&u='+ encodeURI
Component(window.location.href+ (window.location.search === "" ? "?" : "&")+ "bd
orz_come=1")+ '\'" name="tj_login" class="lb">登录</a>\');</script> <a href=//www
.baidu.com/more/ name=tj_briicon class=bri style="display: block;">更多产品</a>
</div> </div> <div id=ftCon> <div id=ftConw> <p id=lh> <a href=http://hom
e.baidu.com>关于百度</a> <a href=http://ir.baidu.com>About Baidu</a> </p> <p id=
cp>&copy;2017 Baidu <a href=http://www.baidu.com/duty/>使用百度前必读<
/a>  <a href=http://jianyi.baidu.com/ class=cp-feedback>意见反馈</a> 
京ICP证030173号  <img src=//www.baidu.com/img/gs.gif> </p> </div> </div> </
div> </body> </html>\r\n'
>>>
```

图 2-46　爬取百度网页数据

```
headers = {
    "User-Agent": "Mozilla/5.0 (Windows NT 10.0; Win64; x64; rv:62.0) Gecko/20100101
Firefox/62.0",
}
formData = {
    "kw": "perfect",
}
request = urllib.request.Request(url, headers = headers)
response = urllib.request.urlopen(request, urllib.parse.urlencode(formData).encode())
responseData = json.loads(response.read().decode("unicode_escape"))
showDatas = responseData.get("data")[0].get("v")
print(showDatas)
```

语句的含义如下。

```
url = "https://fanyi.baidu.com/sug/":要请求的接口
headers = {
        "User-Agent": "Mozilla/5.0 (Windows NT 10.0; Win64; x64; rv:62.0) Gecko/20100101
Firefox/62.0",}:如果没有请求头 headers 会被反扒,因为某些网站反感爬虫的到访,于是对爬虫
一律拒绝请求,这时我们需要伪装成浏览器,可以通过修改 http 包中的 header 来实现

formData = {
        "kw": " perfect ",}:post 请求的表单数据,对 perfect 进行翻译
response = urllib.request.urlopen(request, urllib.parse.urlencode(formData).encode()):把
字符串变成二进制并传入表单数据中
responseData = json.loads(response.read().decode("unicode_escape")):把程序的运行结果用
中文显示出来需要使用 unicode 解码
```

本例的运行结果如图 2-47 所示。

```
== RESTART: D:/Users/xxx/AppData/Local/Programs/Python/Python37/爬虫/例2-4.py ==
adj. 完备的; 完美的; 完全的; 完全正确的; 准确的; 地道的; 优秀的; 最佳的; v.
>>> |
```

图 2-47 使用 urllib 访问百度翻译并输出翻译的结果

3）使用爬虫程序爬取网页壁纸

（1）分析爬虫目标，本实训的目标网址是 http://www.netbian.com/weimei/index.htm，目的是通过用 Python 语言编写爬虫下载该网站所有的壁纸图片，彼岸桌面网的首页如图 2-48 所示。

图 2-48 彼岸桌面网的首页

通过分析该网页的 URL，可以看到每一页网页的 URL 链接是有规律的，第一页网页的 URL 是 http://www.netbian.com/weimei/index_1.htm，第二页网页的 URL 是 http://www.netbian.com/weimei/index_2.htm，第三页网页的 URL 是 http://www.netbian.com/weimei/index_3.htm，其他网页的 URL 以此类推，一共有 73 页网页，如图 2-49 所示。

图 2-49　彼岸桌面网页的总页数

分析每一页图片的地址，查找其规律。通过查看网页的源代码，发现每一张图片的链接都为< img src="http://img.netbian.com/file/newc/a45f3b5e697397f446df5bb6b592babe.jpg" alt="清晨,铁路,女人,狗,唯美壁纸" />。

图 2-50 所示的是彼岸桌面网页的源代码。

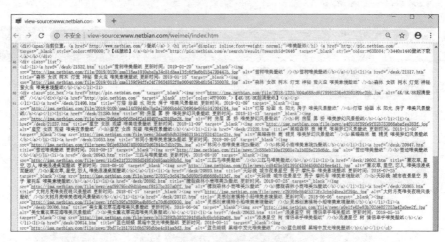

图 2-50　彼岸桌面网页的源代码

可以通过正则表达式提取图片的 URL 地址。

（2）使用 Python 编写爬虫下载彼岸桌面网站的所有壁纸图片，代码如下。

```
 1   import requests
 2   import os
 3   import re
 4   import time
 5   def Picture_Download(url_img_path, img_title): #定义一个图片下载函数,传入图片 URL
 6   地址和图片标题进行下载保存
 7       file_name = img_title.replace('/', '').strip()   #因为文件名中不能有/,
 8   所以要把/替换成空,否则会出现保存错误的问题
 9       try:
10           result = requests.get(url_img_path.strip()) #使用 GET 方法请求图片 URL 地址
11       except:
12           print(url_img_path, 'Download failed')
13       else:
14           if result.status_code == 200: #如果响应状态码为 200,说明文件存在,则保存图片
15               File = open(file_name + '.jpg', 'wb')
16               File.write(result.content)
17               File.close()
18   def Img_Url(url): #通过传入网址读取该页面的所有图片地址及图片标题
19       result = requests.get(url)
20       result.encoding = 'gbk'      #网页编码为 GBK 编码
21       compile = re.compile(r'< img src = "(. * ?)" alt = "(. * ?)" />') #使用正则表达式
22                                                  #提取图片地址及图片标题
23       all = compile.findall(result.text)
24       for item in all:
25           print(item[0], item[1])
26           Picture_Download(item[0], item[1]) #循环取出一页中的每一个图片地址及图片
27                              #标题,传入 Picture_Download()函数进行下载保存
28   def main():
29       for i in range(1, 74):                     #共有 73 页,故要进行 73 次循环
30           if i == 1:
31               Img_Url(r'http://www.netbian.com/weimei/index.htm')
32           else:
33               Img_Url(r'http://www.netbian.com/weimei/index_ % d.htm' % i)
34               time.sleep(2)                  #提取一页就暂停两秒,防止访问过快被屏蔽
35   if __name__ == '__main__':
36       main()
```

代码分析:

5~17 行:定义一个下载图片并进行保存的函数 Picture_Download(),该函数实现传入图片 URL 地址并进行图片标题下载保存的功能。

7 行:因为文件名中不能有/,所以要把/替换成空,否则会出现保存错误的问题。

10 行:使用 GET 方法请求图片的 URL 地址。

14 行:如果响应状态码为 200,说明文件存在,则保存图片。

18~27 行:定义一个 Img_Url()函数,该函数实现提取每一页的图片地址及图片标题的功能。

20 行:通过对该网页源代码的查询确定网页编码为 GBK 编码。

21 行：使用正则表达式提取图片地址及图片标题。

26～27 行：循环取出一页中的每一个图片地址及图片标题，传入 Picture_Download() 函数进行下载保存。

28～34 行：定义主函数 main()，该函数实现遍历彼岸桌面网站中所有网页的功能。

29 行：共有 73 页，故要进行 73 次循环。

34 行：提取一页就暂停两秒，防止访问过快被屏蔽。

（3）最后即可爬取彼岸桌面网站的所有图片了，从彼岸桌面网站爬取出的部分图片地址及标题如图 2-51 所示。

图 2-51　爬取出的部分图片地址及标题

爬取出的图片将保存在该 Python 程序相应的文件包中。从彼岸桌面网站爬取出的部分图片如图 2-52 所示。

图 2-52　爬取出的部分图片

习题

1. 什么是爬虫？
2. 简单介绍爬虫的作用。
3. Python 常用的数据类型有哪些？
4. 在用户访问网页的过程中，HTTP 协议起什么作用？
5. 使用 Python 编写爬虫代码需要用到哪些模块？
6. 基础爬虫框架主要包括五大模块，它们的功能分别是什么？

第 3 章

Scrapy爬虫

本章学习目标
- 了解 Scrapy 爬虫的概念。
- 掌握 Scrapy 爬虫框架的安装。
- 了解 Scrapy 爬虫的原理与流程。
- 掌握 Scrapy 爬虫框架的实现方式。

本章先向读者介绍 Scrapy 爬虫的概念,再介绍 Scrapy 爬虫的原理与流程,最后介绍 Scrapy 爬虫框架的实现。

3.1 Scrapy 爬虫概述

1. Scrapy 的含义

视频讲解

Scrapy 是使用 Python 语言编写的开源网络爬虫框架,也是一个为了爬取网站数据,提取结构性数据而编写的应用框架。Scrapy 可以应用在数据挖掘、信息处理或存储历史数据等一系列程序中。

Scrapy 简单易用、灵活,并且是跨平台的,在 Linux 及 Windows 平台上都可以使用。Scrapy 框架目前可以支持 Python 2.7 及 Python 3＋版本,本章主要介绍在 Windows 7 中 Python 3.7 版本下 Scrapy 框架的应用。

2. Scrapy 的安装

视频讲解

在 Windows 7 中安装 Scrapy 框架的命令为 pip install Scrapy。注意安装 Scrapy 通

常不会直接成功,因为 Scrapy 框架的安装还需要多个包的支持。

1) 下载 Scrapy 的 twisted 包

Scrapy 依赖 twisted 包,同样使用 whl 格式的包进行安装,进入网站 http://www.lfd.uci.edu/~gohlke/pythonlibs/,在网页中搜索 twisted,找到其对应的 whl 包并下载。

2) 下载 Scrapy 的 whl 包

在网上输入下载地址"http://www.lfd.uci.edu/~gohlke/pythonlibs/",进入该网站找到所需要的 Scrapy 的 whl 包。

3) 下载 Scrapy 的 lxml 包

lxml 包是用来做 xpath 提取的,这个包非常容易安装,直接在命令行窗口中输入"pip install lxml"即可。

4) 下载 Scrapy 的 zope.interface 包

zope.interface 包是 Scrapy 爬虫的接口库,可直接在命令行窗口中输入"pip install zope.interface"。

5) 下载 Scrapy 的 pywin32 包

pywin32 是一个第三方模块库,主要作用是方便 Python 开发者快速调用 Windows API 的一个模块库,可直接在命令行中输入"pip install pywin32"。

6) 下载 Scrapy 的 pyOpenSSL 包

pyOpenSSL 是 Python 中的一套基于网络通信的协议,可直接在命令行窗口中输入"pip install pyOpenSSL"。

7) 使用命令安装 Scrapy

在安装 Scrapy 框架之前必须依次安装 twisted 包、whl 包、lxml 包、zope.interface 包、pywin32 包和 pyOpenSSL 包,并在上述包全部安装完成后运行 pip install scrapy 命令来安装 Scrapy 框架。为了确保 Scrapy 框架已经安装成功,可在 Python 中输入"import scrapy"命令,如果出现图 3-1 所示的界面,则表示安装成功。

```
C:\Users\xxx>python
Python 3.7.0 (v3.7.0:1bf9cc5093, Jun 27 2018, 04:59:51) [MSC v.1914 64 bit (AMD6
4)] on win32
Type "help", "copyright", "credits" or "license" for more information.
>>> import scrapy
>>>
```

图 3-1　导入 Scrapy 库

接着再输入"scrapy.version_info"命令显示 Scrapy 库的版本,运行结果如图 3-2 所示。

```
>>> scrapy.version_info
(1, 5, 1)
```

图 3-2　显示 Scrapy 库的版本

从图 3-2 中可以看出,当前安装的版本是 1.5.1。在安装完成后,即可使用 Scrapy 框架爬取网页中的数据。

3.2 Scrapy 原理

3.2.1 Scrapy 框架的架构

1. Scrapy 架构的组成

Scrapy 框架由 Engine、Scheduler、Downloader、Spiders、Item Pipeline、Downloader Middlewares 及 Spider Middlewares 等几部分组成，具体结构如图 3-3 所示。

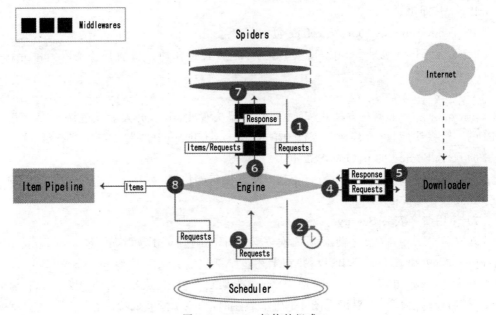

图 3-3　Scrapy 架构的组成

Scrapy 框架中具体组件的作用如下。

1）Engine

Engine 也称为 Scrapy 引擎，它是爬虫工作的核心，负责控制数据流在系统的所有组件中的流动，并在相应动作发生时触发事件。

2）Scheduler

Scheduler 也称为调度器，它从 Engine 接受 Request 并将它们入队，以便之后 Engine 请求它们时提供给 Engine。

3）Downloader

Downloader 也称为下载器，它从 Internet 获取页面数据并提供给 Engine，而后提供给 Spider。

4）Spiders

Spiders 也可称为 Spider，中文一般译作蜘蛛，它是 Scrapy 用户编写用于分析由下载器返回的 Response，并提取出 Item 和额外的 URL 的类，每个 Spider 都能处理一个域名或一组域名。Spider 的整个抓取流程如下：

（1）获取第一个 URL 的初始请求，当请求返回后调取一个回调函数。第一个请求是通过调用 start_requests() 方法实现的，该方法默认从 start_urls 的 URL 中生成请求，并执行解析来调用回调函数。

（2）在回调函数中解析网页响应并返回项目对象和请求对象或两者的迭代。这些请求也包含一个回调，然后被 Scrapy 下载，由指定的回调处理。

（3）在回调函数中解析网站的内容，使用 xpath 选择器并生成解析的数据项。

（4）从 Spider 返回的项目通常会进驻到项目管道。

5）Item Pipeline

Item Pipeline 也称为数据管道，它的主要责任是处理由 Spider 从网页中抽取的数据，主要任务是清洗、验证和存储数据。页面被解析后将被发送到数据管道，并经过几个特定的步骤处理数据。每个数据管道的组件都是由一个简单的方法组成的 Python 类。Item Pipeline 通常的执行过程如下：

（1）清洗 HTML 数据。

（2）验证解析到的数据。

（3）检查数据是否重复。

（4）将解析到的数据存储到数据库中。

6）Downloader Middlewares

Downloader Middlewares 也称为下载器中间件，它是介于 Scrapy Engine 和 Downloader 之间的中间件，主要用于从 Scrapy Engine 发送到 Downloader 的请求和响应。

7）Spider Middlewares

Spider Middlewares 也称为爬虫中间件，它是介于 Scrapy Engine 和 Spider 之间的框架，主要工作是处理 Spider 的响应输入和请求输出。

在整个框架组成中，Spiders 是最核心的组件，Scrapy 爬虫开发基本上是围绕 Spiders 展开的。

此外，在 Scrapy 框架中还有 3 种数据流对象，分别是 Request、Response 和 Item。

- Request：Scrapy 中的 HTTP 请求对象。
- Response：Scrapy 中的 HTTP 响应对象。
- Item：一种简单的容器，用于保存爬取得到的数据。

2. Scrapy 框架的工作过程

当 Spider 要爬取某 URL 地址的页面时，首先用该 URL 构造一个 Request 对象，提交给 Engine（图 3-3 中的①），随后 Request 对象进入 Scheduler，按照某种调度算法排队，在之后的某个时候从队列中出来，由 Engine 提交给 Downloader（图 3-3 中的②、③、④）。Downloader 根据 Request 对象中的 URL 地址发送一次 HTTP 请求到目标网站服务器，并接受服务器返回的 HTTP 响应，构建一个 Response 对象（图 3-3 中的⑤），并由 Engine 将 Response 提交给 Spider（图 3-3 中的⑥），Spider 提取 Response 中的数据，构造出 Item

对象或者根据新的连接构造出 Request 对象。分别由 Engine 提交给 Item Pipeline 或者 Scheduler(图 3-3 中的⑦、⑧)，这个过程反复进行，直到爬完所有的数据。

3.2.2　Request 对象和 Response 对象

图 3-4　Scrapy 中 Request 对象和 Response 对象的作用

Scrapy 中的 Request 对象和 Response 对象通常用于爬取网站，Request 对象在爬虫程序中生成并传递到系统，直到它们到达下载程序，后者执行请求并返回一个 Response 对象，该对象返回到发出请求的爬虫程序。如图 3-4 所示的是 Scrapy 中 Request 对象和 Response 对象的作用。

1. Request 对象

1）Request 基础参数的介绍

Request 对象用于描述一个 HTTP 请求，由 Spider 产生，Request 构造函数的参数列表如下。

```
Request(url[, callback, method = 'GET', headers, body, cookies, meta, encoding = 'utf - 8',
priority = 0, dont_filter = False, errback])
```

参数的含义如下。

- url：请求页面的 URL 地址。
- callback：请求回来的 Response 处理函数，也称为回调函数。如果请求没有指定回调函数，将使用 spider 的 parse()方法。
- method：HTTP 请求的方法，默认为'GET'。
- headers：请求的头部字典，dict 类型。dict 值可以是字符串（对于单值标头）或列表（对于多值标头）。如果 None 作为值传递，则不会发送 HTTP 头。
- body：请求的正文，str 或 unicode 类型。如果 unicode 传递了 a，那么它被编码为 str 使用传递的编码（默认为 UTF-8）。如果 body 没有给出，则存储一个空字符串。不管这个参数的类型是什么，存储的最终值都将是一个 str（不会是 unicode 或 None）。
- cookies：设置页面的 cookies，dict 类型。当某些网站返回 cookie（在响应中）时，这些 cookie 会存储在该域的 cookie 中，并在将来的请求中再次发送。
- meta：用于在页面之间传递数据，dict 类型。Request 对象接收一个 meta 参数，一个字典对象，同时 Response 对象有一个 meta 属性可以获取到相应 request 传过来的 meta。
- encoding：请求的编码，url 和 body 参数的默认编码为 UTF-8。
- priority：请求的优先级（默认为 0）。调度器使用优先级来定义用于处理请求的顺序，具有较高优先级的请求将较早执行，允许取负值以指示相对低的优先级。
- dont_filter：表示此请求不应由调度程序过滤，默认为 False。

- errback：如果在处理请求时引发任何异常，将调用此函数，包括失败的 404 HTTP 错误等页面。

2）Request 对象方法的介绍

- copy()：复制对象。
- replace()：替换对象。

3）参数的应用

（1）将附加数据传递给回调函数。请求的回调函数是当该请求的响应被下载时将被调用的函数。回调函数将使用下载的 Request 对象作为其第一个参数来调用，代码如下。

```
def parse_page1(self, response):
return scrapy.Request("http://www.example.com/some_page.html",
                              callback = self.parse_page2)
def parse_page2(self, response):
    self.logger.info("Visited % s", response.url)
```

（2）使用 errback 在请求处理中捕获异常。请求的 errback 是在处理异常时被调用的函数，它接收一个 Twisted Failure 实例作为第一个参数，并可用于跟踪连接超时、DNS 错误等，代码如下。

```
class ErrbackSpider(scrapy.Spider):
name = "errback_example"
start_urls = [
    "http://www.httpbin.org/",
    "http://www.httpbin.org/status/404",
    "http://www.httpbin.org/status/500",
    "http://www.httpbin.org:12345/",
    "http://www.httphttpbinbin.org/",
]
def errback_httpbin(self, failure):
    self.logger.error(repr(failure))
```

（3）使用 FormRequest 通过 HTTP POST 发送数据。如果想在爬虫中模拟 HTML 表单 POST 并发送几个键值字段，可以返回一个 FormRequest 对象，代码如下。

```
return [FormRequest(url = "http://www.example.com/post/action", formdata = {'name': 'John tom', 'age': '37'}, callback = self.after_post)]
```

2. Response 对象

1）Response 基础参数的介绍

Response 对象用于描述一个 HTTP 响应，由 Downloader 产生，Response 构造函数的参数列表如下。

```
Response(url[, status = 200, headers = None, body = b'', flags = None, request = None])
```

参数的含义如下。

- url：响应页面的 URL 地址。
- status：响应的 HTTP 状态，默认为 200。
- headers：包含响应标题的类字典对象。可以使用 get()返回具有指定名称的第一个标头值或使用 getlist()返回具有指定名称的所有标头值来访问值。
- body：HTTP 响应正文。
- flags：包含此响应的标志的列表。标志是用于标记响应的标签，例如 'cached'、'redirected'等。
- request：产生该 HTTP 响应的 request 对象。

2）Response 对象方法的介绍

- copy()：返回一个新的响应。
- replace()：返回具有相同成员的 Response 对象，但通过指定的任何关键字参数赋予新值的成员除外。

3）Response 响应子类的介绍

Response 对象是一个基类，根据响应内容有 3 个子类，分别是 TextResponse、HtmlResponse 和 XmlResponse。

（1）TextResponse 子类。TextResponse 支持新的构造函数，是对 Response 对象的补充，TextResponse 方法的参数如下。

```
TextResponse(url[, encoding[, ...]])
```

TextResponse 的主要作用是添加一个新的构造函数 encoding()。encoding(string)是一个字符串，包含用于此响应的编码。如果创建一个 TextResponse 具有 Unicode 主体的对象，它将使用这个编码进行编码。如果 encoding()是 None(默认值)，则将在响应标头和正文中查找编码。

除此以外，TextResponse 还支持以下属性或对象。

- text：文本形式的 HTTP 响应正文。
- Selector：用于在 Response 中提取数据。在使用时先通过 xpath 或者 css 选择器选中页面中要提取的数据，再进行提取。
- xpath(query)：使用 xpath 选择器在 Response 中提取数据。
- css(query)：使用 css 选择器在 Response 中提取数据。
- urljoin(url)：用于构造绝对 URL。

（2）HtmlResponse 子类和 XmlResponse 子类。HtmlResponse 和 XmlResponse 两个类本身只是简单地继承了 TextResponse，因此它们是 TextResponse 的子类。用户通常爬取的网页，其内容大多是 HTML 文本，创建的就是 HtmlResponse 类。HtmlResponse 类有很多方法，但最常见的是 xpath(query)、css(query)和 urljoin(url)。其中前两个方法用于提取数据，后一个方法用于构造绝对 URL。

3.2.3 Select 对象

1. Select 对象简介

分析 Response 对象的代码。

```
def selector(self):
from scrapy.selector import Selector
if self._cached_selector is None:
self._cached_selector = Selector(self)
return self._cached_selector
def xpath(self, query, * * kwargs):
return self.selector.xpath(query, * * kwargs)
```

从上面的源代码可以看出,Scrapy 的数组组织结构是 Selector,它使用 xpath 选择器在 Response 中提取数据。

从页面中提取数据的核心技术是 HTTP 文本解析,在 Python 中常用的处理模块如下。

- BeautifulSoup:一个非常流行的解析库,API 简单,但解析的速度慢。
- lxml:一个使用 C 语言编写的 xml 解析库,解析速度快,API 相对比较复杂。

Scrapy 中的 Selector 对象是基于 lxml 库建立的,并且简化了 API 接口,使用方便。

2. Select 对象的用法

在使用 Selector 对象的时候要先使用 xpath 或者 css 选择器选中页面中要提取的数据,然后进行提取。

1) 创建对象

在 Python 中创建对象有以下两种方式。

(1) 将页面 HTML 文档字符串传递给 Selector 构造器的 text 参数。例如:

```
>>> from scrapy.selector import Selector
>>> text = """
< html >
< body >
    < h1 > hello world </h1 >
    < h1 > hello scrapy </h1 >
    < b > hello python </b >
    < ul >
        < li > c++</li >
        < li > java </li >
        < li > python </li >
    </ul >
 </body >
</html >
```

```
"""
>>> selector = Selector(text = text)
>>> selector
< Selector xpath = None data = '< html >\n\t < body >\n\t\t < h1 > hello world </h1 >\n\t\t'>
```

（2）使用一个 Response 对象构造 Selector 对象。例如：

```
>>> from scrapy.selector import Selector
>>> from scrapy.http import HtmlResponse
>>> text = """
< html >
  < body >
      < h1 > hello world </h1 >
      < h1 > hello scrapy </h1 >
      < b > hello python </b >
      < ul >
          < li > c++</li >
          < li > java </li >
          < li > python </li >
      </ul >
  </body >
</html >
"""
>>> response = HtmlResponse('url = http://www.example.com', body = text, encoding = "utf - 8")
>>> selector = Selector(response = response)
>>> selector
< Selector xpath = None data = '< html >\n\t < body >\n\t\t < h1 > hello world </h1 >\n\t\t'>
```

在实际开发中，一般不需要手动创建 Selector 对象，在第一次访问一个 Response 对象的 Selector 属性时，Response 对象内部会以自身为参数自动创建 Selector 对象，并将 Selector 对象缓存，以便下次使用。

2）选中数据

在 Scrapy 中使用选择器是基于 Selector 这个对象的，Selector 对象在 Scrapy 中是通过 xpath()或 css()方法来提取数据的。例如：

```
selector_list = selector.xpath('//h1')    ＃选取文档中所有的 h1
selector_list                             ＃其中包含两个< h1 >对应的 Selector 对象
< Selector xpath = './/h1'data = '< h1 > Hello World </h1 >'
< Selector xpath = './/h1'data = '< h1 > Hello Scrapy </h1 >'
```

xpath()和 css()方法返回一个 SelectorList 对象，包含每个被选中部分对应的 Selector 对象，SelectorList 支持列表接口，可以使用 for 语句迭代访问每一个 Selector 对象，例如：

```
for sel in Selector_list:
print(sel.xpath('/text()'))
```

```
[< Selector xpath = './text()'data = 'Hello World'>]
[< Selector xpath = './text()'data = 'Hello Scrapy'>]
```

SelectorList 对象也有 xpath() 和 css() 方法,调用它们的方法为以接收到的参数分别调用其中一个 Selector 对象的 xpath、css,将所有搜集到的一个新的 SelectorList 对象返回给用户,例如:

```
selector_list.xpath('./text()')
< selector.xpath = './text()'data = 'Hello World'>
< selector.xpath = './text()'data = 'Hello Scrapy'>
selector.xpath('.//path').css('li').xpath('./text()')
[< Selector xpath = './/text()'data = 'C++'>]
[< Selector xpath = './/text()'data = 'java'>]
[< Selector xpath = './/text()'data = 'python'>]
```

在具体实现中,Scrapy 使用 css 和 xpath 选择器来定位元素,它的基本方法如下。

- xpath():返回选择器列表,每个选择器代表使用 xpath 语法选择的节点。
- css():返回选择器列表,每个选择器代表使用 css 语法选择的节点。

(1) xpath。xpath 是 XML 路径语言,它是一种用来确定 XML 文档中某部分位置的语言。表 3-1 列举了常见的 xpath 路径表达式。

表 3-1 xpath 路径表达式

表 达 式	描 述
nodename	选取次节点的所有子节点
/	从根节点选取
//	从匹配选择的当前节点选择文档中的节点,而不考虑它们的位置
.	选取当前节点
..	选取当前节点的父节点
@	选取属性

此外,在 xpath 中可以使用谓语来查找某个特定的节点或者包含某个指定值的节点,谓语被嵌在方括号中;可以对任意节点使用谓语,并输出结果。表 3-2 给出了常见的谓语表达式及输出结果。

表 3-2 常见的谓语表达式及输出结果

表 达 式	输 出 结 果
/ students/student[1]	选取属于 students 元素的第一个 student 元素
/ students/student[last()]	选取属于 students 元素的最后一个 student 元素
/ students/student[last()−1]	选取属于 students 元素的倒数第二个 student 元素
/ students/student[position()<2]	选取最前面的一个属于 students 元素的 student 元素
// student[@id]	选取所有拥有名为 id 属性的 student 元素
// student[@id='00111']	选取所有 student 元素,且这些元素拥有值为 00111 的 id 属性

例如：

```
response.xpath('/html/body/div')        #选取 body 下的所有 div
response.xpath('//a')                   #选中文档中的所有 a
response.xpath('/html/body//div')       #选中 body 下的所有节点中的 div,无论它在什么位置
response.xpath('//a/text()')            #选取所有 a 的文本
response.xpath('/html/div/ * ')         #选取 div 的所有元素子节点
```

【例 3-1】 使用 Python 3 中的 lxml 库,利用 xpath 对 HTML 进行解析。

① 安装 lxml 库,命令如下：

```
pip install lxml
```

② 导入 lxml 库的 etree 模块,命令如下：

```
from lxml import etree
```

接着声明一段 HTML 文本,调用 HTML 类进行初始化,成功构造一个 XPath 解析对象。该例使用了 lxml 的 etree 库,然后利用 etree. HTML 初始化将文件打印出来,如图 3-5 所示。

```
>>> from lxml import etree
>>> text=''
... <div>
... <ul>
... <li>first</li>
... <li>second</li>
... <li>third</li>
... <li>fourth</li>
... </ul>
... </div>
... '''
>>> html=etree.HTML(text)
>>> result=etree.tostring(html)
>>> print(result)
b'<html><body><div>\n<ul>\n<li>first</li>\n<li>second</li>\n<li>third</li>\n<li>fourth</li>\n</ul>\n</div>\n</body>'/htm
l>'
```

图 3-5　构造一个 XPath 解析对象

③ 查看 result 的类型,如图 3-6 所示。

```
>>> print(type(result))
<class 'list'>
>>> print(type(result[0]))
<class 'lxml.etree._Element'>
>>>
```

图 3-6　查看 result 的类型

④ 使用 xpath 输出所有 li 节点,使用 xpath 输出最后一个节点的内容、倒数第二个节点的内容以及第一个节点的内容,如图 3-7 所示。

（2）css。css 即层叠样式表,它的语法简单,功能不如 xpath 强大。当调用 Selector 对象的 css 方法时,内部 Python 库 cssSelect 将 css 转化为 xpath 再执行操作。表 3-3 列出了 css 的一些基本语法。

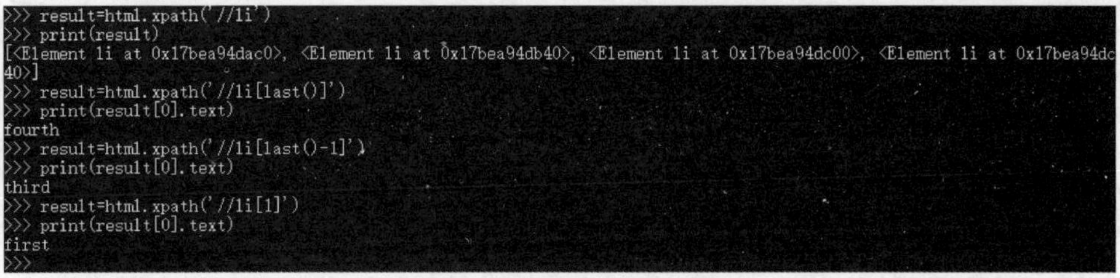

```
>>> result=html.xpath('//li')
>>> print(result)
[<Element li at 0x17bea94dac0>, <Element li at 0x17bea94db40>, <Element li at 0x17bea94dc00>, <Element li at 0x17bea94dc
40>]
>>> result=html.xpath('//li[last()]')
>>> print(result[0].text)
fourth
>>> result=html.xpath('//li[last()-1]')
>>> print(result[0].text)
third
>>> result=html.xpath('//li[1]')
>>> print(result[0].text)
first
>>>
```

图 3-7　输出对应的节点内容

表 3-3　css 的基本语法

表 达 式	描 述
*	选取所有元素
E	选取 E 元素
E1,E2	选取 E1、E2 元素
E1 E2	选取 E1 后代元素中的 E2 元素
E1＞E2	选取 E1 子元素中的 E2 元素
E1＋E2	选取兄弟中的 E2 元素
.container	选取 class 属性为 container 的元素
＃container	选取 id 属性为 container 的元素
［attr］	选取包含 attr 属性的元素
［attr＝value］	选取包含 attr 属性且值为 value 的元素
E:nth-(last-)child(n)	选取 E 元素,且该元素必须是其父元素的第 n 个元素
E:empty	选取没有子元素的 E 元素
E::text	选取 E 元素的文本节点(text node)

例如：

```
response.css('div a::text').extract()              ＃所有 div 下的所有 a 的文本
response.css('div a::attr(href)').extract()         ＃href 的值
response.css('div＞a:nth－child(1)')                ＃选中每个 div 的第一个 a 节点,会设定
                                                   ＃只在子节点中找,不会到孙节点中找
response.css('div:not(＃container)')               ＃选取所有 id 不是 container 的 div
response.css('div:first－child＞a:last－child')      ＃第一个 div 中的最后一个 a
```

3.2.4　Spider 开发流程

对于大多数用户来讲,Spider 是 Scrapy 框架中最核心的组件,Scrapy 爬虫在开发时通常是紧紧围绕 Spider 展开的。一般而言,实现一个 Spider 需要经过以下几步。

（1）继承 scrapy.Spider。

（2）为 Spider 命名。

（3）设置爬虫的起始爬取点。

（4）实现页面的解析。

1. 继承 scrapy. Spider

Scrapy 框架提供了一个 Spider 基类，用户编写的 Spider 都需要继承它，代码如下：

```
import scrapy
class MeijuSpider(scrapy.Spider)
```

scrapy. Spider 这个基类实现了以下功能。
（1）提供了 Scrapy 引擎调用的接口。
（2）提供了用户使用的工具函数。
（3）提供了用户访问的属性。

2. 为 Spider 命名

在 Spider 中使用属性 name 为爬虫命名。该名称在项目中必须是独一无二的，不能和其他爬虫的名称相同。一般是以该网站（domain）来命名 Spider。例如用 Spider 爬取 mywebsite. com，该 Spider 通常会被命名为 mywebsite。如果没有给爬虫命名，爬虫会在初始化时抛出 ValueError。

3. 设置起始爬取点

start_urls 定义 Spider 开始爬取数据的 URL 列表，随后生成的其他需要爬取的 URL 都是从这些 URL 对应的页面中提取数据生成出来的。例如：

```
start_urls = ['http://www.meijutt.com/new100.html']
```

实际上，对于起始爬取点的下载请求是由 Scrapy 引擎调用 Spider 对象的 start_requests() 提交的。这个方法必须返回该 Spider 的可迭代的初始 requests 对象供后续爬取。Scrapy 会在该 Spider 开始爬取数据时被调用，且只会被调用一次，因此可以很安全地将 start_requests() 作为一个生成器来执行。默认的执行会生成每一个在 start_urls 中的 URL 对应的 Request 对象。

4. 实现页面的解析

parse() 方法是 Scrapy 默认的解析函数，用于回调处理下载的 response，并且当 response 没有指定回调函数时，该方法是 Scrapy 处理 response 的默认方法。
parse() 方法比较简单，只是对 response 调用_parse_response() 方法，并设置 callback 为"parse_start_url, follow＝True"（表明跟进链接）。如果设置了 callback，也就是 parse_start_url，会优先调用 callback 处理，然后调用 process_results() 方法来生成返回列表。例如：

```
def parse(self, response):
return self._parse_response(response, self.parse_start_url, cb_kwargs = {}, follow = True)
```

Spider 中的常见属性和方法如表 3-4 所示。

表 3-4　Spider 中的常见属性和方法

常见属性和方法	含　义
name	定义 Spider 名称的字符串
allowed_domains	包含了 Spider 允许爬取的域名(domain)的列表,可选
start_urls	初始 URL 元组/列表。当没有指定特定的 URL 时,Spider 将从该列表中开始进行爬取
custom_settings	定义该 Spider 配置的字典,这个配置会在项目范围内运行这个 Spider 的时候生效
crawler	定义 Spider 实例绑定的 crawler 对象,这个属性是在初始化 Spider 类时由 from_crawler()方法设置的,crawler 对象概括了许多项目的组件
settings	运行 Spider 的配置,这是一个 settings 对象的实例
logger	用 Spider 名称创建的 Python 记录器,可以用来发送日志消息
start_requests(self)	该方法包含了 Spider 用于爬取(默认实现是使用 start_urls 的 URL)的第一个 Request
parse(self,response)	当请求 URL 返回网页没有指定回调函数时,默认的 Request 对象回调函数,用来处理网页返回的 response,以及生成 Item 或者 Request 对象

3.3 Scrapy 的开发与实现

3.3.1 Scrapy 爬虫的开发流程

视频讲解

要开发 Scrapy 爬虫,一般有以下几步。

(1) 新建项目。

(2) 确定抓取网页目标。

(3) 制作爬虫。

(4) 设计管道存储爬取内容。

Scrapy 爬虫的实现步骤如图 3-8 所示。

> 新建项目(Project):新建一个爬虫项目

> 明确目标(Items):明确想要抓取的目标

> 制作爬虫(Spider):制作爬虫开始爬取网页

> 存储内容(Pipeline):设计管道存储爬取内容

图 3-8　Scrapy 爬虫的实现步骤

3.3.2 创建 Scrapy 项目并查看结构

1. Scrapy 常用命令介绍

（1）startproject。startproject 命令表示创建一个新工程，所有的爬虫程序都需要先创建新工程，语法为：

```
scrapy startproject < name >
```

其中 name 表示新工程的名称。

（2）genspider。genspider 命令表示在该工程下创建一个爬虫，语法为：

```
scrapy genspider < name > < domain >
```

其中 name 表示爬虫的名称，domain 表示要爬取的网站的域名。

（3）settings。settings 命令表示获取爬虫配置信息，语法为：

```
scrapy settings
```

（4）crawl。crawl 表示运行已经创建好的爬虫，语法为：

```
scrapy crawl < spider >
```

其中 spider 表示创建好的爬虫的名称。

（5）list。list 命令表示列出工程中的所有爬虫，语法为：

```
scrapy list
```

2. 创建 Scrapy 项目

【例 3-2】 创建一个最简单的 Spider 爬虫。

该例以爬取 Spider 爬虫专门的训练网站（http://books.toscrape.com/）为例，讲述 Scrapy 爬虫的创建和运行。该网站首页如图 3-9 所示。

1）创建工程

在本地选中某一文件夹，同时按住 Shift 键右击，在弹出的对话框中选择"在此处打开命令窗口"，输入以下命令：

```
scrapy startproject movie
```

创建 Scrapy 工程，如图 3-10 所示。

2）创建爬虫程序

在创建好了 Scrapy 工程以后，下一步就是创建爬虫程序。输入以下命令：

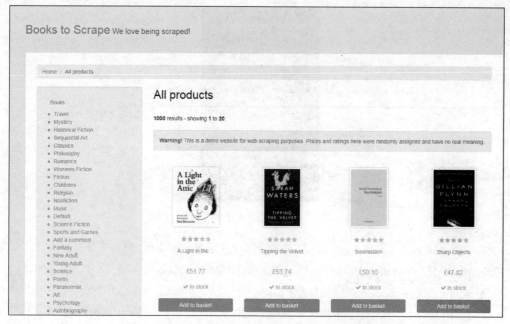

图 3-9　网站首页

```
C:\Users\xxx\Desktop\爬虫>scrapy startproject movie
New Scrapy project 'movie', using template directory 'd:\users\\xxx\\appdata\\l
ocal\\programs\\python\\python37\\lib\\site-packages\\scrapy\\templates\\project
', created in:
    C:\Users\xxx\Desktop\爬虫\movie

You can start your first spider with:
    cd movie
    scrapy genspider example example.com
```

图 3-10　创建 Scrapy 工程

```
scrapy genspider meiju meijutt.com
```

该命令创建 Spider 爬虫,并命名为 meiju,如图 3-11 所示。

```
C:\Users\xxx\Desktop\爬虫>cd movie

C:\Users\xxx\Desktop\爬虫\movie>scrapy genspider meiju meijutt.com
Created spider 'meiju' using template 'basic' in module:
    movie.spiders.meiju
```

图 3-11　创建爬虫 Spider

3. 查看并认识爬虫目录结构

使用 tree 命令查看目录结构,如图 3-12 所示。

目录结构含义如下。

- scrapy.cfg:部署 Scrapy 爬虫的配置文件。
- movie/:外层目录。
- items.py:Items 代码模板(继承类)。

```
scrapy.cfg

movie
  items.py
  middlewares.py
  pipelines.py
  settings.py
  settings.pyc
  __init__.py
  __init__.pyc

  spiders
    meiju.py
    __init__.py
    __init__.pyc
```

图 3-12　目录结构

- middlewares.py：middlewares 代码模板（继承类）。
- pipelines.py：Pipelines 代码模板（继承类）。
- settings.py：Scrapy 爬虫的配置文件。
- settings.pyc：Scrapy 爬虫的配置文件，由 Python 生成，同 settings.py。
- __init__.py：初始文件，无须修改。
- __init__.pyc：初始化脚本，由 Python 生成，同__init__.py。
- spiders/：Spiders 代码模板目录（继承类）。
- __init__.py：初始化脚本。
- __init__.pyc：初始化脚本，同__init__.py。

创建好以后，可在文件夹中查看到如图 3-13～图 3-15 所示的目录。

名称	修改日期	类型	大小
movie	2019/1/26 11:2B	文件夹	
scrapy.cfg	2018/12/7 17:37	CFG 文件	1 KB

图 3-13　根目录结构

名称	修改日期	类型	大小
__pycache__	2019/1/26 11:28	文件夹	
spiders	2018/12/7 17:38	文件夹	
__init__	2018/9/4 22:20	JetBrains PyChar...	0 KB
items	2018/12/7 17:39	JetBrains PyChar...	1 KB
middlewares	2018/12/7 17:37	JetBrains PyChar...	4 KB
my_meiju	2019/1/26 11:2B	文本文档	0 KB
pipelines	2018/12/7 17:41	JetBrains PyChar...	1 KB
settings	2018/12/7 17:40	JetBrains PyChar...	4 KB

图 3-14　movie 目录结构

名称	修改日期	类型	大小
__pycache__	2018/12/7 17:41	文件夹	
__init__	2018/9/4 22:20	JetBrains PyChar...	1 KB
meiju	2018/12/7 17:40	JetBrains PyChar...	1 KB

图 3-15 spiders 目录结构

3.3.3 编写代码并运行爬虫

1. 设置 Spider 爬虫

运行 Python,在 meiju.py 中输入以下代码:

```python
import scrapy
from movie.items import MovieItem
class MeijuSpider(scrapy.Spider):
    name = "meiju"
    allowed_domains = ["books.com"]
    start_urls = ['http://books.toscrape.com/catalogue/category/books/travel_2/index.html']
    def parse(self, response):
        movies = response.xpath('//ol[@class="row"]/li')
        for each_movie in movies:
            item = MovieItem()
            item['name'] = each_movie.xpath('article/h3/a/@title').extract()[0]
            yield item
```

在 Scrapy 中使用 xpath 提取网页中的路径,如图 3-16 所示。

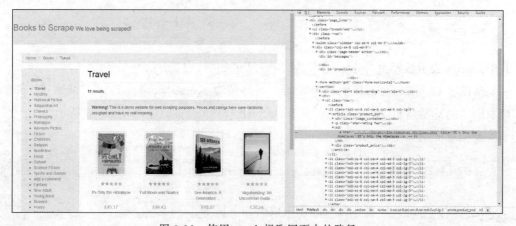

图 3-16 使用 xpath 提取网页中的路径

2. 设置 item 模板

在 items.py 中输入以下代码：

```
import scrapy
class MovieItem(scrapy.Item):
# define the fields for your item here like:
# name = scrapy.Field()
 name = scrapy.Field()
```

3. 设置配置文件

在 settings.py 中增加以下代码：

```
ITEM_PIPELINES = {'movie.pipelines.MoviePipeline':300}
```

4. 设置数据处理脚本

在 pipelines.py 中输入以下代码：

```
import json
class MoviePipeline(object):
    def process_item(self, item, spider):
     return item
```

5. 运行爬虫

在爬虫根目录中执行以下命令：

```
scrapy crawl meiju
```

其中，meiju 表示该爬虫 Spider 的名称，运行结果如图 3-17 所示。

从图 3-17 可以看出，该例要爬取的页面路径为 Home/Books/Travel，并通过 Spider 爬取图书的标题名称，例如 title="It's Only the Himalayas"等，如图 3-18 所示。

要爬取的网页 URL 如下：

```
start_urls = ['http://books.toscrape.com/catalogue/category/books/travel_2/index.html']
```

定位网页中的具体爬取位置的相关代码如下所示：

```
movies = response.xpath('//ol[@class="row"]/li')
```

```
2022-06-20 08:35:12 [scrapy.middleware] INFO: Enabled item pipelines:
['movie.pipelines.MoviePipeline']
2022-06-20 08:35:12 [scrapy.core.engine] INFO: Spider opened
2022-06-20 08:35:12 [scrapy.extensions.logstats] INFO: Crawled 0 pages (at 0 pag
es/min), scraped 0 items (at 0 items/min)
2022-06-20 08:35:12 [scrapy.extensions.telnet] DEBUG: Telnet console listening o
n 127.0.0.1:6023
2022-06-20 08:35:13 [scrapy.core.engine] DEBUG: Crawled (404) <GET http://books.
toscrape.com/robots.txt> (referer: None)
2022-06-20 08:35:13 [scrapy.core.engine] DEBUG: Crawled (200) <GET http://books.
toscrape.com/catalogue/category/books/travel_2/index.html> (referer: None)
2022-06-20 08:35:13 [scrapy.core.scraper] DEBUG: Scraped from <200 http://books.
toscrape.com/catalogue/category/books/travel_2/index.html>
{'name': "It's Only the Himalayas"}
2022-06-20 08:35:13 [scrapy.core.scraper] DEBUG: Scraped from <200 http://books.
toscrape.com/catalogue/category/books/travel_2/index.html>
{'name': 'Full Moon over Noah's Ark: An Odyssey to Mount Ararat and Beyond'}
2022-06-20 08:35:13 [scrapy.core.scraper] DEBUG: Scraped from <200 http://books.
toscrape.com/catalogue/category/books/travel_2/index.html>
{'name': 'See America: A Celebration of Our National Parks & Treasured Sites'}
2022-06-20 08:35:13 [scrapy.core.scraper] DEBUG: Scraped from <200 http://books.
toscrape.com/catalogue/category/books/travel_2/index.html>
{'name': 'Vagabonding: An Uncommon Guide to the Art of Long-Term World Travel'}
2022-06-20 08:35:13 [scrapy.core.scraper] DEBUG: Scraped from <200 http://books.
toscrape.com/catalogue/category/books/travel_2/index.html>
{'name': 'Under the Tuscan Sun'}
2022-06-20 08:35:13 [scrapy.core.scraper] DEBUG: Scraped from <200 http://books.
toscrape.com/catalogue/category/books/travel_2/index.html>
{'name': 'A Summer In Europe'}
2022-06-20 08:35:13 [scrapy.core.scraper] DEBUG: Scraped from <200 http://books.
toscrape.com/catalogue/category/books/travel_2/index.html>
{'name': 'The Great Railway Bazaar'}
2022-06-20 08:35:13 [scrapy.core.scraper] DEBUG: Scraped from <200 http://books.
toscrape.com/catalogue/category/books/travel_2/index.html>
{'name': 'A Year in Provence (Provence #1)'}
2022-06-20 08:35:13 [scrapy.core.scraper] DEBUG: Scraped from <200 http://books.
toscrape.com/catalogue/category/books/travel_2/index.html>
{'name': 'The Road to Little Dribbling: Adventures of an American in Britain '
         '(Notes From a Small Island #2)'}
2022-06-20 08:35:13 [scrapy.core.scraper] DEBUG: Scraped from <200 http://books.
toscrape.com/catalogue/category/books/travel_2/index.html>
{'name': 'Neither Here nor There: Travels in Europe'}
2022-06-20 08:35:13 [scrapy.core.scraper] DEBUG: Scraped from <200 http://books.
toscrape.com/catalogue/category/books/travel_2/index.html>
{'name': '1,000 Places to See Before You Die'}
```

图 3-17 运行爬虫结果

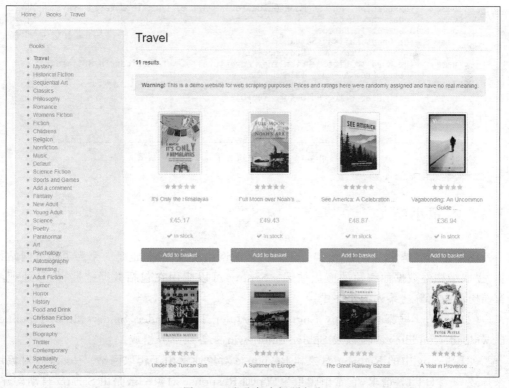

图 3-18 爬取每个标题名称

爬取图书标题的相关代码如下所示：

```
item['name'] = each_movie.xpath('article/h3/a/@title').extract()[0]
```

如果要将 Scrapy 爬虫爬取网页的结果保存到文本文件中，可打开 pipelinespy，写入以下代码：

```
import json
class MoviePipeline(object):
    def open_spider(self,spider):
        self.file = open('log.txt', 'w', encoding = 'utf - 8')
    def close_spider(self,spider):
        self.file.close()
    def process_item(self,item,spider):
        self.file.write(str(item) + '\n')
```

保存该文件，再运行该爬虫程序，即可将数据写入 log. txt 中，如图 3-19 所示。

```
log - 记事本
文件(F)  编辑(E)  格式(O)  查看(V)  帮助(H)
{'name': "It's Only the Himalayas"}
{'name': 'Full Moon over Noah's Ark: An Odyssey to Mount Ararat and Beyond'}
{'name': 'See America: A Celebration of Our National Parks & Treasured Sites'}
{'name': 'Vagabonding: An Uncommon Guide to the Art of Long-Term World Travel'}
{'name': 'Under the Tuscan Sun'}
{'name': 'A Summer In Europe'}
{'name': 'The Great Railway Bazaar'}
{'name': 'A Year in Provence (Provence #1)'}
{'name': 'The Road to Little Dribbling: Adventures of an American in Britain
'(Notes From a Small Island #2)'}
{'name': 'Neither Here nor There: Travels in Europe'}
{'name': '1,000 Places to See Before You Die'}
```

图 3-19　将数据写入 log. txt 中

3.4　本章小结

（1）Scrapy 是使用 Python 语言编写的开源网络爬虫框架，也是一个为了爬取网站数据，提取结构性数据而编写的应用框架。Scrapy 可以应用在包括数据挖掘、信息处理或存储历史数据等一系列的程序中。

（2）Scrapy 框架由 Scrapy Engine、Scheduler、Downloader、Spiders、Item Pipeline、Downloader middlewares 以及 Spider middlewares 等几部分组成。

（3）Scrapy 中的 Request 对象和 Response 对象通常用于爬取网站。Request 对象用来描述一个 HTTP 请求，它常由爬虫生成；而 Response 对象一般是由 Scrapy 自动构建，Response 对象有很多属性，可以用来提取网页中的数据。

（4）Spider 是 Scrapy 框架中最核心的组件，Scrapy 爬虫在开发时通常是紧紧围绕

Spider 展开的。

（5）要开发 Scrapy 爬虫，一般步骤为新建项目、确定抓取网页目标、制作爬虫、设计管道存储爬取内容。

3.5 实训

1. 实训目的

通过本章实训了解 Scrapy 爬虫框架的特点，能使用 Scrapy 框架进行简单的网站数据爬取。

2. 实训内容

使用 Scrapy 框架编写爬虫访问网站。

（1）访问专门的爬虫网站 http://quotes.toscrape.com，该网站有多个页面，例如 http://quotes.toscrape.com/page/2/、http://quotes.toscrape.com/page/3/等，首页页面如图 3-20 所示。

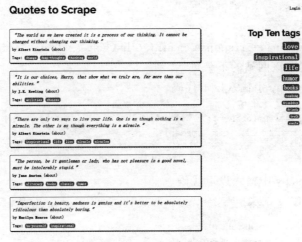

图 3-20 爬虫网站首页

（2）爬取该页面中的每一个子区域对应的文本内容、作者和分类，如图 3-21 所示。

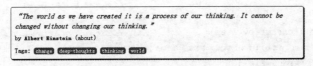

图 3-21 爬取网站相应内容

（3）新建爬虫工程，命名为 quotesbot-master，并在此工程中创建 Spider 爬虫，命令为 toscrape-xpath。

（4）打开 toscrape-xpath.py，输入以下代码。

```
import scrapy
class ToScrapeSpiderXPath(scrapy.Spider):
    name = 'toscrape-xpath'
    start_urls = [
        'http://quotes.toscrape.com/',
    ]
    def parse(self, response):
        for quote in response.xpath('//div[@class = "quote"]'):
            yield {
                'text': quote.xpath('./span[@class = "text"]/text()').extract_first(),
                'author': quote.xpath('.//small[@class = "author"]/text()').extract_first(),
                'tags': quote.xpath('.//div[@class = "tags"]/a[@class = "tag"]/text()')
.extract()
                }
        next_page_url = response.xpath('//li[@class = "next"]/a/@href').extract_first()
        if next_page_url is not None:
            yield scrapy.Request(response.urljoin(next_page_url))
```

其中，语句"'text'：quote. xpath('. /span[@class＝"text"]/text()'). extract_first()"表示爬取页面子区域的文本内容；语句"'author'：quote. xpath('. //small[@class＝"author"]/text()'). extract_first()"表示爬取页面子区域的作者；语句"'tags'：quote. xpath('. //div[@class＝"tags"]/a[@class＝"tag"]/text()'). extract()"表示爬取页面子区域的分类。

语句"next_page_url ＝ response. xpath('//li[@class＝"next"]/a/@href'). extract_first()"表示依次爬取该网站的下一页。

（5）在 pipelines. py 中输入以下代码。

```
class QuotesbotPipeline(object):
    def process_item(self, item, spider):
        return item
```

（6）在 settings. py 中输入以下代码。

```
BOT_NAME = 'quotesbot'
SPIDER_MODULES = ['quotesbot.spiders']
NEWSPIDER_MODULE = 'quotesbot.spiders'
```

（7）在 items. py 中输入以下代码。

```
import scrapy
class QuotesbotItem(scrapy.Item):
    # define the fields for your item here like:
    # name = scrapy.Field()
    pass
```

（8）运行该爬虫，在爬虫根目录中执行命令 scrapy crawl toscrape-xpath，可以得到爬取结果，如图 3-22 和图 3-23 所示。

图 3-22　运行该爬虫

图 3-23　爬取的页面内容

（9）查看爬取的每一个具体内容，如图 3-24 所示。

```
{'text': '"Only in the darkness can you see the stars."', 'author': 'Martin Lu
ther King Jr.', 'tags': ['hope', 'inspirational']}
```

图 3-24　爬取的页面具体内容

习题

1. 什么是 Scrapy 框架？
2. 如何安装 Scrapy 框架？
3. Scrapy 框架有哪些特点？
4. Scrapy 框架的组成部分是什么？
5. Scrapy 框架的工作原理是什么？
6. 如何使用 Scrapy 框架来爬取页面？

第 **4** 章

数据库连接与查询

本章学习目标

- 了解数据库的定义。
- 了解数据库的组成。
- 掌握不同数据库的分类。
- 了解 MySQL 的安装与使用。
- 掌握使用 Python 操作 MySQL 数据库。

本章先向读者引入数据库的概念,再列举数据库的组成和分类,接着介绍 MySQL 数据库的安装与使用,最后说明如何使用 Python 操作 MySQL 数据库。

4.1 数据库

4.1.1 数据库概述

1. 数据库介绍

在企业制造和生产过程中,需要把各种材料和成品按照一定的规格分门别类地存储在仓库中。计算机系统对现代化数据的处理过程也有与此相似的地方,即把各种数据先分类再将结果分别存放在数据仓库中,也就是数据库中。数据库技术是计算机领域中的重要技术之一,它将各种数据按一定的规律存放,以便于用户查询和处理。

例如,把学校的学生、课程、上课教师及学生成绩等数据有序地组织并存放在计算机中,就可以构成一个数据库。学生可以登录学校教务系统网站查询成绩,教师也可以登录该网站查询上课情况。因此,数据库由一些彼此关联的数据集合构成,并以一定的组织形式存放在计算机中。

2. 数据库管理系统

数据库管理系统(DataBase Management System,DBMS)是一种操作和管理数据库的软件,它是数据库的核心,主要用于创建、使用和维护数据库。在 DBMS 中普通用户可以登录和查询数据库,管理员可以建立和修改数据库等。

数据库管理系统主要包含以下功能。

(1) 数据定义。DBMS 提供了各种数据定义语言,用户可以定义数据库中的各种数据对象。

(2) 数据操纵。DBMS 提供了大量的数据操纵语言,用户可以对数据库中的数据表进行各种操作,例如创建、删除、插入、修改及查询数据表。

(3) 数据管理与安全保护。在 DBMS 中数据库的建立、运行和维护由数据库管理系统统一管理,以保证数据的完整性。此外,为了确保数据库的安全,只有被赋予权限的用户才可以访问数据库的相关数据。如图 4-1 所示的是数据库、数据库应用系统与数据库管理系统的关系。

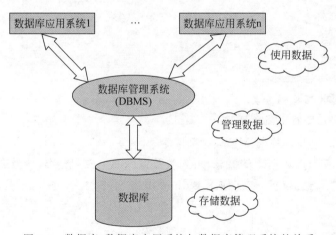

图 4-1 数据库、数据库应用系统与数据库管理系统的关系

从图 4-1 中可以看出,数据库、数据库应用系统与数据库管理系统共同构成了数据库系统。其中数据库管理系统位于整个系统的核心,编程人员可以通过数据库管理系统来操纵整个数据库系统。

目前在市场上较流行的 DBMS 有 SQL Server、Oracle、MySQL、Sybase、Access 等,本章主要介绍 MySQL 的安装与使用。

3. 数据库系统的结构

数据库系统在总体结构上一般体现为三级模式,分别是模式、外模式和内模式。

1) 模式

模式又称为概念模式或逻辑模式,它是数据库中全体数据的逻辑结构和特征的描述。

模式位于三级结构的中间层,它以某一种数据模型为基础,表示数据库的整体数据。在定义模式时不仅要考虑数据的逻辑结构,例如数据记录的组成,数据项的名称、类型、长度等,还要考虑与数据有关的安全性、完整性等各种要求,并定义数据之间的各种关系。需要注意的是,一个数据库只有一个模式。

2)外模式

外模式又称为子模式或用户模式,它是一个或几个特定用户所使用的数据集合(外部模型),是用户与数据库系统的接口,是模式的逻辑子集。外模式面向具体的应用程序,定义在逻辑模式之上,但独立于存储模式和存储设备。在设计外模式时应充分考虑到应用的扩充性。当应用需求发生较大变化,相应外模式不能满足其视图要求时,该外模式必须做相应改动。需要注意的是,一个数据库可以有多个外模式。

3)内模式

内模式又称为存储模式,它是数据在数据库系统中的内部表示,同时也是数据库最低一级的逻辑描述。内模式描述了数据在存储介质上的存储方式和物理结构,对应着实际存储在外存储介质上的数据库,主要包含记录的存储方式、索引的组织方式、数据是否压缩存储、数据是否加密、数据存储记录结构的规定等。需要注意的是,一个数据库只有一个内模式。

图 4-2 所示的是数据库系统的模式结构。

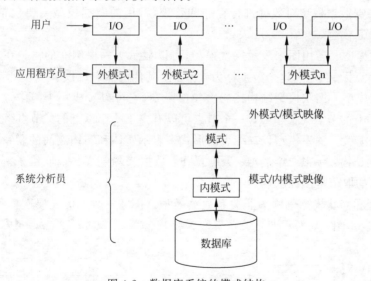

图 4-2 数据库系统的模式结构

4. 数据模型

1)模型的概念

模型是现实世界中某些特征的模拟和抽象,模型一般可分为实物模型与抽象模型。实物模型通常是客观事物的外观描述或功能描述,例如汽车模型、飞机模型、火箭模型等。抽象模型通常是客观事物的内在本质特征,例如模拟模型、图示模型、数学模型等。图 4-3 所示的是模型的概念。

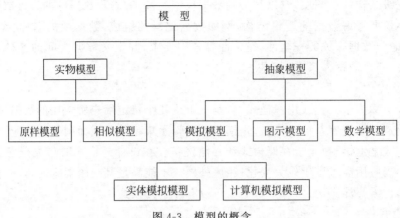

图 4-3　模型的概念

2）数据模型的概念

在实现数据库管理的整个过程中，数据模型起着重要的作用，目前现有的数据库都是基于某种数据模型展开的。数据模型有三个基本要求：一是能够真实地模拟现实世界；二是容易被人们所理解；三是便于在计算机上实现。在数据库系统中应根据不同的适用对象采用不同的数据模型。

DBMS 根据数据模型对数据进行存储和管理，常用的数据模型主要包括层次模型、网状模型和关系模型。

（1）层次模型。若用图来表示层次模型，可以显示为一棵倒立的树。在该模型中有且仅有一个节点无父节点，这个节点称为根节点；其他节点有且仅有一个父节点。

（2）网状模型。网状模型结构比层次模型复杂，它可以看成一个网络。在网状模型中允许一个以上的节点无父节点；一个节点可以有多于一个以上的父节点。

（3）关系模型。关系模型以二维表的形式来表示实体和实体之间的联系。关系模型主要包括数据结构：一张二维表格；数据操作：数据表的定义、查询、维护等；数据约束条件：表中列的取值范围的限制。

层次模型和网状模型也称为非关系数据模型。图 4-4 所示的是层次模型，图 4-5 所示的是网状模型，图 4-6 所示的是关系模型。

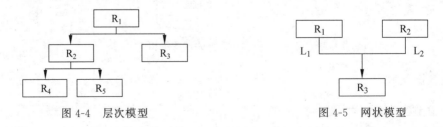

图 4-4　层次模型　　　　　图 4-5　网状模型

3）数据模型的组成

数据模型主要由数据结构、数据操作及数据约束条件三部分组成。

（1）数据结构。数据结构是数据库中所研究的数据对象类型的集合，这些对象主要

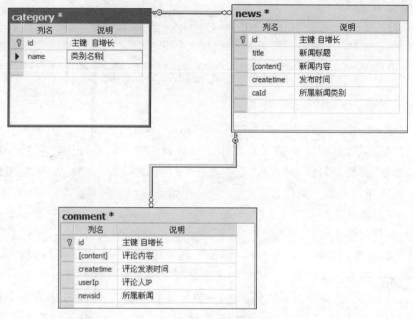

图 4-6　关系模型

包含两类：一类是与数据类型、内容等有关的对象；另一类是与数据之间的联系有关的对象。

（2）数据操作。数据操作是指对数据库中各种对象的实例所进行的操作的集合，通常包含两类，一类是数据库的各种查询操作；另一类是数据库的各种更新与修改操作。

（3）数据约束条件。在数据库中数据约束条件通常是一组完整性规则的集合，通过给定完整性规则使数据库中的数据受到一定程度的制约，例如人的性别只能选择"男"或"女"；学生期末考试成绩最高不超过 100 分；人的年龄最大不超过 150 岁等。

4.1.2　关系数据库设计

关系数据库采用关系模型作为数据的组织方式，自关系数据库诞生以来，它的发展十分迅猛，目前已成为占据主导地位的数据库管理系统。

1. 概念模型

概念模型是现实世界到数据世界的一个过渡层次，它是数据库设计人员进行数据库设计的有力武器，也是数据库设计人员与用户交流的语言。概念模型具有简单、易懂的特点。

1）概念模型的相关概念

（1）实体。实体是客观存在并相互区别的事物与事物之间的联系，例如一个学生、一本图书等都是实体。

（2）实体集。实体集是指同类实体的集合，例如全体学生就是一个实体集。

（3）属性。属性是指实体所具有的某一特性，例如学生的学号、姓名、性别、年龄、籍贯等都是学生实体的属性。

（4）联系。联系是指实体与实体之间以及实体与组成它的各个属性间的关系。

在具体的表示中，一般常用E-R图来描述实体集及其之间的联系。用矩形框表示实体；用圆角矩形表示属性；用菱形表示实体与实体之间的联系，并用线段连接实体集与属性。

2）实体间联系的3种情况

（1）一对一联系。如果对于实体集A中的每一个实体，实体集B中至少有一个实体与之联系，反之亦然，则称实体集A与实体集B具有一对一联系，记为1∶1。例如，一个居民只能有一个身份证号码，反过来，一个身份证号码只对应一个居民，因此"居民"与"身份证号码"是一对一联系。同样，学生与学号之间也是一对一联系。

（2）一对多联系。如果对于实体集A中的每一个实体，实体集B中有n个实体与之联系，反之，对于实体集B中的每一个实体，实体集A最多只有一个实体与之联系，则称实体集A与实体集B具有一对多联系，记为1∶n。例如，一个班级可以包含多个学生，而每一个学生只能在一个班级里学习，因此班级与学生之间具有一对多联系。

（3）多对多联系。如果对于实体集A中的每一个实体，实体集B中有n个实体与之联系，反之，对于实体集B中的每一个实体，实体集A也有m个实体与之联系，则称实体集A与实体集B具有多对多联系，记为m∶n。例如，一门课程可以同时允许多个学生选课，而每一个学生也可以同时学习多门课程，因此课程与学生之间具有多对多联系。

图4-7所示的是一对一联系，图4-8所示的是一对多以及多对多联系。

图4-7　一对一联系

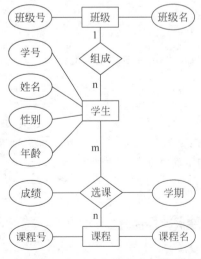

图4-8　一对多以及多对多联系

2. 关系数据库的设计步骤

关系数据库的设计常包含以下6个步骤。

（1）需求分析。需求分析阶段的工作主要是充分调查研究，了解用户需求，了解系统运行环境，并收集数据，为以后的步骤做准备。

（2）概念结构设计。概念结构是整个系统的信息结构，概念结构设计阶段的主要工作是对收集到的数据进行分析，确定实体、实体属性及实体之间的联系，并画出实体图。

（3）逻辑结构设计。逻辑结构设计阶段的主要工作是将概念结构设计的实体图转换为与DBMS相对应的数据模型，并对该模型进行优化。

（4）物理结构设计。物理结构设计阶段的主要工作是为设计好的逻辑数据模型选取一个较为合适的物理结构,并对该物理结构进行评估和优化。

（5）编码设计。编码设计阶段的主要工作是利用 DBMS 的数据定义语言将数据库描述与实现出来,同时反复调试所编写的程序并保证其能够运行。

（6）运行维护。运行维护阶段的主要工作是通过输入大量数据来测试该数据库系统的各项性能,以便发现问题,解决问题。

4.2　MySQL 数据库

4.2.1　MySQL 数据库概述

MySQL 是一个小型的关系数据库管理系统,由于该软件体积小、运行速度快、操作方便等优点,目前被广泛应用于 Web 上的中小企业网站的后台数据库中。

MySQL 数据库的优点如下。

（1）体积小、速度快、成本低。

（2）使用的核心线程是完全多线程的,可以支持多处理器。

（3）提供了多种语言支持,MySQL 为 C、C++、Python、Java、Perl、PHP、Ruby 等多种编程语言提供了 API,便于访问和使用。

（4）MySQL 支持多种操作系统,可以运行在不同的平台上。

（5）支持大量数据查询和存储,可以承受大量的并发访问。

（6）免费开源。

但是 MySQL 也存在以下缺点。

（1）MySQL 的缺点是如果使用大量存储过程,那么使用这些存储过程的每个连接的内存使用量将会大大增加。此外,如果操作者在存储过程中过度使用大量逻辑操作,那么CPU 使用率也会增加。

（2）MySQL 不支持热备份。

4.2.2　MySQL 数据库的下载、安装与运行

视频讲解

1. MySQL 数据库的下载与安装

1）MySQL 数据库的下载

登录 MySQL 的官网 www.mysql.com,单击 DOWNLOADS 按钮,进入下载页面,下载对应操作系统的版本,本章下载的 MySQL 版本是 MySQL 5.6,下载界面如图 4-9 所示。

2）MySQL 数据库的安装

确保在当前系统中已经安装了 Microsoft.NET Framework 4.0,双击已经下载好的安装包文件,即可将 MySQL 数据库安装到本地计算机上。此外,在安装过程中还需要设置 root 用户的密码,以便在今后登录时使用。在本次安装中将该密码设置为空,即用Enter 键表示。

图 4-9　下载 MySQL

2. MySQL 数据库的运行

在本地计算机上安装好 MySQL 后，在 Windows 命令行中输入"net start mysql"即可启动该程序。要进入 MySQL 可执行程序目录，可输入"mysql -u root"命令进入 MySQL 中的命令行模式，运行界面如图 4-10 所示。

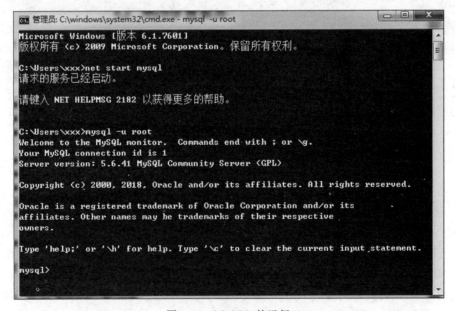

图 4-10　MySQL 的运行

想要退出该命令行模式，只需在提示符"mysql"后输入"quit"命令即可退出，如图 4-11 所示。

图 4-11 MySQL 的退出

4.2.3 MySQL 数据库命令行入门

1. MySQL 数据库的基本操作介绍

MySQL 数据库的基本操作主要分为操作 MySQL 数据库和操作 MySQL 数据表,下面分别介绍。

1) 操作 MySQL 数据库

MySQL 数据库的基本操作主要有以下几种。

(1) 创建数据库。

```
create database 数据库名
```

(2) 查看数据库。

```
show databases
```

(3) 选择指定数据库。

```
use 数据库名
```

(4) 删除数据库。

```
drop database 数据库名
```

2) 操作 MySQL 数据表

MySQL 数据表的基本操作主要有以下几种。

(1) 创建数据表。

```
create table 数据表名
```

(2) 查看数据表。

```
show tables
```

(3) 查看数据表结构。

```
describe 数据表名
```

（4）往数据表中添加记录。

insert into 数据表名 values

（5）修改数据表中的记录。

update 数据表名

2. MySQL 数据库的基本操作实例

【例 4-1】 MySQL 基本操作。创建数据库、创建数据表并往表中添加记录。

1）查看数据库

想要查看 MySQL 数据库，只需输入"show databases;"命令，系统就会自动列出已经创建好的所有数据库名称，如图 4-12 所示。

图 4-12　查看 MySQL 数据库

图 4-12 列出了已经创建好的 5 个数据库，其中 information_schema、mysql 和 performance_schema 这 3 个数据库是 MySQL 安装时系统自动创建的，MySQL 把有关 DBMS 自身的管理信息都保存在这几个数据库中，因此用户一般不需要对这几个数据库做任何修改。其他的两个数据库 library 和 test 是管理员创建的，用户可以往里面添加数据并实施管理。

2）创建数据库

用户可以自行在 MySQL 中创建数据库，只需输入"create database"命令即可，其中语句 database 表示要创建的数据库的名称，用户可自行命名。例如输入"create database stu"命令，表示创建了一个数据库，该数据库的名称为 stu，如图 4-13 所示。

图 4-13　创建 MySQL 数据库 stu

在创建好数据库后，可使用语句 show databases 查看结果，如图 4-14 所示。

从图 4-14 可以看出，刚才创建好的数据库 stu 已经出现在用户数据库中。

3）切换当前数据库

在创建好 stu 数据库后，就可以在其中创建数据表。首先输入"use stu"命令，该命令

图 4-14　查看已经创建好的数据库 stu

的作用是使 stu 成为系统默认的数据库，运行该命令如图 4-15 所示。

图 4-15　切换当前数据库 stu

4）在 stu 数据库中创建数据表

在 MySQL 数据库中创建数据表可以使用 create table 命令来完成，其中语句 table 后要紧跟创建的数据表的名称。例如，在数据库 stu 中要创建学生信息表 user，命令为：

```
create table user
(id char(6) not null primary key,
name char(6) not null,
score tinyint(1) null);
```

语句 create table user 表示创建了一个名为 user 的数据表，在 create table 语句中每个列的说明都由列名、该列的数据类型及一些必要的附加值组成。例如，id、name 及 score 表示列名，char(6)、tinyint(1)表示数据类型，其中 char(6)表示该列包含固定长度的字符串，最大值为 6 个字符；tinyint(1)表示该列的数据类型为整型，并且占用的字节为一位；null 表示此处数据值可以缺少，而 not null 表示该处必须填充数据值；primary key 表示将 id 字段定义为主键。表 4-1～表 4-4 显示了 MySQL 中的常见数据类型及其含义。表 4-5 显示了 MySQL 中数据类型的属性。

表 4-1　整数类型

整 数 类 型	字　　节	整 数 类 型	字　　节
tinyint	1	int	4
smallint	2	bigint	8
mediumint	3		

表 4-2　浮点类型

浮 点 类 型	字　　节	浮 点 类 型	字　　节
float	4	double	8

表 4-3　日期和时间类型

日期和时间类型	字　　节	日期和时间类型	字　　节
date	3	datetime	8
time	3	timestamp	8
year	1		

表 4-4　字符串类型

字符串类型	含　　义	字符串类型	含　　义
char	定长字符串	text	长文本数据
varchar	变长字符串	mediumtext	中等长度文本数据
tinytext	短文本数据	longtext	极大长度文本数据

表 4-5　MySQL 中数据类型的属性

MySQL 中数据类型的属性	含　　义	MySQL 中数据类型的属性	含　　义
null	数据列可为空值	unsigned	无符号
not null	数据列不可为空值	auto_increment	自动递增
default	默认值	character set name	指定一个字符集
primary key	主键		

5）查看数据表信息

在 MySQL 数据库中想要查看已经创建好的数据表，可以使用 show tables 命令来实现。例如要查看 stu 数据表，输入"show tables"命令，运行结果如图 4-16 所示。

图 4-16　查看已创建好的数据表

6）查看数据表结构

图 4-16 只显示了数据表 user 的名称，没有显示该数据表的具体信息，如果想查看该数据表的结构信息，可使用 describe user 命令来进一步了解 user 表的字段及数据类型，运行该命令如图 4-17 所示。

图 4-17　查看已创建好的数据表的详细信息

从图 4-17 可以看出数据表 user 中各列的详细信息。如果只需要查看 score 列的详细信息,可使用 desc user score 命令,其中 desc 是 describe 的简写,两者用法一致,运行该命令如图 4-18 所示。

```
mysql> desc user score;
+-------+------------+------+-----+---------+-------+
| Field | Type       | Null | Key | Default | Extra |
+-------+------------+------+-----+---------+-------+
| score | tinyint(1) | YES  |     | NULL    |       |
+-------+------------+------+-----+---------+-------+
1 row in set (0.01 sec)
```

图 4-18　查看某一列的详细信息

7) 往表中增加记录

在 MySQL 数据库中创建好数据表后,就可以往数据表中添加记录,通常使用 insert 命令来完成这一操作。例如,想要往数据表 user 中添加记录,可以使用如下语句:

```
insert into user values('050100','john',99)
```

该语句往 user 数据表中插入了一条记录,其中 id=050100,name=john,score=99,运行结果如图 4-19 所示。

```
mysql> insert into user values('050100','john',99);
Query OK, 1 row affected (0.00 sec)
```

图 4-19　往表中添加记录

值得注意的是,在 MySQL 数据库中添加记录时,values 属性中必须包含表中每一列的值,并且按照表中列的存在次序给出。

如果要查看在数据表 user 中已经添加好的记录,可使用 select * from user 命令,运行结果如图 4-20 所示。

```
mysql> select * from user;
+--------+------+-------+
| id     | name | score |
+--------+------+-------+
| 050100 | john |    99 |
+--------+------+-------+
1 row in set (0.00 sec)
```

图 4-20　查看数据表中添加的记录

在图 4-20 中显示了已经创建好的记录。

8) 修改表中的记录

在 MySQL 数据库中要想修改数据表中的记录,可使用 update 命令来完成这一操作。如果要将数据表 user 中 score 的值减少 10,可以输入以下命令。

```
update user
set score = score - 10;
```

其中 set 语句表示对列名为 score 的数据值减少 10,运行结果如图 4-21 所示。

图 4-21　修改数据表中的记录

9）删除数据库

在 MySQL 数据库中如果要删除已经创建好的数据库，可以使用 drop database 命令。例如要删除已创建的 stu 数据库，可输入以下命令。

```
drop database stu;
```

运行该命令后即可删除 stu 数据库。

4.3　使用 Python 操作 MySQL 数据库

4.3.1　pymysql 的安装与使用

视频讲解

1. Python 连接 MySQL

在大数据分析中经常需要将电商网站上的数据爬取下来并保存在 MySQL 数据库中，以便后续的数据分析。Python 要想连接 MySQL 数据库需要一个驱动程序，用于和数据库交互。在 Python 3 中可以使用 pymysql 库来实现这一功能。pymysql 库是一个纯 Python 库，可以直接安装使用，安装时可在 Windows 命令行中输入以下命令。

```
pip install pymysql
```

执行该命令可将 pymysql 库安装在 Python 中。安装完成后，进入 Python 命令行中，导入 pymysql，输入以下命令。

```
import pymysql
```

如果系统没报错，则表示安装成功，pymysql 库安装成功后运行界面如图 4-22 所示。

```
C:\Users\xxx>python
Python 3.7.0 (v3.7.0:1bf9cc5093, Jun 27 2018, 04:59:51) [MSC v.1914 64 bit (AMD6
4)] on win32
Type "help", "copyright", "credits" or "license" for more information.
>>> import pymysql
>>>
```

图 4-22　pymysql 库的运行界面

2. Python 连接 MySQL 的步骤

在 Python 中访问 MySQL 数据库和用 C++访问数据库的方法基本相同,主要有以下步骤。

(1) 通过 pymysql 库的方法与 MySQL 数据库建立连接。

(2) 编写 SQL 语句。

(3) 通过返回的数据库对象调用相应方法执行 SQL 语句。

(4) 读取数据库返回的数据(即缓存区中的数据)。

(5) 对相应的返回数据进行操作。

(6) 关闭数据库对象,关闭数据库。

4.3.2　使用 Python 连接 MySQL 数据库

视频讲解

1. Python 连接 MySQL

【例 4-2】　创建 MySQL 数据库和创建数据表并使用 Python 查询表中的记录。

1) 在 MySQL 中建立数据库和数据表

想要使用 Python 操作 MySQL 数据库,首先要在 MySQL 中建立数据库和数据表。本节使用 4.2.3 节在 MySQL 中建立的 stu 数据库和 user 数据表,如果已经删除可重新建立。user 数据表中的数据如图 4-23 所示。

图 4-23　导入 MySQL 中创建好的数据表 user

2) 建立 Python 与 MySQL 的连接并获取表中的数据

(1) 建立连接。想要使用 Python 连接 MySQL,可在 import pymysql 命令后输入以下命令。

```
db = pymysql.connect(host = " ",user = " ",passwd = "",db = " ",charset = "")
```

在该命令中 db 代表数据库,pymysql.connect 表示使用 pymysql 库来连接 MySQL 数据库,pymysql.connect 参数的含义及 connect 支持的方法如表 4-6 和表 4-7 所示。需要注意的是,有时也可以把 connect 写成 connection。

表 4-6　pymysql.connect 的参数

参 数 名 称	含　义	参 数 名 称	含　义
host	MySQL 服务器名	db	操作的数据库名
user	数据库使用者	charset	连接字符集
passwd	用户登录密码		

表 4-7　connect 支持的方法

方 法 名 称	含　义	方 法 名 称	含　义
cursor()	创建并返回游标	rollback()	回滚当前事务
commit()	提交当前事务	close()	关闭

例如，在本例中输入如下命令。

```
db = pymysql.connect("localhost","root","","stu")
```

该命令表示建立 Python 与 MySQL 的连接。其中语句 localhost 表示要连接的 MySQL 服务器的名称，MySQL 服务器一般默认为 localhost；语句 root 表示要连接的 MySQL 的用户名，一般默认为 root；语句""表示要连接的 MySQL 的用户密码，如果在安装 MySQL 时设置了密码，则在该处要填写正确，否则无法建立连接，此处密码为空；语句 stu 表示要连接的在 MySQL 中已经创建好的数据库的名称，此处要连接的数据库是 stu。

（2）获取游标。输入"cursor＝db.cursor()"命令以获取操作游标。游标是一个存储在 MySQL 服务器上的数据库查询，它不是一条 select 语句，而是被该语句检索出来的结果集。在存储了游标之后，应用程序可以根据需要滚动或浏览其中的数据。游标主要用于交互式应用，其中用户需要滚动屏幕上的数据，并对数据进行浏览或做出更改。

需要注意的是，MySQL 游标只能用于存储过程和函数。

cursor 支持的方法如表 4-8 所示。

表 4-8　cursor 支持的方法

方 法 名 称	含　义	方 法 名 称	含　义
execute()	用于执行一个数据库的查询命令	rowcount()	最近一次 execute()返回数据的行数
fetchone()	获取结果集中的下一行	fetchall()	获取结果集中的所有行
fetchmany(n)	获取结果集中的前 n 行	close()	关闭

（3）查询记录。输入"cursor.execute("select ＊ from user")"命令以保存查询结果记录集。

（4）返回结果。输入"data＝cursor.fetchall()"命令以接收全部的返回结果行。

（5）打印数据。输入"print(data)"命令以打印结果。

执行整个操作后可在屏幕上输出查询的数据表结果，程序运行结果如图 4-24 和图 4-25 所示。

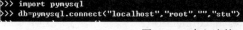

```
>>> import pymysql
>>> db=pymysql.connect("localhost","root","","stu")
```

图 4-24　建立连接

从图 4-25 可以看出，此例使用 Python 成功连接了 MySQL 数据库，并输出了在 stu 数据库中的 user 数据表的数据值。值得注意的是：在最新版本的 pymysql 中，该语句需要这样写：

```
db = pymysql.connect(host = "localhost",user = "root",passwd = "",db = "stu")
```

```
>>> cursor=db.cursor()
>>> cursor.execute("select * from user")
1
>>> data=cursor.fetchall()
>>> print(data)
(('050100', 'john', 89),)
>>>
```

图 4-25　输出查询结果

使用 Python 操作 MySQL 数据库的流程如图 4-26 所示。

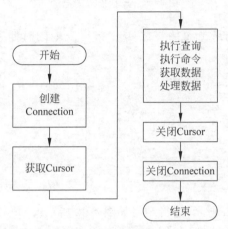

图 4-26　Python 操作 MySQL 数据库的流程

2. Python 连接 MySQL 并往数据表中添加记录

【例 4-3】　创建 MySQL 数据库和创建数据表并使用 Python 往数据表中添加记录。该例使用 Python 往 user 数据表中插入新的记录，使用如下 SQL 命令。

```
sql = "insert into 数据表名()values()"
```

其中语句 insert into 表示往数据表中插入记录，数据表名"()"表示要插入记录的表名称及表字段，values()表示要插入的数据值。插入记录操作如图 4-27 所示。

```
>>> import pymysql
>>> db=pymysql.connect("localhost","root","","stu")
>>> cursor=db.cursor()
>>> sql="insert into user(id ,name,score) values('050101','leslie','81')"
>>> cursor.execute(sql)
1
>>> db.commit()
>>> cursor.close()
>>> db.close()
```

图 4-27　Python 在 MySQL 数据库表中插入记录

（1）该例在 user 数据表中插入一条新记录，对应的数据值分别如下。

```
id: 050101
name: leslie
score: 81
```

运行结果如图 4-28 所示。

```
>>> import pymysql
>>> db=pymysql.connect("localhost","root","","stu")
>>> cursor=db.cursor()
>>> cursor.execute("select * from user")
2
>>> data=cursor.fetchall()
>>> print(data)
(('050100', 'john', 89), ('050101', 'leslie', 81))
```

图 4-28　显示插入的记录

（2）同时插入多条记录。如果要往 user 数据表中同时插入多条记录，可使用如下命令。

```
executemany()
```

该例同时插入了两条记录，分别如下。

```
("050102","tom","67")
("050103","lucy","86")
```

执行该操作如图 4-29 所示，运行结果如图 4-30 所示。

```
>>> import pymysql
>>> db=pymysql.connect("localhost","root","","stu")
>>> cursor=db.cursor()
>>> sql="insert into user(id,name,score) values(%s,%s,%s)"
>>> cursor.executemany(sql,[("050102","tom","67"),("050103","lucy","86")])
2
>>> db.commit()
>>> cursor.close()
>>> db.close()
```

图 4-29　同时插入多条记录

```
>>> import pymysql
>>> db=pymysql.connect("localhost","root","","stu")
>>> cursor=db.cursor()
>>> cursor.execute("select * from user")
4
>>> data=cursor.fetchall()
>>> print(data)
(('050100', 'john', 89), ('050101', 'leslie', 81), ('050102', 'tom', 67), ('0501
03', 'lucy', 86))
```

图 4-30　显示插入的记录

（3）依次显示插入的每一条记录。如果想要依次显示在 user 数据表中插入的每一条数据，可使用 fetchone()方法来实现，运行界面如图 4-31 所示。

从图 4-31 可以看出，每执行一次 fetchone()就可以显示一条数据，并且每次显示的数据都不同，这是因为每执行一次，游标都会从表中的第一条数据移动到下一条数据的位置。

此外也可以用以下语句来表示：

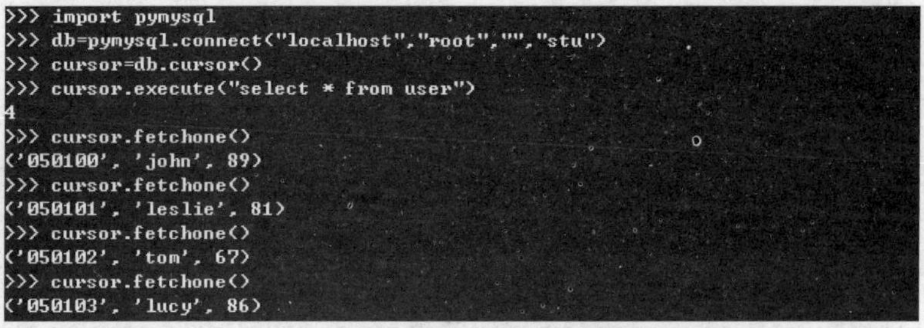

图 4-31 依次显示插入的记录

```
data = cursor.fetchone()
print(data)
```

运行结果界面如图 4-32 所示。

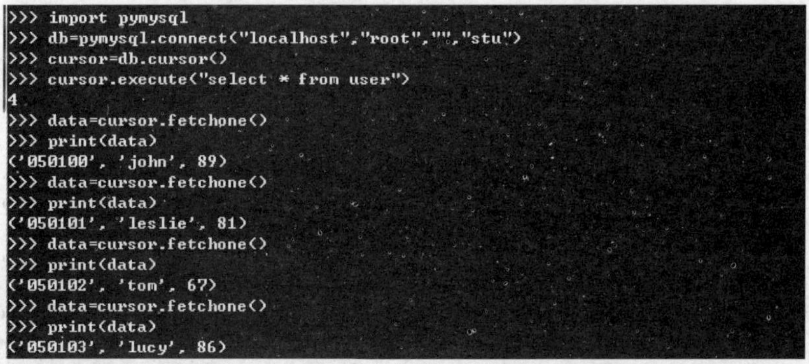

图 4-32 使用语句 print(data)显示插入的记录

从图 4-32 可以看出,每次执行完 print(data)语句都会依次显示下一条数据。

3. Python 连接 MySQL 并修改数据表中的记录

【例 4-4】 创建 MySQL 数据库和创建数据表并使用 Python 修改数据表中的记录。
该例使用 Python 在 user 数据表中修改记录,使用如下 sql 命令。

```
sql = "update 数据表名()set(修改条件)"
```

其中,语句 update 表示在数据表中修改记录,"数据表名()"表示要插入记录的表名称及
表字段,"set(修改条件)"表示要修改的数据值。修改记录操作如图 4-33 所示。

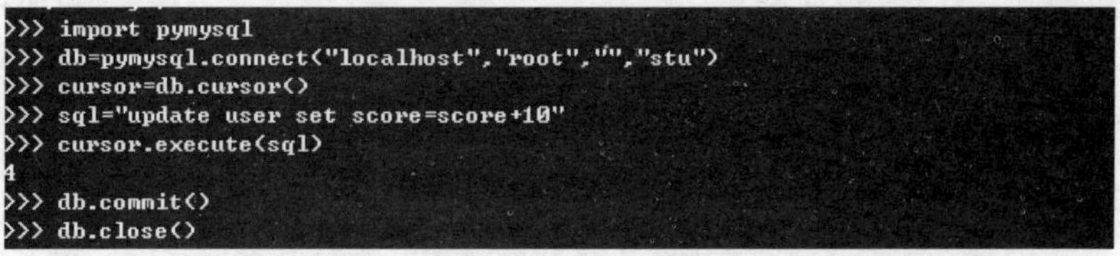

图 4-33 修改记录

该例通过语句"sql＝"update user set score＝score＋10""将 user 数据表中的每个 score 的值加 10，运行结果如图 4-34 所示。

```
>>> import pymysql
>>> db=pymysql.connect("localhost","root","","stu")
>>> cursor=db.cursor()
>>> cursor.execute("select * from user")
4
>>> data=cursor.fetchall()
>>> print(data)
(('050100', 'john', 99), ('050101', 'leslie', 91), ('050102', 'tom', 77), ('0501
03', 'lucy', 96))
```

图 4-34　查看运行结果

4. Python 连接 MySQL 并删除数据表中的记录

【例 4-5】 创建 MySQL 数据库和创建数据表并使用 Python 删除数据表中的记录。

该例使用 Python 在 user 数据表中修改记录，使用如下 sql 命令。

```
sql = "delete   from 数据表名 where   删除条件"
```

其中，语句 delete 表示在数据表中删除记录，"from 数据表名"表示要删除记录的表名称，where 表示要删除记录的条件。删除记录操作如图 4-35 所示。

```
>>> import pymysql
>>> db=pymysql.connect("localhost","root","","stu")
>>> cursor=db.cursor()
>>> sql="delete from user where score<80"
>>> cursor.execute(sql)
1
>>> db.commit()
>>> db.close()
```

图 4-35　删除记录

该例通过语句"sql＝"delete from user where score＜80""删除了数据表中 score 的值小于 80 的所有记录，运行结果如图 4-36 所示。

```
>>> import pymysql
>>> db=pymysql.connect("localhost","root","","stu")
>>> cursor=db.cursor()
>>> cursor.execute("select * from user")
3
>>> data=cursor.fetchall()
>>> print(data)
(('050100', 'john', 99), ('050101', 'leslie', 91), ('050103', 'lucy', 96))
```

图 4-36　查看运行结果

从图 4-36 可以看出，在数据表 user 中已经删除了 name＝tom 的记录，因为该条记录的 score 值小于 80。

4.4 本章小结

（1）数据库技术是计算机领域中的重要技术之一，它将各种数据按一定的规律存放，以便于用户查询和处理。

（2）数据库管理系统（database management system，DBMS）是一种操作和管理数据库的软件，它是数据库的核心，主要用于创建、使用和维护数据库。

（3）关系数据库采用关系模型作为数据的组织方式，自关系数据库诞生以来，它的发展十分迅猛，目前已成为占据主导地位的数据库管理系统。关系数据库的设计常包含6个步骤，即需求分析、概念结构设计、逻辑结构设计、物理结构设计、编码设计和运行维护。

（4）MySQL 是一个小型的关系数据库管理系统，由于该软件体积小、运行速度快、操作方便等优点，目前被广泛地应用于 Web 上的中小企业网站的后台数据库中。

（5）在 Python 3 中可以使用 pymysql 库来连接 MySQL，实现对数据库的管理。pymysql 库是一个纯 Python 库，可以直接安装使用。

（6）Python 3 操作 MySQL 的基本步骤是建立连接、获取游标、查询记录、返回结果、打印数据。

4.5 实训

1. 实训目的

（1）通过本章实训了解数据库的特点，能进行简单的 MySQL 数据库的操作，能识别不同的数据类型。

（2）在 Python 3 中使用 pymysql 库来连接 MySQL，实现对数据库的管理。

2. 实训内容

1）安装并使用 MySQL 数据库

（1）在本地计算机上下载并安装 MySQL。

（2）进入 MySQL 命令行界面中，新建 school 数据库。

（3）切换到 school 数据库，新建 student 数据表，并设置如下字段。

```
id: char
name: char
sex: char
score: tinyint
```

（4）查看 student 数据表信息。

（5）查看 student 数据表结构。

（6）往 student 数据表中添加如下多条数据。

```
001,Tim,male,70
002,Ben,male,80
003,Andy,male,60
004,Bill,male,90
005,Rice,female,85
```

（7）将表中 score 的每个数据值加 10。

（8）输出并显示修改后的数据表数据值。

2）使用 Python 3 连接并操作 MySQL

（1）在 Python 3 中安装 pymysql 库。

（2）建立 Python 与 MySQL 中 school 数据库的连接。

（3）使用 Python 查询 school 数据库中 student 数据表的信息并显示。

（4）使用 Python 在 student 数据表中添加一条新记录并显示。

（5）使用 Python 在 student 数据表中添加多条新记录并显示。

（6）使用 Python 将 student 数据表中的每个 score 数据值减少 5 并显示。

（7）使用 Python 将 student 数据表中 score 数据值小于 70 的记录删除并显示。

（8）使用 Python 将 student 数据表中 score 数据值大于 85 的记录删除并显示。

习题

1. 什么是数据库系统？

2. 影响力较大的数据库系统有哪些？

3. DBMS 中常用的数据模型主要有哪些？

4. MySQL 有哪些基本操作？

5. 怎么使用 Python 连接 MySQL 数据库？

6. 使用 Python 操作 MySQL 数据库的流程是什么样的？

7. 使用 Python 操作 MySQL 数据库有哪些基本操作？

第 5 章

数据可视化基础与应用

本章学习目标

- 了解大数据可视化的定义。
- 了解大数据的特征及技术框架。
- 了解不同的大数据图表分类。
- 掌握 numpy 数据可视化原理。
- 掌握 matplotlib 数据可视化基础。
- 掌握 pyecharts 数据可视化基础。
- 掌握大数据可视化应用。

本章先向读者介绍大数据可视化的概念,再介绍大数据可视化的图表,接着介绍大数据可视化的实现基础,最后介绍各种大数据可视化的应用。

5.1 数据可视化

5.1.1 数据可视化概述

1. 数据可视化简介

数据永远是枯燥的,而图形图像却具有生动性。数据可视化是关于数据视觉表现形式的科学技术研究,它让大数据更有意义,更贴近大多数人,因此大数据可视化是艺术与技术的结合。它将各种数据用图形化的方式展示给人们,从根本上讲,数据可视化系统并不是为了展示用户已知的数据之间的规律,而是为了帮助用户通过认知数据有新的发现,发现这些数据所反映的实质。

数据可视化是一个相对的概念，它通过将数据转换为标识为人们提供帮助与指导，并最终成为通过数据分析传递信息的一种重要工具。与传统的立体建模之类的特殊技术方法相比，数据可视化所涵盖的技术方法要广泛得多，它是利用计算机图形学及图像处理技术将数据转换为图形或图像形式显示到屏幕上，并进行交互处理的理论、方法和技术。它涉及计算机视觉、图像处理、计算机辅助设计和计算机图形学等多个领域，并逐渐成为一项研究数据表示、数据综合处理、决策分析等问题的综合技术。

2. 数据可视化历史介绍

1）数据可视化的起源

数据可视化作品的出现最早可追溯到 10 世纪。当时一位不知名的天文学家绘制了一幅作品，其中包含了很多现代统计图形元素，例如坐标轴、网格和时间序列，如图 5-1 所示。

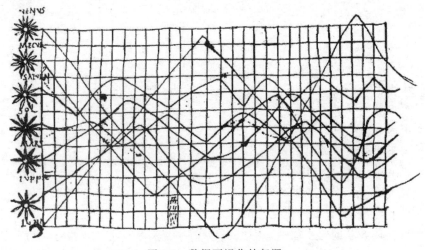

图 5-1　数据可视化的起源

2）17 世纪，最早的地图和图表

到了 17 世纪，随着社会的进一步发展与文字的广泛应用，微积分、物理、化学和数学等都开始蓬勃发展，统计学也开始出现了萌芽。数据的价值开始被人们重视起来，人口、商业、农业等经验数据开始被系统地收集整理，记录下来，于是各种图表和图形也开始诞生。

值得一提的是苏格兰工程师 William Playfair（1759—1823），他创造了今天人们习以为常的几种基本数据可视化图形，即折线图、饼图（见图 5-2）和条形图（见图 5-3）。

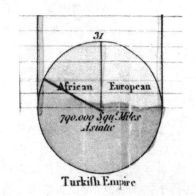

图 5-2　William Playfair 绘制的饼图

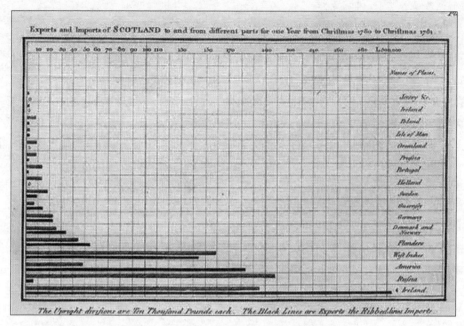

图 5-3　William Playfair 绘制的条形图

3）19 世纪，数据绘图的广泛应用

进入 19 世纪以后，随着科技迅速发展，工业革命从英国扩散到欧洲大陆和北美。社会对数据的积累和应用的需求与日俱增，现代的数据可视化慢慢开始成熟，统计图形和主题图的主要表达方式在随后的几十年间逐渐都出现了。在 19 世纪，数据可视化的重要发展包括：统计图形方面，散点图、直方图、极坐标图形和时间序列图等当代统计图形的常用形式都已出现；主题图方面，主题地图和地图集成为这个年代展示数据信息的一种常用方式，应用领域涵盖社会、经济、疾病、自然等各个主题。图 5-4 所示的是英国著名的护

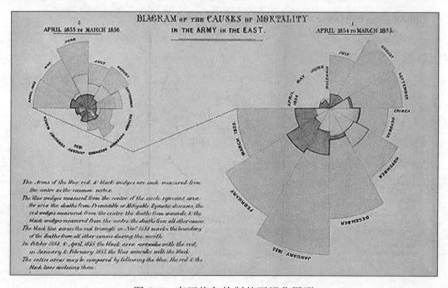

图 5-4　南丁格尔绘制的可视化图形

士和统计学家南丁格尔绘制的统计英军伤亡人数的可视化图形。

19世纪，在可视化图形的绘制中，统计图表成为主流，与此同时，有很多相关的教科书也都对数据图表的绘制进行了详细的描述。

4）20世纪，大数据绘图的低谷

在19世纪结束后，数据可视化的发展也随之进入了一个低谷，原因主要在于第一次世界大战和第二次世界大战的爆发对经济产生了深远的影响。此外，数理统计的诞生也使众多科学家们将数学基础作为首要目标，而图形作为一个辅助工具被搁置起来。直到20世纪下半叶，随着计算机技术的兴起，以及在世界大战后的工业和科学快速发展阶段，都把统计和数据问题放在重要的位置，在各行业的实际应用中，图形表达又重新占据了重要的地位。

5）21世纪，大数据可视化的日新月异

进入21世纪以来，计算机技术获得了长足的进展，随着数据规模呈指数级的增长，数据的内容和类型也比以前要丰富得多，这些都极大地改变了人们分析和研究世界的方式，也给人们提供了新的可视化素材，推动了数据可视化领域的发展。数据可视化依附计算机科学与技术拥有了新的生命力，并进入了一个新的黄金时代。

大数据可视化已经注定成为可视化历史中新的里程碑，VR、AR、MR、全息投影……这些当下火热的数据可视化技术已经被应用到游戏、房地产、教育等各行各业。因此，人们应该深刻地认识到数据可视化的重要性，更加注重交叉学科的发展，并利用商业、科学等领域的需求来进一步推动大数据可视化的健康发展。

3. 数据可视化的方法与组成

1）数据可视化的方法

数据可视化技术包含以下几个基本概念。

（1）数据空间：由n维属性和m个元素组成的数据集所构成的多维信息空间。

（2）数据开发：指利用一定的算法和工具对数据进行定量的推演和计算。

（3）数据分析：指对多维数据进行切片、块、旋转等动作剖析数据，从而能多角度、多侧面观察数据。

（4）数据可视化：指将大型数据集中的数据以图形图像的形式表示，并利用数据分析和开发工具发现其中未知信息的处理过程。

目前，大数据可视化的方法根据不同原理可以划分为基于几何的技术、面向像素的技术、基于图表的技术、基于层次的技术、基于图像的技术和分布式技术等。

大数据可视化的实施是一系列数据的转换过程，它从最初的原始数据到最终的图像经历了多个步骤，如图5-5所示。

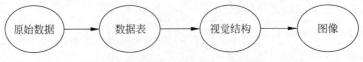

图5-5　大数据可视化的实施过程

从图 5-5 可以看出,人们首先通过对原始数据进行标准化、结构化的处理,把它们整理成数据表;再将数据表中的各种数值转换成视觉结构(包括形状、位置、尺寸、值、方向、色彩、纹理等),通过视觉的方式把它表现出来;最后将视觉结构进行组合,把它转换成图形传递给用户,用户通过人机交互的方式进行反向转换,去更好地了解数据背后隐藏的问题和包含的规律。

从技术角度上看,大数据可视化的实现是对海量数据进行分析处理的成果,它为用户创造出了既有意义又具人性化的可视化信息,使得枯燥的数据能够被人们所理解和接受。图 5-6 和图 5-7 所示的是大数据可视化的图像应用。

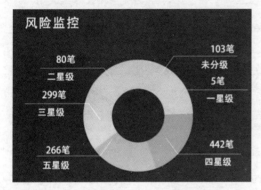

图 5-6 大数据可视化风险监控图像

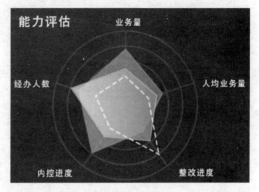

图 5-7 大数据可视化能力评估图像

2)数据可视化的组成

数据可视化技术一般由下列三方面组成。

(1)科学可视化。科学可视化主要关注三维现象的可视化,包含气象学、生物学、物理学、农学等,重点在于对客观事物的体、面及光源等的逼真渲染。

(2)信息可视化。信息可视化将数据信息和知识转换为一种视觉形式,在信息可视化中充分利用了人们对可视模式快速识别的自然能力。

(3)可视化分析。可视化分析是科学可视化与信息可视化领域发展的产物,侧重于借助交互式的用户界面对数据的分析与推理。

图 5-8 所示的是数据可视化的组成。

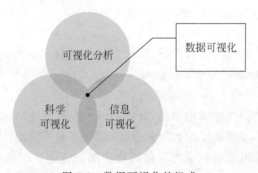

图 5-8 数据可视化的组成

4. 数据可视化的标准

数据可视化的标准通常有以下几点。

1）实用性

衡量数据实用性的主要参照是要满足使用者的需求，需要清楚地知道这些数据是不是人们想要了解的、与他们切身相关的信息。例如将气象数据可视化就是一个与人们切身相关的事情，因此实用性是一个较为重要的评价标准，它是一个主观的指标，也是评价体系中不可忽略的一环。

2）完整性

衡量数据完整性的重要指标是该可视化的数据应当能够帮助使用者全面而完整地理解数据的信息。其中包含要呈现的是什么样的数据、该数据有何背景、该数据来自何处、这些数据是被谁使用的、需要起到什么样的作用和效果、想要看到什么样的结果、是针对一个活动的分析还是针对一个发展阶段的分析、是研究用户还是研究销量等。

3）真实性

可视化的真实性考量的是信息的准确度和是否有据可依。如果信息是能让人信服的、精确的，那么它的准确度就达标了，否则该数据的可视化工作就不会令人信服，因此在实际的使用中应当确保数据的真实性。

4）艺术性

艺术性是指数据的可视化呈现应当具有艺术性，符合审美规则。不美观的数据图无法吸引读者的注意力，美观的数据图则可能会进一步引起读者的兴趣，提供良好的阅读体验。有一些信息容易让读者遗漏或者遗忘，通过美好的创意设计，可视化能够给读者更强的视觉刺激，从而有助于信息的提取。例如，在一个做对比的可视化中，让读者比较形状、大小或者颜色深浅都是不明智的设计，相比之下，位置的远近和长度一目了然。

5）交互性

交互性是指实现用户与数据的交互，方便用户控制数据。在数据可视化的实现中应多采用常规图表，并站在普通用户的角度，在系统中加入符合用户思考方式的交互操作，让大众用户也可真正地和数据对话，探寻数据对业务的价值。

5. 数据可视化的应用

目前大数据的可视化应用十分广泛，从政府机构到金融机构，从医学到工业，以及电子商务行业中都有数据可视化的身影。

1）政府机构

我国"十三五"规划纲要中明确指出，要实施国家大数据战略，这充分体现了政府对大数据的重视。该战略不仅推动了大数据的发展，而且有利于推动政府治理的创新，而数据可视化的应用可以让政府实现科学决策和高效治理。通过应用数据可视化，政府能够借助数据在短时间内制定及时、高效、准确的治理手段和决策管理，进行多方位布局和监管。不仅如此，数据可视化还可以帮助政府预测社会问题，制定相关的发展政策。

2）金融业

在当今互联网金融激烈的竞争下，市场形势瞬息万变，金融行业面临诸多挑战。通过引入数据可视化可以对企业各地的日常业务动态实时掌控，对客户数量和借贷金额等数据进行有效监管，帮助企业实现数据实时监控，加强对市场的监督和管理；通过对核心数据多维度地分析和对比，指导公司科学调整运营策略，制定发展方向，不断提高公司风控管理能力和竞争力。

3）医学

数据可视化可以帮助医院把之前分散、凌乱的数据加以整合，构建全新的医疗管理体系模型，帮助医院领导快速解决关注的问题，例如一些门诊数据、用药数据、疾病数据等。此外，大数据可视化还可以应用于诊断医学及一些外科手术中的精确建模，通过三维图像的建立可以帮助医生确定是否进行外科手术或者进行何种治疗。不仅如此，数据可视化还可以加快临床上对疾病预防、流行疾病防控等疾病的预测和分析能力。

4）工业生产

数据可视化在工业生产中有着重要的应用，例如可视化智能硬件的生产与使用。可视化智能硬件通过软/硬件结合的方式让设备拥有智能化的功能，并对硬件采集的数据进行可视化的呈现。因此在智能化之后，硬件就具备了大数据等附加价值。随着可视化技术的不断发展，今后智能硬件从可穿戴设备延伸到智能电视、智能家居、智能汽车、医疗健康、智能玩具、智能机器人、智能交通、智能教育等各个不同的领域。

5）电子商务

大数据可视化技术在电子商务中有着极其重要的作用。对于电商企业而言，针对商品展开数字化的分析运营是企业的日常必要工作。通过可视化的展示可以为企业销售策略的实施提供可靠的保证。现如今采用数据可视化方法进行营销可以帮助电商企业跨数据源整合数据，极大地提高了数据分析能力。通过快速进行数据整合，成功定位忠诚度高的顾客，从而制定精准化营销策略；通过挖掘数据，预测分析客户的购物习惯，获悉市场变化，提高竞争力，打造电商航母。例如，在商业模式中可建立消费者个性偏好与调查邮件之间的可视化数据表示。

图 5-9 所示的是大数据可视化在城市公共卫生服务平台上的应用，在该平台上通过引入数据可视化将枯燥的数字转换为生动而引人注意的图像，从而为政府决策起到了积极的引导作用。

6. 数据可视化面临的挑战

随着大数据技术的日益成熟，数据可视化也得到了迅猛的发展。但与此同时，数据可视化存在着许多问题，面临着巨大的挑战。数据可视化面临的挑战主要指可视化分析过程中数据的呈现方式，包括可视化技术和信息可视化显示。目前，在数据可视化研究中，高清晰显示、大屏幕显示、高可扩展数据投影、维度降解等技术都试着从不同角度解决这个难题。

此外，可感知的交互的扩展性也是大数据可视化面临的挑战之一，如可视化每个数据点都可能导致过度绘制而降低用户的辨识能力，通过抽样或过滤数据可以删去离群值。

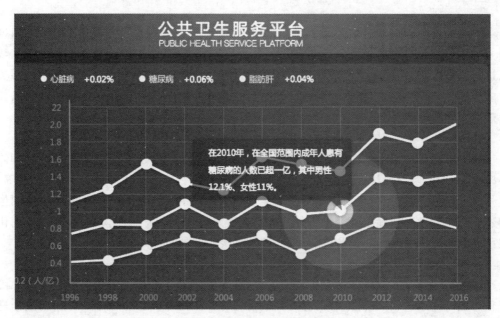

图 5-9　数据可视化的应用

从大规模数据库中查询数据可能导致高延迟，使交互率降低。由于当前大多数大数据可视化工具在扩展性、功能和响应时间上的表现非常糟糕，所以大规模数据和高维度数据会使数据可视化变得困难，从而带来数据分析中的不确定性。

因此，对大数据可视化的实施应当遵循以下几点。

（1）正确认识数据可视化的意义。要重视数据可视化的作用，但也不可太依赖数据可视化。在对数据的使用中，并不是所有的数据都需要用可视化的方法来表达它的消息。在实际应用中，应以使用者的需求为第一要素，而不是盲目地进行数据可视化。

（2）重视数据的质量。数据可视化呈现的数据应当是干净的、真实的，因此通过数据治理或信息管理确保干净的数据十分必要。要遵从数据可视化的设计原则，并确保数据来源的真实性和合理性。

（3）改善数据可视化的硬件条件。数据可视化对硬件平台要求较高，因此在实施中应极力改善硬件条件，如可以尝试增加内存和提高并行处理的能力。此外，在构建大数据平台时应当选择合适的架构，以便数据可视化的实现。

5.1.2　数据可视化工具

目前常用的数据可视化工具较多，本节列出了一些使用较频繁的数据可视化工具。

（1）Excel。Excel 作为一种简单、方便、覆盖面广的 Office 软件，无疑是数据可视化工具的典型。作为数据可视化的入门工具，Excel 是快速分析数据的理想工具，也能创建供企业内部使用的数据图。例如，微软公司曾经发布了一款名为 GeoFlow 的插件，它是结合 Excel 和 Bing 地图所开发出来的 3D 数据可视化工具。但是 Excel 在颜色、线条和样式上选择的范围有限，因此用 Excel 很难制作出符合专业出版物和网站需要的数据图。

（2）D3.js。D3（数据驱动文件）是一种支持 SVG 渲染的 JavaScript 库，也是目前最受欢迎的可视化数据库之一。它不仅可以创建简单的条形图和折线图，还可以完成更复杂的 Voronoi 图、树图、圆形集图和字符云。D3.js 允许绑定任意数据到 DOM，然后将数据驱动转换应用到 Document 中。用户可以使用它用一个数组创建基本的 HTML 表格，或是利用它的流体过渡和交互，用相似的数据创建惊人的 SVG 条形图。

（3）Flot。Flot 是一个基于 jQuery 的开源 JavaScript 库，它是一个优秀的线图和条形图创建工具，可以运用于支持 Canvas 的所有浏览器。用户通过使用 Flot 可以很轻松地对图像进行回调、风格和行为操作。比起其他制图工具，Flot 能够给予用户更多的灵活空间。

（4）Google Chart API。Google Chart API 提供了一种非常完美的方式来可视化数据，提供了大量现成的图表类型，从简单的线图表到复杂的分层树地图等。此外，它还内置了动画和用户交互控制。值得注意的是，这些图像都是在客户端上生成的，如果设备不支持 JavaScript、非联网状态使用或者用不同格式保存，都会引发问题。

（5）Visual.ly。Visual.ly 是一个全新的可视化信息图形平台，它为用户提供即时数据可视化的功能，并提供了大量信息图模板，被誉为"信息图设计师的在线集市"。使用 Visual.ly 可以制作各种信息图，而不仅仅是数据可视化，因此它受到广大数据分析师和媒体从业人员的青睐。

（6）Modest Maps。Modest Maps 是一个可视化的数据地图工具，大小只有 10KB 左右，是目前最小的可用地图库。它用于将数据与地理信息叠加生产出数据地图，是近年来数据新闻生产的一种重要方式。与此同时，Google Maps 的出现完全颠覆了过去人们对在线地图功能的认识，让人们生成数据可视化地图变得简单。

（7）Processing。Processing 是数据可视化的招牌工具，同时也是交互式可视化处理的模范工具。Processing 能够让程序员使用更简单的代码，再循序编译成 Java。因此 Processing 可以在几乎所有平台上运行。

（8）CartoDB。CartoDB 是一个在 Web 中用来存储和虚拟化地理数据的工具，它可以很轻易地把表格数据和地图关联起来，以便于浏览者开发互动地图。例如，浏览者可以输入 CSV 通信地址文件，CartoDB 能将地址字符串自动转化成经度/维度数据并在地图上标记出来。目前 CartoDB 支持免费生成 5 张地图数据表，更多使用需要支付月费。

（9）R 语言。R 语言是目前非常流行、免费且开源的统计分析软件，是统计学家、数据科学家和业务分析师使用最广泛的一种编程语言，同时也是非常复杂的语言。它主要用于分析大型数据集的统计数据包，并拥有强大的社区和库。一般而言，开发者需要花一定的时间才能完全掌握它。

（10）Weka。Weka 是一款免费的、非商业化的、基于 Java 环境下开源的机器学习及数据挖掘软件，同时也是数据分析师喜爱的工具。它是一款能根据属性分类和集群大量数据的优秀工具，并且还能生成一些简单的图表，用于数据可视化中。

（11）iCharts。iCharts 提供了一个用于创建并呈现引人注目的图表的托管解决方案。有许多不同种类的图表可供选择，每种类型都完全可定制，以适合网站的主题。iCharts 有交互元素，可以从 Google Doc、Excel 表单和其他来源中获取数据。

5.1.3 数据可视化图表

1. 图表的分类

按照数据的作用和功能可以把图表分为比较类、分布类、流程类、地图类、占比类、区间类、关联类、时间类和趋势类等，其中在每一种类型的图表中都可包含不同的数据可视化图形，例如柱状图、K线图、散点图、气泡图、热力图、饼图、折线图、面积图、趋势图、直方图、雷达图、色块图、漏斗图、和弦图、仪表盘、环图和词云等。

2. 数据可视化图表介绍

1）柱状图

基础柱状图，使用垂直或水平的柱子显示类别之间的数值比较。其中一个轴表示需要对比的分类维度，另一个轴代表相应的数值。柱状图又可分为纵向柱状图和横向柱状图（条形图）。图 5-10 所示的是柱形图。

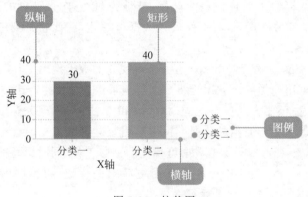

图 5-10　柱状图

2）K线图

K线图又称阴阳图、棒线、红黑线或蜡烛线，常用于展示股票交易数据。K线就是指将各种股票每日、每周、每月的开盘价、收盘价、最高价、最低价等涨跌变化状况用图形的方式表现出来。图 5-11 所示的是 K 线图。

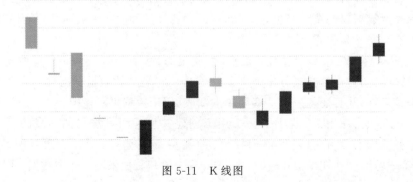

图 5-11　K 线图

3）散点图

散点图是指在回归分析中数据点在直角坐标系平面上的分布图，散点图表示因变量随自变量变化的大致趋势，据此可以选择合适的函数对数据点进行拟合。图 5-12 所示的是散点图。

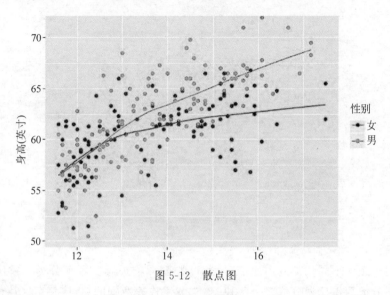

图 5-12　散点图

4）气泡图

气泡图是一种多变量图表，是散点图的变体，也可以认为是散点图和百分比区域图的组合。图 5-13 所示的是气泡图。

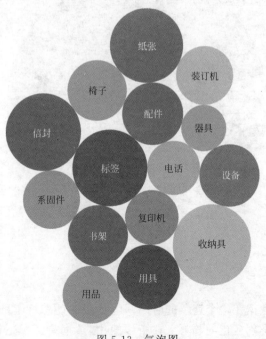

图 5-13　气泡图

5）热力图

热力图是以特殊高亮的形式显示访客热衷的页面区域和访客所在的地理区域的图示。热力图可以显示不可点击区域发生的事情。图 5-14 所示的是热力图。

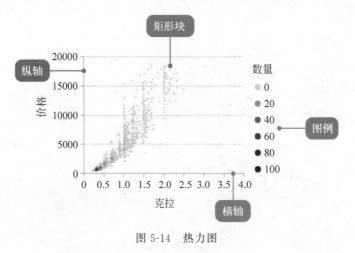

图 5-14　热力图

6）饼图

饼图用于表示不同分类的占比情况，通过弧度大小来对比各种分类。饼图通过将一个圆饼按照分类的占比划分成多个区块，整个圆饼代表数据的总量，每个区块（圆弧）表示该分类占总体的比例大小，所有区块（扇区）的总和等于 100％。图 5-15 所示的是饼图。

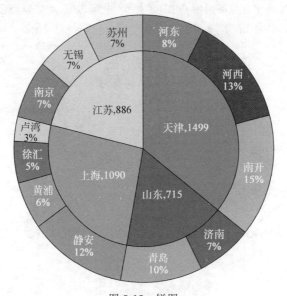

图 5-15　饼图

7）折线图

折线图用于显示数据在一个连续的时间间隔或者时间跨度上的变化，它的特点是反映事物随时间或有序类别变化的趋势。在折线图中，数据是递增还是递减、增减的速率、增减的规律（周期性、螺旋性等）、峰值等特征都可以清晰地反映出来。图 5-16 所示的是折线图。

8）面积图

面积图又称为区域图，它是在折线图的基础上形成的，它将折线图中折线与自变量坐标轴之间的区域使用颜色或纹理填充，这样一个填充区域称为面积，颜色的填充可以更好地突出趋势信息。图 5-17 所示的是面积图。

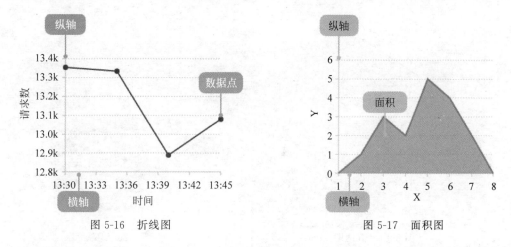

图 5-16　折线图　　　　　　　　图 5-17　面积图

9）漏斗图

漏斗图适用于业务流程比较规范、周期长、环节多的单流程单向分析，通过漏斗各环节业务数据的比较能够直观地发现和说明问题所在的环节，进而做出决策。漏斗图从上到下有逻辑上的顺序关系，表现了随着业务流程的推进业务目标完成的情况。图 5-18 所示的是漏斗图。

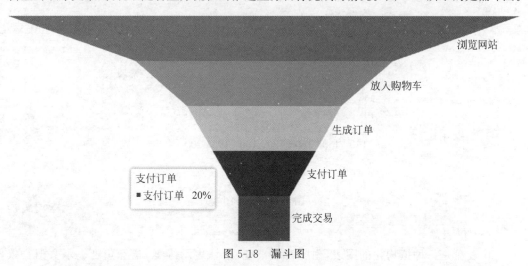

图 5-18　漏斗图

10）雷达图

雷达图又称为戴布拉图、蜘蛛网图，传统的雷达图被认为是一种表现多维（四维以上）数据的图表。它将多个维度的数据量映射到坐标轴上，这些坐标轴起始于同一个圆心点，通常结束于圆周边缘，将同一组的点使用线连接起来就成了雷达图。图 5-19 所示的是雷达图。

11）环图

环图又称为甜甜圈图，其本质是饼图将中间区域挖空。环图相对于饼图空间的利用率更高，可以使用它的空心区域显示文本信息，例如标题等。图 5-20 所示的是环图。

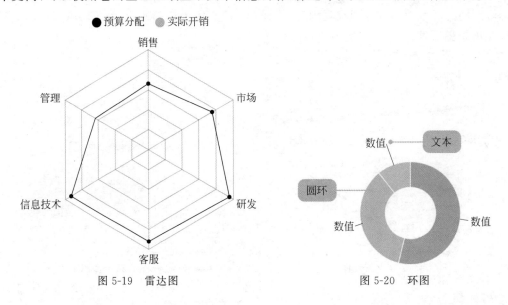

图 5-19　雷达图

图 5-20　环图

12）直方图

直方图的形状类似于柱状图却有着与柱状图完全不同的含义。直方图涉及统计学的概念，首先要对数据进行分组，然后统计每个分组内数据元的数量。图 5-21 所示的是直方图。

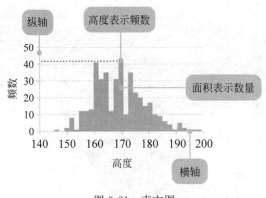

图 5-21　直方图

13）仪表盘

仪表盘是一种拟物化的图表，刻度表示量度，指针表示维度，指针角度表示数值。仪表盘图表就像汽车的速度表一样，有一个圆形的表盘及相应的刻度，有一个指针指向当前数值。目前很多的管理报表或报告上都使用这种图表，以直观地表现出某个指标的进度或实际情况。图 5-22 所示的是仪表盘。

14）词云

词云又称为文字云，由词汇组成类似云的彩色图形。词云一般用于展示大量文本数据。图 5-23 所示的是词云。

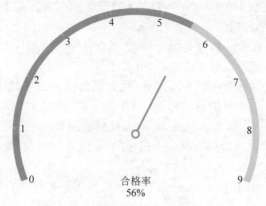

图 5-22　仪表盘

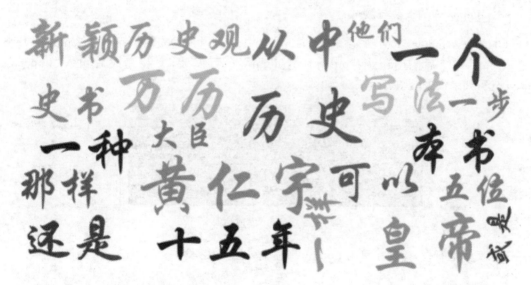

图 5-23　词云

5.2　matplotlib 可视化基础

5.2.1　numpy 库

1. numpy 库简介

numpy 是 Python 进行数据处理的底层库，是高性能科学计算和数据分析的基础，如著名的 Python 机器学习库 SKlearn 就需要 numpy 的支持。掌握 numpy 的基础数据处理能力是利用 Python 做数据运算及机器学习的基础。

视频讲解

同时，在数据可视化中也常需要用到 numpy 中的数组存储及矩阵运算等功能，因此掌握 numpy 库对学好数据可视化十分有帮助。

numpy 库具有以下特征。

（1）numpy 库中最核心的部分是 ndarray 对象。它封装了同构数据类型的 n 维数组，它的功能将通过演示代码的形式呈现。

（2）在数组中所有元素的类型必须一致，且在内存中占有相同的大小。

（3）数组元素可以使用索引来描述，索引的序号从 0 开始。

（4）numpy 数组的维数称为秩（rank），一维数组的秩为 1，二维数组的秩为 2，以此类推。在 numpy 中，每一个线性的数组称为一个轴（axes），秩其实是描述轴的数量。

值得注意的是，numpy 数组和标准 Python 序列之间有几个重要区别。

（1）numpy 数组在创建时就会有一个固定的尺寸，这一点和 Python 中的 list 数据类型是不同的。

（2）在数据量较大时，使用 numpy 进行高级数据运算和其他类型的操作是更为方便的。通常情况下，这样的操作比使用 Python 的内置序列更有效，执行代码更少。

2. numpy 库的安装与测试

本节以 Windows 7 为例，讲解 Python 3.7 中 numpy 库的安装过程。在 Windows 中进入 cmd 命令后，直接运行 pip install numpy 即可安装，安装完成后输入"import numpy"，如果没报错则表示成功，如图 5-24 所示。

图 5-24　numpy 库成功安装

在实际运行中，建议在引用 numpy 库时输入以下代码。

```
import numpy as np
```

将 numpy 用 np 代替，以提高 Python 中代码的可读性和可用性。

3. numpy 库的使用

1）numpy 库数组的创建

在 numpy 库中创建数组可以使用如下语法。

```
numpy.array
```

该语句表示通过引入 numpy 库创建了一个 ndarray 对象。

【例 5-1】　创建数组对象。

代码如下。

```
import numpy as np
a = np.array([1,2,3])
print(a)
```

该例首先引入了 numpy 库,接着定义了一个一维数组 a,最后将数组输出显示。运行该程序,结果如图 5-25 所示。

```
==== RESTART: D:/Users/xxx/AppData/Local/Programs/Python/Python37/10-2.py ====
[1 2 3]
>>>
```

图 5-25 数组的定义与显示

2)numpy 数组的参数

在创建数组时可以加入以下参数。

```
numpy.array(object, dtype = None, copy = True, order = None, subok = False, ndmin = 0)
```

参数的含义如表 5-1 所示。

表 5-1 创建数组的参数

参 数 名 称	参 数 含 义
object	任何暴露数组接口方法的对象都会返回一个数组或任何(嵌套)序列
dtype	数组的所需数据类型,可选
copy	可选,默认为 True,对象是否被复制
order	C(按行)、F(按列)或 A(任意,默认)
subok	在默认情况下,返回的数组被强制为基类数组。如果为 True,则返回子类
ndmin	指定返回数组的最小维数

【例 5-2】 创建一个多维数组对象。

代码如下。

```
import numpy as np
a = np.array([[1,2,3],[4,5,6],[7,8,9]])
print(a)
```

该例定义并显示了一个多维数组,运行结果如图 5-26 所示。

```
=== RESTART: D:/Users/xxx/AppData/Local/Programs/Python/Python37/10-2-1.py ===
[[1 2 3]
 [4 5 6]
 [7 8 9]]
>>>
```

图 5-26 多维数组的定义与显示

【例 5-3】 显示多维数组的数据类型。

代码如下。

```
import numpy as np
a = np.array([[1,2,3],[4,5,6],[7,8,9]],dtype = complex)
print(a)
```

该例定义了一个多维数组，并显示其数据类型，运行结果如图 5-27 所示。

```
=== RESTART: D:/Users/xxx/AppData/Local/Programs/Python/Python37/10-2-2.py ===
[[1.+0.j 2.+0.j 3.+0.j]
 [4.+0.j 5.+0.j 6.+0.j]
 [7.+0.j 8.+0.j 9.+0.j]]
>>> 
```

图 5-27   多维数组的数据类型的显示

在该例中 complex 类型由实部和虚部组成。表 5-2 显示了 numpy 中的常见数据类型。

表 5-2   numpy 中的常见数据类型

数 据 类 型	含 义
bool	布尔类型
int	默认整数
int8	有符号的 8 位整型
int16	有符号的 16 位整型
int32	有符号的 32 位整型
int64	有符号的 64 位整型
uint8	无符号的 8 位整型
uint16	无符号的 16 位整型
uint32	无符号的 32 位整型
uint64	无符号的 64 位整型
float16	半精度浮点数
float32	单精度浮点数
float64	双精度浮点数
string	字符串类型
complex64	复数，分别用两个 32 位浮点数表示实部和虚部
complex128	复数，分别用两个 64 位浮点数表示实部和虚部

3）ndarray 对象的基本属性

在创建了一个数组以后，可以查看 ndarray 对象的基本属性，如表 5-3 所示。

表 5-3   ndarray 对象的基本属性

属性名称	属 性 值	属性名称	属 性 值
shape	数组中各维度的尺度	itemsize	数组中每个元素的字节大小
reshape	调整数组大小	nbetys	整个数组所占的存储空间
size	数组元素的总个数	flages	返回数组的当前值
data	数组中的元素在内存中所占的字节数		

【例 5-4】 显示多维数组的维度。

代码如下。

```
import numpy as np
a = np.array([[1,2,3],[4,5,6],[7,8,9]])
print(a.shape)
```

该例定义了一个多维数组,并显示其维度,运行结果如图 5-28 所示。

```
=== RESTART: D:/Users/xxx/AppData/Local/Programs/Python/Python37/10-2-3.py ===
(3, 3)
>>>
```

图 5-28　多维数组的维度显示

【例 5-5】　显示数组中每个元素的字节大小。

代码如下。

```
import numpy as np
a = np.array([1,2,3,4,5,6,7,8,9], dtype = np.int8)
print(a.itemsize)
```

该例定义了一个数组,并显示其元素的字节大小,运行结果如图 5-29 所示。

```
=== RESTART: D:/Users/xxx/AppData/Local/Programs/Python/Python37/10-2-4.py ===
1
>>>
```

图 5-29　数组元素的字节大小显示

4) ndarray 对象的切片和索引

ndarray 对象的内容可以通过索引或切片来访问和修改,ndarray 对象一般可由 arange() 函数创建。代码为:

```
a = np.arange()
```

如果仅提取数组对象的一部分,则可以使用 slice() 函数来构造,例如:

```
s = slice()
```

【例 5-6】　ndarray 对象的切片。

代码如下。

```
import numpy as np
a = np.arange(10)
s = slice(1,8,2)
print(a[s])
```

该例首先定义了一个数组,该数组对象由 arange() 函数创建。然后分别用起始、终止和步长值 1、8 和 2 定义切片对象。当这个切片对象传递给 ndarray 时会对它的一部分进行切片,从索引 1 到 8,步长为 2。该例的运行结果如图 5-30 所示。

```
=== RESTART: D:/Users/xxx/AppData/Local/Programs/Python/Python37/10-2-5.py ===
[1 3 5 7]
>>>
```

图 5-30　ndarray 对象的切片

5）ndarray 对象的线性代数与三角函数

numpy 包含 numpy.linalg 模块，提供线性代数所需的所有功能。此模块中的一些重要功能如表 5-4 所示。此外，在 numpy 库中还可以计算三角函数，如表 5-5 所示。

表 5-4　numpy 中的线性代数模块

模 块 名 称	模 块 功 能	模 块 名 称	模 块 功 能
dot	计算两个数组的点积	determinant	计算数组的行列式
vdot	计算两个向量的点积	solve	计算线性矩阵方程
inner	计算两个数组的内积	inv	计算矩阵的乘法逆矩阵
matmul	计算两个数组的矩阵积		

表 5-5　numpy 中常见的三角函数

函 数 名 称	函 数 作 用	函 数 名 称	函 数 作 用
sin(x[, out])	正弦值	arcsin(x[, out])	反正弦
cos(x[, out])	余弦值	arccos(x[, out])	反余弦
tan(x[, out])	正切值	arctan(x[, out])	反正切

【例 5-7】　计算两个数组的点积，对于一维数组，它是向量的内积，对于二维数组，其等效于矩阵乘法。

代码如下。

```
import numpy.matlib
import numpy as np
a = np.array([[1,2],[3,4]])
b = np.array([[10,20],[30,40]])
np.dot(a,b)
print(np.dot(a,b))
```

其中 matlib 表示 numpy 中的矩阵库。该段程序定义了两个数组 a 和 b，并计算这两个数组的点积。其中点积的计算公式为：

$$[[1*10+2*30,1*20+2*40],[3*10+4*30,3*20+4*40]]$$

运行该程序，如图 5-31 所示。

```
=== RESTART: D:/Users/xxx/AppData/Local/Programs/Python/Python37/10.3-1.py ===
[[ 70 100]
 [150 220]]
>>>
```

图 5-31　numpy 中的线性代数

视频讲解

5.2.2　matplotlib 的认识与安装

matplotlib 是一个 Python 的 2D 绘图库，它以各种硬拷贝格式和跨平台的交互式环境生成出版质量级别的图形，在使用 matplotlib 之前，首先要将其安装在系统中。本节以 Windows 7 为例介绍其安装过程。

1）安装 Visual Studio

访问 http://dev. windows. com,单击 downloads,再查找一组 Visual Studio Community 免费的 Windows 开发工具。下载并运行该安装程序。

2）下载 matplotlib 安装程序

访问 https://pypi. python. org/pypi/matplotlib,查找与 Python 版本相配的 wheel 文件(扩展名为. whl)。

3）使用 pip 来安装 matplotlib

在 Windows 中进入 cmd 后,直接输入"python -m pip install --user matplotlib-2.1.0-cp36-cp36m-win32. whl"命令来执行 matplotlib 程序的安装。

4）安装完成

安装完成后,输入"pip list"命令查看已安装的 Python 库,如图 5-32 和图 5-33 所示。

图 5-32　查看 pip 已安装的库

图 5-33　显示已安装的 matplotlib 库

5.2.3　matplotlib 测试

1. matplotlib 库的测试

在安装完 matplotlib 库后,可在 Python 环境中测试。输入以下代码,如果不报错,则表示 matplotlib 库安装成功。

```
import matplotlib
import matplotlib.pyplot as plt
```

如图 5-34 所示,在 Python 环境中已正确安装了 matplotlib 库。

图 5-34　在 Python 环境中已正确安装了 matplotlib 库

2. matplotlib 库的运行

【例 5-8】　在 Python 中输入代码,测试生成的 matplotlib 图形。

代码如下。

```
import matplotlib.pyplot as plt
plt.plot([1,2,3])
plt.ylabel('some numbers')
plt.show()
```

该程序绘制了一条直线，执行该程序，结果如图 5-35 所示。

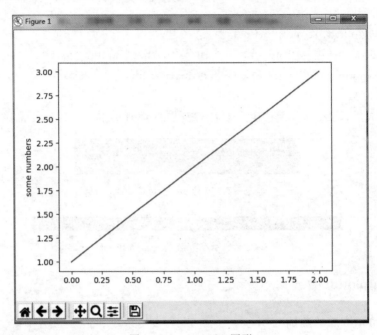

图 5-35　matplotlib 图形

5.2.4　matplotlib.pyplot 库

1. matplotlib.pyplot 库简介

matplotlib 是 Python 下著名的绘图库，为了方便快速绘图，matplotlib 通过 pyplot 模块提供了一套和 Matlab 类似的绘图 API，将众多绘图对象所构成的复杂结构隐藏在这套 API 内部。用户只需要调用 pyplot 模块所提供的函数就可以实现快速绘图以及设置图表的各种细节。matplotlib.pyplot 的引用方式如下。

```
import matplotlib.pyplot as plt
```

通过以上代码将 pyplot 模块重命名为 plt，有助于提高代码的可读性。简单地说，在后续的程序中，plt 代替了 matplotlib.pyplot。

2. matplotlib.pyplot 函数库简介

matplotlib.pyplot 是一个命令型函数集合，它可以让人们像使用 Matlab 一样使用 matplotlib。pyplot 中的每一个函数都会对画布图像做出相应的改变，例如创建画布、在画布中创建一个绘图区、在绘图区上画几条线、给图像添加文字说明等。

1）plt. figure()

使用 plt. figure()函数创建一个全局绘图区域,其中可包含如下参数。

- num：设置图像编号。
- figsize：设置图像的宽度和高度,单位为英寸。
- facecolor：设置图像的背景颜色。
- dpi：设置绘图对象的分辨率。
- edgecolor：设置图像的边框颜色。

在创建了图像区域之后,再用 plt. show()函数显示。例如显示绘图区域的代码如下。

```
plt. figure(figsize = (6,4))
plt. show()
```

2）plt. subplot()

subplot()用于在全局绘图区域中创建自绘图区域,其中可包含如下参数。

- nrows：subplot 的行数。
- ncols：subplot 的列数。

使用 subplot 可以将 figure 划分为 n 个子图,但每条 subplot 命令只会创建一个子图。

【例 5-9】　用 subplot 划分子区域。

代码如下。

```
import matplotlib.pyplot as plt
plt. subplot(333)
plt. show()
```

该例使用语句 plt. subplot(333)将全局划分为了 3×3 的区域,其中横向为 3,纵向也为 3,并在第 3 个位置(右上方)生成了一个坐标系。运行该程序,结果如图 5-36 所示。

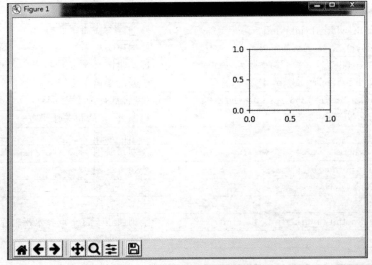

图 5-36　subplot 划分子区域

3）plt.axes()

plt.axes(rect,axisbg='w')创建一个坐标系风格的子绘图区域。默认创建一个subplot(111)坐标系，参数 rect=[left,bottom,width,height]中 4 个变量的范围都是[0,1]，表示坐标系与全局绘图区域的关系；axisbg 表示背景色，默认为白色'white'。代码如下。

```
import matplotlib.pyplot as plt
plt.axes([0.1,0.1,0.7,0.3],axisbg = 'y')
plt.show()
```

4）plt.subplots_adjust()

plt.subplots_adjust()用于调整子绘图区域的布局。

3. matplotlib.pyplot 相关函数简介

plt 子库提供了 7 个用于读取和显示的函数、17 个用于绘制基础图表的函数、3 个区域填充函数、9 个坐标轴设置函数以及 11 个标签与文本设置函数，具体如表 5-6～表 5-10 所示。

表 5-6　plt 库的读取和显示函数

函 数 名 称	函数的作用	函 数 名 称	函数的作用
plt.legend()	在绘图区域放置绘图标签	plt.imsave()	保存数组为图像文件
plt.show()	显示绘制的图像	plt.savefig()	设置图像保存的格式
plt.matshow()	在窗口显示数组矩阵	plt.imread()	从图像文件中读取数组
plt.imshow()	在 axes 上显示图像		

表 5-7　plt 库的基础图表函数

函 数 名 称	函数的作用
plt.plot(x,y,label,color,width)	根据 x、y 数组绘制直线、曲线
plt.boxplot(data,notch,position)	绘制一个箱形图
plt.bar(left,height,width,bottom)	绘制一个条形图
plt.barh(bottom,width,height,left)	绘制一个横向条形图
plt.polar(theta,r)	绘制极坐标图
plt.pie(data,explode)	绘制饼图
plt.psd(x, NFFT=256, pad_to, Fs)	绘制功率谱密度图
plt.specgram(x, NFFT=256, pad_to, F)	绘制谱图
plt.cohere(x,y,NFFT=256,Fs)	绘制 x-y 的相关性函数
plt.scatter()	绘制散点图
plt.step(x,y,where)	绘制步阶图
plt.hist(x,bins,normed)	绘制直方图
plt.contour(X,Y,Z,N)	绘制等值线
plt.clines()	绘制垂直线
plt.stem(x,y,linefmt, markerfmt, basefmt)	绘制曲线上每个点到水平轴线的垂线
plt.plot_date()	绘制日期数据
plt.plotfile()	绘制数据后写入文件

表 5-8　区域填充函数

函 数 名 称	函数的作用
fill(x,y,c,color)	填充多边形
fill_between(x,y1,y2,where,color)	填充曲线围成的多边形
fill_betweenx(y,x1,x2,where,hold)	填充水平线之间的区域

表 5-9　坐标轴设置函数

函 数 名 称	函数的作用	函 数 名 称	函数的作用
plt.axis()	获取设置轴属性的快捷方式	plt.autoscale()	自动缩放轴视图
plt.xlim()	设置 X 轴的取值范围	plt.text()	为 axes 图添加注释
plt.ylim()	设置 Y 轴的取值范围	plt.thetagrids()	设置极坐标网格
plt.xscale()	设置 X 轴的缩放	plt.grid()	打开或关闭极坐标
plt.yscale()	设置 Y 轴的缩放		

表 5-10　标签与文本设置函数

函 数 名 称	函数的作用	函 数 名 称	函数的作用
plt.figlegend()	为全局绘图区域放置图注	plt.get_figlabels()	返回当前绘图区域的标签列表
plt.xlabel()	设置当前 X 轴的文字	plt.figtext()	为全局绘图区域添加文本信息
plt.ylabel()	设置当前 Y 轴的文字	plt.title()	设置标题
plt.xticks()	设置当前 X 轴刻度位置的文字和值	plt.suptitle()	设置总图标题
plt.yticks()	设置当前 Y 轴刻度位置的文字和值	plt.annotate()	为文本添加注释
plt.clabel()	设置等高线数据		

4. numpy 和 matplotlib 绘图综合应用

【例 5-10】　用 numpy 库和 matplotlib 库绘制图形。

代码如下。

```
import matplotlib.pyplot as plt
import numpy as np
x = np.arange(10)
y = np.sin(x)
z = np.cos(x)
plt.plot(x, y, marker = "*", linewidth = 3, linestyle = "--", color = "red")
#marker 设置数据点样式,linewidth 设置线宽,linestyle 设置线型样式,color 设置颜色
plt.plot(x, z)
plt.title("matplotlib")
plt.xlabel("x")
plt.ylabel("y")
plt.legend(["Y","Z"], loc = "upper right")        #设置图例
plt.grid(True)
plt.show()
```

该例绘制了两条折线，运行结果如图 5-37 所示。

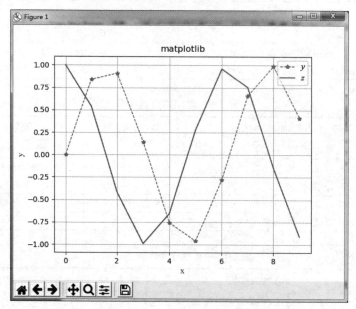

图 5-37　使用 numpy 库和 matplotlib 库绘制图形

值得注意的是，该例使用 numpy 库存储数组，使用 matplotlib 库将数组用图形输出到屏幕上，最终显示为两条颜色不同的折线 y 和 z，分别代表数学公式中的正弦函数 sin(x)和余弦函数 cos(x)。

如果想在此图中显示其他三角函数折线，例如 tan(x)，可加上如下代码。

```
w = np.tan(x)
plt.plot(x, w)
```

5.3　matplotlib 可视化绘图

5.3.1　绘制线性图形

视频讲解

使用 matplotlib 库可以绘制各种图形，其中最基本的图形是线性图形，主要由线条组成。

【例 5-11】　用 matplotlib 库绘制线性图形。

代码如下。

```
import matplotlib.pyplot as plt
from matplotlib.font_manager import FontProperties
font_set = FontProperties(fname = r"c:\windows\fonts\simsun.ttc", size = 20)  ♯导入宋体字
                                                                              ♯体文件

dataX = [1,2,3,4]
dataY = [2,4,4,2]
```

```
plt.plot(dataX,dataY)
plt.title("绘制直线",FontProperties = font_set);
plt.xlabel("x轴",FontProperties = font_set);
plt.ylabel("y轴",FontProperties = font_set);
plt.show()
```

该例绘制了一条直线,直线的形状由坐标值 x 和 y 决定,并引用了计算机中的中文字体来显示该图形的标题。运行该程序,结果如图 5-38 所示。

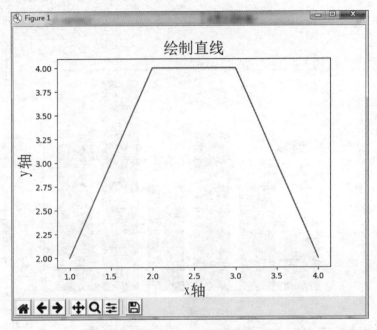

图 5-38 绘制直线

从图 5-38 可以看出,当 x 取值为 1 时,y 取值为 2;当 x 取值为 2 时,y 取值为 4。因此,最终在屏幕上显示一条未封闭的直线段。如果在 dataX 和 dataY 中设置多个参数,则可以显示其他的线性图形。

5.3.2 绘制柱状图

柱状图也称为条形图,是一种以长方形的长度为变量的表达图形的统计报告图,由一系列高度不等的纵向条纹表示数据分布的情况,用来比较两个或两个以上的数值。

【例 5-12】 用 matplotlib 库绘制柱状图。

代码如下。

```
import matplotlib.pyplot as plt
from matplotlib.font_manager import FontProperties
font_set = FontProperties(fname = r"c:\windows\fonts\simsun.ttc", size = 15)#导入宋体字
                                                                        #体文件

x = [0,1,2,3,4,5]
y = [1,2,3,2,4,3]
```

```
plt.bar(x,y)                                           ＃竖的条形图
plt.title("柱状图",FontProperties = font_set);         ＃图标题
plt.xlabel("x 轴",FontProperties = font_set);
plt.ylabel("y 轴",FontProperties = font_set);
plt.show()
```

该例绘制了 6 个柱状形状，用 plt. bar()函数来实现，其中参数为 x、y，该程序的运行结果如图 5-39 所示。

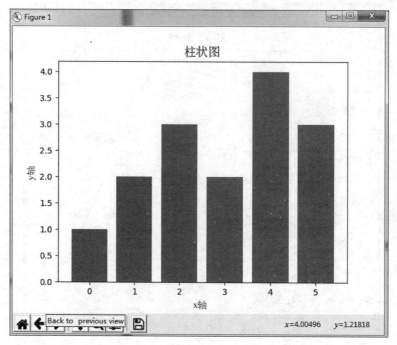

图 5-39　柱状图

在绘制柱状图时，也可以使用 numpy 来实现。

【例 5-13】　用 matplotlib 库和 numpy 库绘制随机出现的柱状图。

代码如下。

```
import matplotlib.pyplot as plt
from matplotlib.font_manager import FontProperties
import numpy as np
font_set = FontProperties(fname = r"c:\windows\fonts\simsun.ttc", size = 15)＃导入宋体字
                                                                          ＃体文件
x = np.arange(10)
y = np.random.randint(0,20,10)
plt.bar(x, y)
plt.show()
```

该例使用 random()函数绘制了在区域中随机出现的柱状图。在语句 y = np. random. randint(0,20,10)中，参数 20 表示柱状图的高度，参数 10 表示柱状图的个数。

该程序的运行结果如图 5-40 所示。

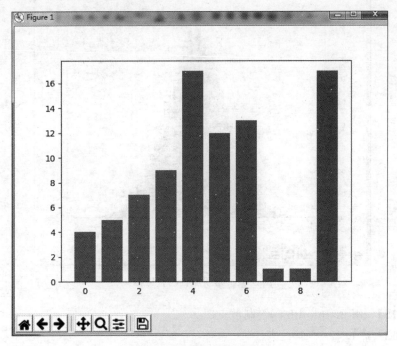

图 5-40　绘制随机的柱状图

5.3.3　绘制直方图

直方图又称为质量分布图,是一种统计报告图,由一系列高度不等的纵向条纹或线段表示数据分布的情况。直方图一般用横轴表示数据类型,用纵轴表示数据的分布情况。

【例 5-14】　用 matplotlib 库绘制直方图。

代码如下。

```
import matplotlib.pyplot as plt
import numpy as np
mean, sigma = 0, 1
x = mean + sigma * np.random.randn(10000)
plt.hist(x,50,histtype = 'bar',facecolor = 'red',alpha = 0.75)
plt.show()
```

该例绘制了一个概率分布的直方图,用 plt.hist() 函数来实现。其中参数 mean＝0 设置均值为 0,sigma＝1 设置标准差为 1,该程序的运行结果如图 5-41 所示。

5.3.4　绘制散点图

散点图在回归分析中使用较多,它将序列显示为一组点。值由点在图表中的位置表示,类别由图表中的不同标记表示,因此散点图通常用于比较跨类别的聚合数据。

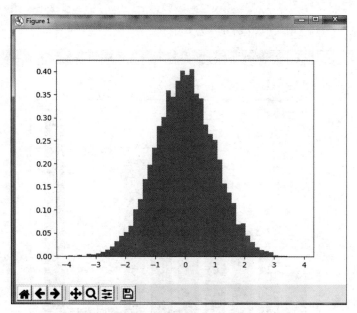

图 5-41　绘制随机的直方图

【例 5-15】　用 matplotlib 库绘制散点图。

代码如下。

```
import matplotlib.pyplot as plt
import numpy as np
x = np.random.rand(100)
y = np.random.rand(100)
plt.scatter(x,y)
plt.show()
```

该例绘制了一个散点图，用 plt.scatter()函数来实现。其中语句 x = np.random. rand(100)和 y=np.random.rand(100)显示了在区域中随机出现的点的个数，该例共有 100 个点。该程序的运行结果如图 5-42 所示。

5.3.5　绘制极坐标图

极坐标图是指在平面内由极坐标系描述的曲线方程图。极坐标是指在平面内由极点、极轴和极径组成的坐标系。极坐标图用于对多维数组进行直接对比，多用在企业的可视化数据模型的对比与分析中。

【例 5-16】　用 matplotlib 库绘制极坐标图。

代码如下。

```
import matplotlib.pyplot as plt
import numpy as np
theta = np.arange(0,2 * np.pi,0.02)
ax1 = plt.subplot(121, projection = 'polar')
ax1.plot(theta,theta/6,'--',lw = 2)
plt.show()
```

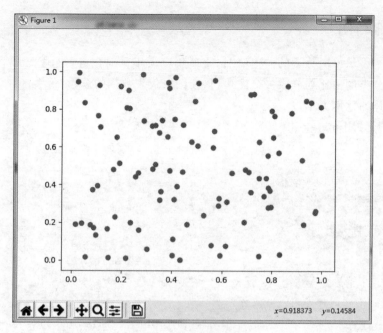

图 5-42 绘制散点图

　　该例绘制了一个极坐标图，用 plt. polar()函数来实现。在 matplotlib 库的 pyplot 子库中提供了绘制极坐标图的方法，在调用 subplot()创建子图时通过设置 projection＝'polar'即可创建一个极坐标子图，然后调用 plot()在极坐标子图中绘图，其中语句 theta 代表数学上的平面角度。该程序的运行结果如图 5-43 所示。

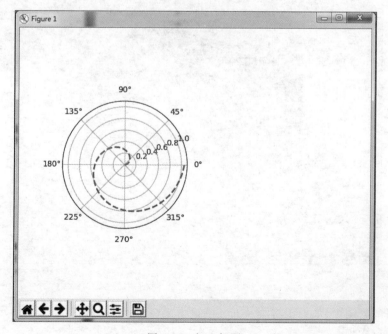

图 5-43 极坐标图

5.3.6 绘制饼图

饼图用于表示不同分类的占比情况，通过弧度大小来对比各种分类。饼图通过将一个圆饼按照分类的占比划分成多个区块，整个圆饼代表数据的总量，每个区块（圆弧）表示该分类占总体的比例大小。

【例 5-17】 用 matplotlib 库绘制饼图。

代码如下。

```
import matplotlib.pyplot as plt
import numpy as np
plt.rcParams['font.sans - serif'] = ['SimHei']        #设置字体
plt.title("饼图");                                      #设置标题
labels = '计算机系','机械系','管理系','社科系'
sizes = [45,30,15,10]                                   #设置每部分的大小
explode = (0,0.0,0,0)                                   #设置每部分的凹凸
counterclock = False                                    #设置顺时针方向
plt.pie(sizes, explode = explode, labels = labels, autopct = ' % 1.1f % % ', shadow = False,
startangle = 90)              #设置饼图的起始位置，startangle = 90 表示开始角度为 90°
plt.show()
```

该例绘制了一个饼图，用 plt.pie()函数来实现。程序的运行结果如图 5-44 所示。

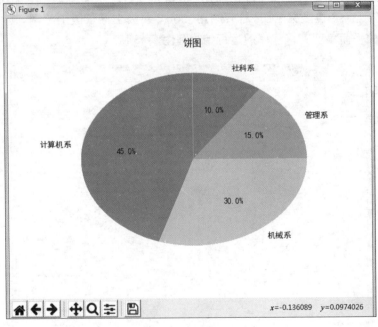

图 5-44　绘制饼图

在饼图的绘制中，如果想将某一部分凸显出来，在语句 explode＝(0,0.0,0,0)中将 0 改为 0.1 即可实现。

将图 5-44 中的"机械系"区域凸显,如图 5-45 所示。代码为:

```
explode = (0,0.1,0,0)
```

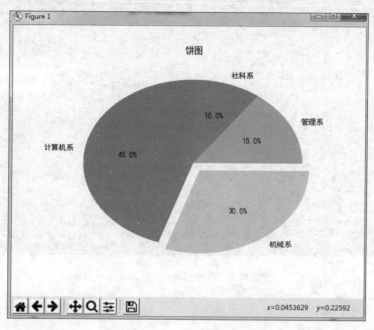

图 5-45 饼图的凸显

5.4 pyecharts 可视化应用

视频讲解

1. pyecharts 数据可视化介绍

pyecharts 是一个用于生成 Echarts 图表的类库,而 Echarts 是一个开源的数据可视化 JS 库,同时也是商业级数据图表,一个纯 JavaScript 的图表库可以流畅地运行在计算机和移动设备上。使用 pyecharts 可以让开发者轻松地实现大数据的可视化。

值得注意的是,目前 pyecharts 分为 v0 和 v1 两大版本,版本之间互不兼容。

2. pyecharts 的安装与使用

在使用 pyecharts 之前首先要安装它,使用以下命令来执行安装过程:

```
pip install pyecharts
```

执行后,可输入以下命令查看:

```
pip list
```

图 5-46 显示安装成功。

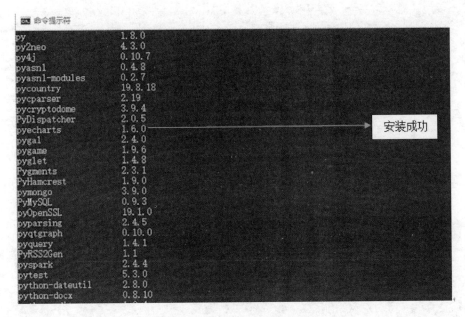

图 5-46　pyecharts 安装成功

从图 5-46 可以看出，pyecharts 安装的版本是 1.6，它与之前的 v0 版本相比发生了较大的变化。

如用户需要用到地图图表，可自行安装对应的地图文件包。命令如下：

```
pip install echarts-countries-pypkg,安装全球国家地图
pip install echarts-china-provinces-pypkg  安装中国省级地图
pip install echarts-china-cities-pypkg  安装中国市级地图
```

在安装完地图库以后，即可进行地图的数据可视化显示。

3. pyecharts 可视化绘图

使用 pyecharts 绘制图形主要有以下几步。

（1）导入库并定义图表的类型。

```
from pyecharts.charts import chart_name
```

（2）创建一个具体类型的实例对象。

```
chart_name = chart_name()
```

（3）添加图表的各项数据。

```
chart_name.add_xaxis; chart_name.add_yaxis
```

（4）添加其他配置。

```
.set_global_opts()
```

（5）生成 html 网页。

```
chart_name.render()
```

值得注意的是，在 v1 版本中是从 pyecharts.charts 中引入元件，而不是从 pyecharts 中引入。

在 pyecharts 中可以绘制多种图表，常见的基本图表类型见表 5-11。

表 5-11　pyecharts 中常见的图表名称以及含义

参 数 名 称	参 数 含 义
Bar	条形图/柱状图
Scatter	散点图
Funnel	漏斗图
Gauge	仪表盘
Line	折线图/面积图
Pie	饼图
Map	地图
Overlap	组合图
Line3D、Bar3D、Scatter3D	3D 折线图、3D 柱状图、3D 散点图
Liquid	水滴球图
Parallel	平行坐标图
Graph	关系图
Geo	地理坐标系
Boxplot	箱形图
EffectScatter	带有涟漪特效动画的散点图
Radar	雷达图
Polar	极坐标图
Sankey	桑基图
WordCloud	词云

这里列举了在 pyecharts 中常用的导入图表类型的方法：

```
from pyecharts.charts import Scatter      # 导入散点图
from pyecharts.charts import Line         # 导入折线图
from pyecharts.charts import Pie          # 导入饼图
from pyecharts.charts import Geo          # 导入地图
```

1）绘制柱状图

在 pyecharts 中绘制的柱状图通过柱子的高度和宽度来表现数据的大小。

【例 5-18】　用 pyecharts 库绘制柱状图。

代码如下。

```
from pyecharts.charts import Bar
bar = Bar()
bar.add_xaxis(["数学", "物理", "化学", "英语"])
bar.add_yaxis("成绩", [70, 85, 95, 64])
bar.render()
```

该例通过语句 from pyecharts.charts import Bar 引入了 pyecharts 库。语句 bar =
Bar()创建实例,在 pyecharts 中每一个图形库都被封装成为一个类,这就是所谓的面向
对象,在开发者使用这个类的时候需要实例化这个类。声明类之后,相当于初始化了一个
画布,之后的绘图就是在这个画布上进行。语句 bar.add_xaxis(["数学","物理","化
学","英语"])设置了柱状图中 X 轴的数据,bar.add_yaxis("成绩",[70,85,95,64])
设置了图例以及 Y 轴的数据。在 pyecharts 中如果要绘制柱状图、散点图、折线图等二维
数据图形,由于它既有 X 轴,又有 Y 轴,所以在代码书写中不仅要为 X 轴添加数据,还要
为 Y 轴添加数据。最后通过 render()函数生成一个后缀名为 render 的网页,打开该网页
即可查看数据可视化的结果。程序运行如图 5-47 所示。

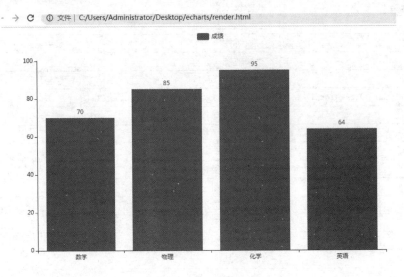

图 5-47　用 pyecharts 绘制柱状图

值得注意的是,pyecharts 在 v1.x 版本中所有方法均支持链式调用(一种设计模式)。
因此,本例的代码也可以这样写:

```
from pyecharts.charts import Bar
bar = (
Bar()
.add_xaxis(["数学", "物理", "化学", "英语"])
.add_yaxis("成绩", [70, 85, 95, 64])
)
bar.render()
```

例 5-18 展示了一个图表最基本的信息,而在实际应用中,人们需要向图表中不断地添加信息来展示图表中数据的分布、特点以及做此图的目的等。因此,开发者可以使用 options 来配置各种图表参数。配置项有两种,即全局配置项和系列配置项,配置项越细越能画出更多细节,尤其是全局配置项,它可通过 set_global_options 方法来设置,其中主要的配置内容有 X、Y 坐标轴设置以及初始化配置、工具箱配置、标题配置、区域缩放配置、图例配置、提示框配置等。在 pyecharts 中引入 options 的代码如下:

```
from pyecharts import options as opts
```

本例配置 options 后代码如下:

```
from pyecharts.charts import Bar
from pyecharts import options as opts
bar = (
Bar()
.add_xaxis(["数学", "物理", "化学", "英语"])
.add_yaxis("成绩", [70, 85, 95, 64])
.set_global_opts(title_opts = opts.TitleOpts(title = "期末考试", subtitle = "小明"))
)
bar.render()
```

在这里通过 options 中的 TitleOpts 设置了主标题(title)为期末考试、副标题(subtitle)为小明,运行如图 5-48 所示。

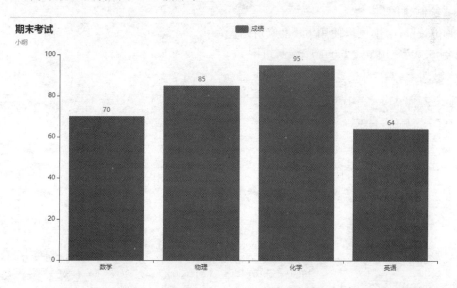

图 5-48 用 pyecharts 绘制柱状图并配置参数

2) 绘制仪表盘图

在 pyecharts 中绘制的仪表盘图形是模仿汽车速度表的一种图表,常用来反映预算完成率、收入增长率等比例性指标。它简单、直观,人人会看,通过刻度来精确地展示数据。

【例 5-19】 用 pyecharts 库绘制仪表盘图。

代码如下。

```
from pyecharts import options as opts
from pyecharts.charts import Gauge
c = (
    Gauge()
    .add("", [("", 95)]
        )
    .set_global_opts(title_opts = opts.TitleOpts(title = "任务完成率"))
    .render("任务完成率.html")
)
```

该例通过语句 Gauge 来定义图表的类型为仪表盘。程序的运行显示如图 5-49 所示。

图 5-49　用 pyecharts 绘制仪表盘图

3）绘制饼图

在 pyecharts 中可以使用 pie 生成饼图。

【例 5-20】 用 pyecharts 库绘制饼图。

代码如下。

```
from pyecharts import options as opts
from pyecharts.charts import Page, Pie
import random
pie = (
    Pie()
    .add('鼠标选中分区后的 tip',
        [list(z) for z in zip(['20{}年第{}季'.format(year,season)
                                    for year in [19, 20] # count 2
                                        for season in range(1,5)] # count 2
                ,[random.randint(2, 10) for _ in range(8)])]) # count 8
    .set_series_opts(label_opts = opts.LabelOpts(formatter = '{b}: {c}万套'))
    .set_global_opts(title_opts = opts.TitleOpts(title = '饼图实例 - 近两年季度销售'),
                        legend_opts = opts.LegendOpts(is_show = False))
)
pie.render('饼图.html')
```

该例使用语句 pie 来绘制饼图。程序的运行显示如图 5-50 所示。

4）绘制雷达图

在 pyecharts 中绘制的雷达图一般用来进行多指标体系比较分析。从雷达图中可以

饼图实例-近两年季度销售

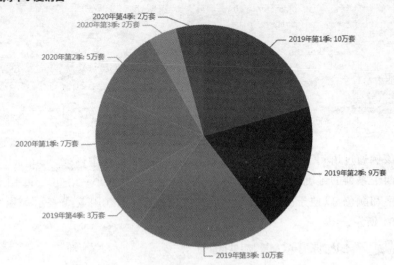

图 5-50　用 pyecharts 绘制饼图

看出指标的实际值与参照值的偏离程度，从而为分析者提供有益的信息。在实际应用中雷达图一般用于成绩展示、效果对比量化、多维数据对比等。

【例 5-21】 用 pyecharts 库绘制雷达图。

代码如下。

```python
import random
from pyecharts import options as opts
from pyecharts.charts import Page, Radar
def radar_simple() -> Radar:
    c = (
        Radar()
        .add_schema(
            #各项的 max_值可以不同
            schema = [
                opts.RadarIndicatorItem(name = '程序设计', max_ = 100),
                opts.RadarIndicatorItem(name = '动态规划', max_ = 100),
                opts.RadarIndicatorItem(name = '图论', max_ = 100),
                opts.RadarIndicatorItem(name = '搜索', max_ = 100),
                opts.RadarIndicatorItem(name = '模拟', max_ = 100),
                opts.RadarIndicatorItem(name = '数论', max_ = 100),
            ]
        )
        .add('小明', [[random.randint(10, 101) for _ in range(6)]],
            color = 'red',
            areastyle_opts = opts.AreaStyleOpts(        #设置填充的属性
                opacity = 0.5,
                color = 'red'
        ),)
        .add('小红', [[random.randint(10, 101) for _ in range(6)]],
            color = 'blue',
            areastyle_opts = opts.AreaStyleOpts(
```

```
                    opacity = 0.5,      ＃透明度
                    color = 'blue'
            ),)
        .set_series_opts(label_opts = opts.LabelOpts(is_show = True))
        .set_global_opts(title_opts = opts.TitleOpts(title = '雷达图示例 - ACM 集训队队员
能力'))
    )
    return c
radar_simple().render('雷达图.html')
```

该例通过语句 Radar 来定义图表类型为雷达图，其中语句.add_schema 用于定义该图中两个系列的维度数据值以及雷达各维度的范围大小；语句.add 用于定义雷达图上的文字和颜色，以便于区分，其中小明用红线表示，小红用蓝线表示。程序的运行显示如图 5-51 所示。

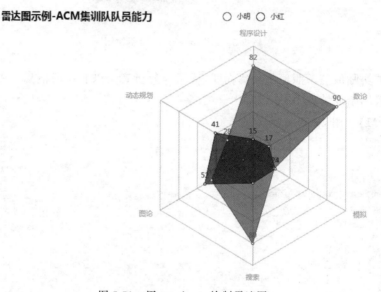

图 5-51　用 pyecharts 绘制雷达图

5）绘制折线图

【例 5-22】　在 pyecharts 中通过 Line 来绘制折线图。

代码如下。

```
from pyecharts.charts import Line
from pyecharts import options as opts
columns = ["Jan", "Feb", "Mar", "Apr", "May", "Jun", "Jul", "Aug", "Sep", "Oct", "Nov",
"Dec"]
＃设置数据
data1 = [2.0, 4.9, 7.0, 23.2, 25.6, 76.7, 135.6, 162.2, 32.6, 20.0, 6.4, 3.3]
data2 = [2.6, 5.9, 9.0, 26.4, 28.7, 70.7, 175.6, 182.2, 48.7, 18.8, 6.0, 2.3]

line = (
＃调用类
```

```
Line()
# 添加 X 轴
  .add_xaxis(xaxis_data = columns)
# 添加 Y 轴
  .add_yaxis(series_name = "北京", y_axis = data1)
  .add_yaxis(series_name = "上海", y_axis = data2)
  .set_global_opts(title_opts = opts.TitleOpts(title = "降雨量", subtitle = "中国城市"))
  )
line.render('zhexiantu.html')
```

运行如图 5-52 所示。

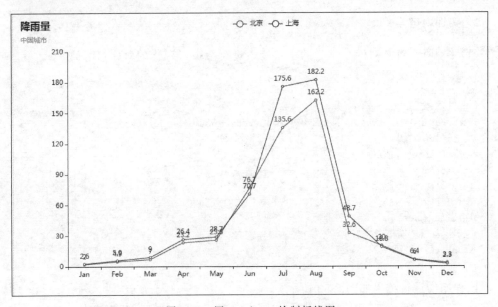

图 5-52　用 pyecharts 绘制折线图

5.5　本章小结

（1）数据可视化系统并不是为了展示用户已知的数据之间的规律，而是为了帮助用户通过认知数据有新的发现，发现这些数据所反映的实质。

（2）数据可视化技术一般由三方面组成，即科学可视化、信息可视化和可视化分析。

（3）按照数据的作用和功能可以把图表分为比较类、分布类、流程类、地图类、占比类、区间类、关联类、时间类和趋势类等。在每一种类型的图表中都可包含不同的数据可视化图形，例如柱状图、饼图、气泡图、热力图、趋势图、直方图、雷达图、色块图、漏斗图、和弦图、仪表盘、面积图、折线图、K 线图、环图、词云等。

（4）在数据可视化中经常需要用到 numpy 中的数组存储以及矩阵运算等功能，并通过调用 matplotlib 库来显示。

（5）pyecharts 是一个用于生成 Echarts 图表的类库，而 Echarts 是一个开源的数据可视化 JS 库，同时也是商业级数据图表，一个纯 JavaScript 的图表库，使用 pyecharts 可以让开发者轻松地实现大数据的可视化。

视频讲解

5.6 实训

1. 实训目的

通过本章实训了解大数据可视化的特点，能进行简单的与大数据有关的可视化操作，能够绘制大数据可视化图形。

2. 实训内容

（1）绘制折线图，对四个学生的学习能力进行数据可视化的对比，代码如下。

```python
import numpy as np
import matplotlib.pyplot as plt
plt.rcParams['font.sans-serif'] = ['Microsoft YaHei']    # 设置字体
plt.title('学生学习能力对比')                              # 标题
x = np.arange(1,11,1)
plt.plot(x, x * 1.2)
plt.plot(x, x * 2)
plt.plot(x, x * 3)
plt.plot(x, x * 4)
plt.legend(["黄亚兰","周兰","胡飞","赵云"])
plt.show()
```

该程序的运行结果如图 5-53 所示。

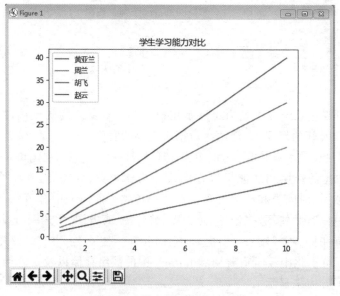

图 5-53　学生学习能力对比图

（2）绘制条形图，对 2021 年四个直辖市的 GDP 进行数据可视化的对比，代码如下。

```
import matplotlib.pyplot as plt
plt.rcParams[ 'font.sans - serif'] = [ 'Microsoft YaHei']          #设置字体
GDP = [ 28000, 30133, 18590, 19500]                               #设置 GDP 值
plt.bar(range( 4), GDP, align = 'center',color = 'blue', alpha = 1)  #绘图
plt.ylabel( 'GDP')                                                #添加轴坐标
plt.title( '2021 年四个直辖市的 GDP 对比')                           #标题
plt.xticks(range( 4),[ '北京市', '上海市', '天津市', '重庆市'])
plt.ylim([ 5000, 35000])                                          #设置 y 轴范围值
plt.show()
```

运行该程序如图 5-54 所示。

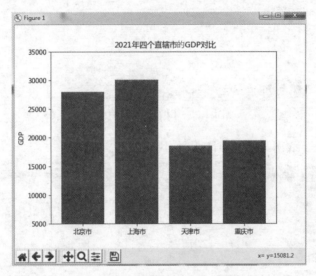

图 5-54　显示直辖市 GDP 数据可视化

（3）使用子图来绘制曲线，代码如下。

```
import matplotlib.pyplot as plt
import numpy as np
plt.rcParams['font.sans - serif'] = ['SimHei']
plt.rcParams['axes.unicode_minus'] = False
x = np.arange(1,4 * np.pi,0.01)
y = np.cos(x)
z = np.sin(x)
plt.figure()
plt.subplot(121)
plt.title("余弦")
plt.plot(x,y,color = "r")
plt.subplot(122)
plt.title("正弦")
plt.plot(x,z,color = "c")
plt.show()
```

这里使用语句"plt. rcParams['font. sans-serif']=['SimHei']"设置字体,使用语句"plt. rcParams['axes. unicode_minus']=False"设置符号。该程序的运行结果如图 5-55 所示。

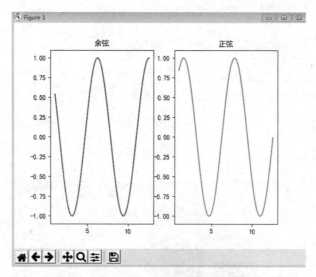

图 5-55 用子图绘制曲线

（4）绘制多条折线图显示城市降雨量,代码如下。

```python
import matplotlib.pyplot as plt
plt.rcParams['font.sans - serif'] = ['SimHei']
x = [1,2,3,4]
y = [6,7,8,2]
plt.plot(x,y,c = "green",marker = "o")
plt.title("降雨量");
plt.xlabel("月份");
plt.ylabel("降雨量");
a = [1,2,3,4]
b = [4,8,5,7]
plt.plot(a,b,c = "red",marker = "o")
z = [1,2,3,4]
w = [7,6,4,5]
plt.plot(z,w,c = "pink",marker = "o")
plt.legend(["重庆降雨量","成都降雨量","西安降雨量"])
labels = ['1 月', '2 月', '3 月', '4 月']
plt.xticks(x,labels)
plt.show()
```

该程序的运行结果如图 5-56 所示。
（5）使用 pyecharts 绘制图书销售量对比图。

```python
from pyecharts.charts import Bar
from pyecharts import options as opts
from pyecharts.globals import ThemeType
```

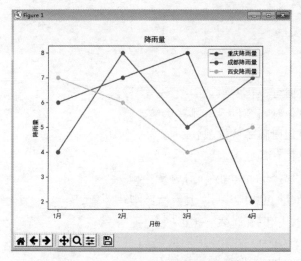

图 5-56　用折线图显示城市降雨量

```
bar = (
    Bar(init_opts = opts.InitOpts(theme = ThemeType.LIGHT))
    .add_xaxis(["哲学", "历史", "教育", "科技", "文学", "经济"])
    .add_yaxis("商家 A", [25, 20, 36, 40, 75, 90])
    .add_yaxis("商家 B", [35, 26, 45, 50, 35, 66])

    .set_global_opts(title_opts = opts.TitleOpts(title = "图书销售量", subtitle = "2020
年"))
)
bar.render('柱状图.html')
```

该程序的运行结果如图 5-57 所示。

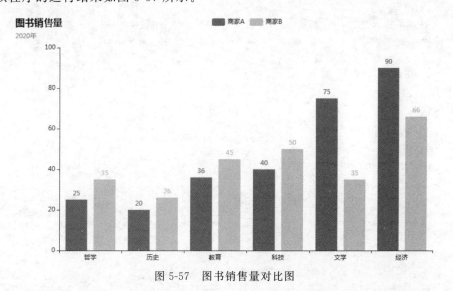

图 5-57　图书销售量对比图

习题

1. 什么是大数据可视化？
2. 大数据可视化对当今世界有哪些影响？
3. 大数据可视化面临哪些挑战？
4. 大数据可视化有哪些图表？
5. 在大数据可视化中 numpy 库有哪些作用？
6. pyecharts 库和 matplotlib 库有哪些区别？
7. 如何使用 matplotlib 库绘制条形图？
8. 如何使用 pyecharts 库绘制中国地图？
9. 如何使用 pyecharts 库绘制雷达图？

第 **6** 章

大数据存储与清洗

本章学习目标

- 了解大数据存储的定义。
- 了解大数据存储的特征。
- 了解大数据清洗的定义。
- 了解大数据清洗的环境与实现。
- 了解数据标准化的定义。
- 掌握 OpenRefine 数据清洗工具的使用方法。

本章先向读者介绍大数据存储的定义,再介绍大数据存储的特征及类型,接着介绍大数据清洗的定义及大数据清洗的流程,最后介绍数据标准化。

6.1 大数据存储

1. 大数据存储简介

1) 大数据存储的定义

大数据存储通常是指将那些数量巨大且难以收集、处理、分析的数据集持久化到计算机中。在进行大数据分析之前,首先要将海量的数据存储起来,以便今后使用。因此,大数据的存储是数据分析与应用的前提。

2) 大数据的获取、存储与传统存储的区别

大数据的存储通常是以吉字节(GB)甚至是太字节(TB)乃至拍字节(PB)作为数据量

级，因而与传统的数据存储方式的差异较大，如在传统的数字存储中 1MB 相当于 6 本《红楼梦》的字数，而淘宝网每天交易数达千万笔，其单日数据产生量超过 50TB。

（1）传统数据的获取大多是人工的，或者是简单的键盘输入。例如超市每天的营业额及营业数据等，多数是以电子表格的方式输入并存储到计算机中，存储容量较小。

（2）在大数据时代，数据获取的方式包括爬虫爬取、用户留存、用户上传、数据交易和数据共享。如图 6-1 所示的是大数据的获取方式。

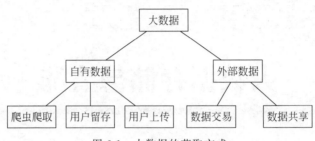

图 6-1　大数据的获取方式

从图 6-1 中可以看出，自有数据与外部数据是数据获取的两个主要渠道。人们可以通过一些爬虫软件有目的地定向爬取。例如，爬取一批用户的微博关注数据、某汽车论坛的各型号汽车的报价等。用户留存一般是用户在使用产品或者业务中会留下一系列行为数据，这构成了大数据中的数据库主体，通常的数据分析多基于用户留存的数据。用户上传的数据如持证自拍照、通讯录、历史通话详单等需要用户主动授权提供的数据，这类数据往往是业务运作中的关键数据。相较于自有数据的获取，外部数据的获取方式简单许多，绝大多数都是基于 API 接口的传输，也有少量的数据采用线下交易以表格或文件的形式线下传输。此类数据要么采用明码标价一条数据多少钱，或是进行数据共享，交易双方承诺数据共享，谋求共同发展。

（3）在大数据时代数据的传输也与传统的数据传输方式不同。如传统数据要么以线下传统文件的方式，要么以邮件或是第三方软件进行传输，而随着 API 接口的成熟和普及，API 接口逐渐标准化、统一化。如一个程序员只用两天的时间就能完成一个 API 接口的开发，而 API 接口传输数据的速度更是能够达到毫秒级。

（4）大数据存储的数据类型与传统存储的数据类型的差异较大。传统数据更注重于对象的描述，而大数据更倾向于对数据过程的记录。例如，要记录一个客户的信息，传统存储如表 6-1 所示，大数据存储如表 6-2 所示。

表 6-1　传统存储方式

姓　　名	身　　高	体　　重	年　　龄	爱　　好	工　　作
张明	170cm	55kg	43	唱歌	教师
李明	165cm	55kg	41	游泳	军人

表 6-2　大数据存储方式

姓名	身高	体重	年龄	爱好	工作	作　息	睡眠质量	性格	身体状况	常去地点	网购习惯
张飞	172cm	66kg	34	爬山	职员	23 点睡觉	较好	外向	较好	健身房	经常
关林	176cm	61kg	38	上网	公务员	24 点睡觉	一般	外向	一般	酒吧	偶尔

　　从表 6-1 和表 6-2 可以看出,如果用大数据的方式来记录一个人,那么就可以详细地记录几点睡觉、睡眠质量、身体状况、性格、习惯、每个时间点在做什么事等一系列过程数据,通过这些过程数据人们不仅能知道和认识这个人,还能知道其习惯、性格,甚至能挖掘出隐藏在生活习惯中的情绪与内心活动等信息。这些都是传统数据所无法体现的,也是大数据承载信息的丰富之处,在丰富的信息背后隐藏着巨大的价值,这些价值甚至能帮助人们达到"通过数据来详细了解一个人"的境界。

　　综上所述,大数据存储中不仅存储数据的容量较大,更重要的是人们可以从存储的数据间找到相互的关系,从而能够对数据进行比对和分析,最终产生商业价值。

2. 数据存储的类型

　　大数据存储的类型主要有 3 种,即块存储、文件存储和对象存储。

　　1) 块存储

　　块存储就像硬盘一样,直接挂载到主机,一般用于主机的直接存储空间和数据库应用的存储。它主要有以下 3 种形式。

　　(1) DAS。DAS 是直接连接于主机服务器的一种存储方式,也称为直连式存储。在 DAS 中每一台主机服务器有独立的存储设备,每台主机服务器的存储设备无法互通,需要跨主机存取资料时必须经过相对复杂的设定,若主机服务器分属不同的操作系统,要存取彼此的资料更是复杂,有些系统甚至不能存取。它通常用在单一网络且数据交换量不大、性能要求不高的环境下,可以说是一种应用较早的技术实现。

　　(2) SAN。SAN 是一种用高速(光纤)网络连接专业主机服务器的存储方式,此系统会位于主机群的后端,它使用高速 I/O 连接方式,例如 SCSI、ESCON 及 Fibre Channels。一般而言,SAN 应用在对网络速度要求高、对数据的可靠性和安全性要求高、对数据共享的性能要求高的应用环境中,特点是代价高、性能好。例如,电信、银行的大数据量关键应用。它采用 SCSI 块 I/O 的命令集,通过在磁盘或 FC(Fiber Channel)级的数据访问提供高性能的随机 I/O 和数据吞吐率,它具有高带宽、低延迟的优势,在高性能计算中占有一席之地,但是由于 SAN 系统的价格较高,且可扩展性较差,已不能满足成千上万个 CPU 规模的系统。

　　(3) 云存储的块存储。云存储的块存储具备 SAN 的优势,而且成本低,不用自己运维,且提供弹性扩容,随意搭配不同等级的存储等功能,存储介质可选普通硬盘和 SSD。

　　2) 文件存储

　　文件存储(NAS)相对块存储来说更能兼顾多个应用和更多用户访问,同时提供方便的数据共享手段。毕竟大部分的用户数据都是以文件的形式存放的,在计算机时代,数据共享也大多用文件的形式,例如常见的 FTP 服务、NFS 服务、Samba 共享,这些都属于典型的文件存储。文件存储与较底层的块存储不同,它上升到了应用层,一般而言是一套网络存储设备,通过 TCP/IP,用 NFS v3/v4 协议进行访问。由于 NAS 通过网络,且采用上层网络协议,所以一般用于多个云服务器共享数据,例如服务器日志集中管理、办公文件共享等。但由于 NAS 的协议开销高、带宽低、延迟大,不利于在高性能集群中应用。

例如,阿里云文件存储就是一种分布式的网络文件存储。

如表 6-3 所示的是 DAS、NAS、SAN 这 3 种技术的比较。

表 6-3　3 种块存储技术的比较

存储系统架构	DAS	NAS	SAN
安装难易度	一般	简单	复杂
传输对象	数据块	文件	数据块
集中式管理	都可以	是	需要使用工具
管理难易度	不一定	容易	难
提高服务器效率	否	是	是
灾难忍受度	低	高	高
适合对象	中小型	中小型	大型
容量扩充能力	低	中	高
格式复杂度	低	中	高

3) 对象存储

对象存储是一种新的网络存储架构。存储标准化组织早在 2004 年就给出了对象存储的定义,但早期多出现在超大规模系统中,所以并不为大众所熟知,相关产品也不愠不火。一直到云计算和大数据的概念全民强推,它才慢慢进入公众视野。对象存储的优势是互联网或公网,主要解决海量数据、海量并发访问的需求。从总体上讲,对象存储同时兼具 SAN 的高级直接访问磁盘特点及 NAS 的分布式共享特点。它的核心是将数据通路(数据读或写)和控制通路(元数据)分离,并且基于对象存储设备(OSD)构建存储系统,每个对象存储设备具备一定的职能,能够自动管理其上的数据分布。对象存储结构由对象(object)、对象存储设备(Object Storage Device,OSD)、元数据服务器(Metadata Server,MDS)、对象存储系统的客户端(client)四部分组成。

(1) 对象(object)。在对象存储模式中,对象是系统中数据存储的基本单位,一个对象实际上就是文件的数据和一组属性信息。在存储设备中,所有对象都有一个对象标识,允许一个服务器或者最终用户来检索对象,而不必知道数据的物理地址。在传统的存储系统中用文件或块作为基本的存储单位。

(2) 对象存储设备(OSD)。对象存储设备具有一定的智能,它有自己的 CPU、内存、网络和磁盘系统,OSD 和块设备的不同不在于存储介质,而在于两者提供的访问接口。OSD 的主要功能包括数据存储和安全访问。目前国际上通常采用刀片式结构实现对象存储设备。OSD 提供以下 3 个主要功能。

① 数据存储。OSD 管理对象数据,并将它们放置在标准的磁盘系统上,OSD 不提供接口访问方式,客户端请求数据时用对象 ID、偏移进行数据的读/写。

② 智能分布。OSD 用其自身的 CPU 和内存优化数据分布,并支持数据的预取。由

于 OSD 可以智能地支持对象的预取,从而可以优化磁盘的性能。

③ 每个对象数据的管理。OSD 管理存储在其他对象上的元数据,该元数据与传统的 inode 元数据相似,通常包括对象的数据块和对象的长度。而在传统的 NAS 系统中,这些元数据是由文件服务器提供的,对象存储架构将系统中主要的元数据管理工作由 OSD 来完成,降低了客户端的开销。

(3) 元数据服务器(Metadata Server,MDS)。MDS 控制客户端与 OSD 对象的交互,为客户端提供元数据,主要是文件的逻辑视图,包括文件与目录的组织关系、每个文件所对应的 OSD 等。

(4) 对象存储系统的客户端。为了有效支持客户端访问 OSD 上的对象,需要在计算节点实现对象存储系统的客户端,通常提供 POSIX 文件系统接口,允许应用程序像执行标准的文件系统操作一样。

传统块存储与对象存储方式如图 6-2 和图 6-3 所示。

图 6-2 块存储

图 6-3 对象存储

块存储、文件存储和对象存储的差异如表 6-4 所示。

表 6-4　3 种存储技术的比较

存储技术	块 存 储	文 件 存 储	对 象 存 储
速度	低延迟,热点突出	不同技术各有不同	100ms～1s,冷数据
可分布性	异地分布不现实	可分布式存储,但有瓶颈	分布并发能力高
文件大小	大小都可以	适合大文件	适合各种文件
典型设备	磁盘阵列、硬盘、虚拟硬盘	FTP、NFS 服务器、Samba	内置大容量硬盘的分布式服务器
典型技术	SAN	HDFS、GFS	RESTful API
适用场所	银行	数据中心	网络媒体数据存储

3. 数据存储的方式

大数据的存储方式主要有分布式存储、NoSQL 数据库、NewSQL 数据库及云数据库 4 种。

1) 分布式存储

分布式系统包含多个自主的处理单元,通过计算机网络互联来协作完成分配的任务,其分而治之的策略能够更好地处理大规模数据分析问题。分布式存储系统主要包含以下两类。

(1) 分布式文件系统:存储管理需要多种技术的协同工作,其中文件系统为其提供最底层存储能力的支持。分布式文件系统 HDFS 是一个高度容错性系统,被设计成适用于批量处理，能够提供高吞吐量的数据访问。

（2）分布式键值系统：分布式键值系统用于存储关系简单的半结构化数据。典型的分布式键值系统有 Amazon Dynamo，获得广泛应用和关注的对象存储技术（object storage）也可以视为键值系统，其存储和管理的是对象而不是数据块。

如图 6-4 所示的是分布式存储。

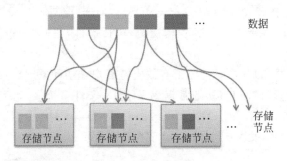

图 6-4　分布式存储

2）NoSQL 数据库

在大数据存储中，之前常用的关系型数据库已经无法满足 Web 2.0 的需求，主要表现为无法满足海量数据的管理需求，无法满足数据高并发的需求，高可扩展性和高可用性的功能太低。NoSQL 数据库又称为非关系数据库。和数据库管理系统（RDBMS）相比，NoSQL 不使用 SQL 作为查询语言。其存储可以不需要固定的表模式，通常也会避免使用 RDBMS 的 join 操作，一般都具备水平可扩展的特性。它可以支持超大规模数据存储，灵活的数据模型可以很好地支持 Web 2.0 应用，具有强大的横向扩展能力等，典型的 NoSQL 数据库包含键值数据库、列族数据库、文档数据库和图形数据库。值得注意的是，每种类型的数据库都能够解决传统关系数据库无法解决的问题。

3）NewSQL 数据库

NewSQL 是对各种新的可扩展/高性能数据库的简称，这类数据库不仅具有 NoSQL 对海量数据的存储管理能力，还保持了传统数据库支持 ACID 和 SQL 等特性。

NewSQL 数据库改变了数据的定义范围。它不再是原始的数据类型，如整数、浮点，它的数据可能是整个文件。此外，NewSQL 数据库是非关系的、水平可扩展、分布式并且是开源的。NewSQL 主要包括以下两类系统。

（1）拥有关系型数据库产品和服务，并将关系模型的好处带到分布式架构上。

（2）提高关系数据库的性能，使之达到不用考虑水平扩展问题的程度。

现有的 NewSQL 数据库厂商主要有亚马逊关系数据库服务、微软 SQL Azure、Xeround 和 FathomDB 等。如图 6-5 所示的是目前常见的 NewSQL 数据库和 NoSQL 数据库厂商。

4）云数据库

云数据库是基于云计算技术发展的一种共享基础架构的方法，是部署和虚拟化在云计算环境中的数据库。云数据库并非一种全新的数据库技术，而只是以服务的方式提供数据库功能。云数据库所采用的数据模型可以是关系数据库所使用的关系模型（如微软

数据库	厂商	公司	产品	技术特点
NewSQL	国外厂商	SAP	Sybase IQ	列存+共享磁盘
			HANA	内存数据库+列存
		hp	Vertica	列存+MPP
		EMC	Greenplum	行存+列存+MPP集群
		Microsoft	PDW	列存+MPP集群
	国内厂商	GBASE	GBase 8a	列存+MPP集群
NoSQL	国外厂商	Google	BigTable	列存+Key Value
		Apache Commons	HBase	列存+Key Value

图 6-5　NewSQL 数据库和 NoSQL 数据库厂商

的 SQL Azure 云数据库等都采用了关系模型），并且同一个公司也可能提供采用不同数据模型的多种云数据库服务。

云数据库的特性有实例创建快速、支持只读实例、故障自动切换、数据备份、Binlog 备份、访问白名单、监控与消息通知。

目前常见的云服务数据库有腾讯云 Redshift、亚马逊 Redshift、亚马逊关系型数据库服务及亚马逊 DynamoDB 等。

如图 6-6 所示的是云数据库。

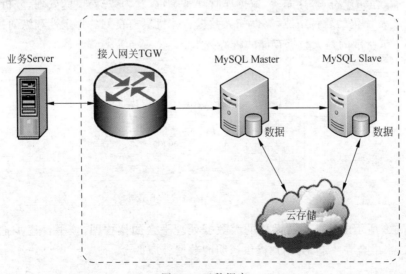

图 6-6　云数据库

4. 大数据存储的核心技术

大数据存储中的核心技术主要有基于 MPP 架构的新型数据库集群、基于 Hadoop 的技术扩展及大数据一体机等。

1）基于大规模并行处理系统（Massive Parallel Processing，MPP）架构的新型数据库集群

采用 MPP 架构的新型数据库集群的特点主要是数据分布式存储、分布式计算、私有资源且横向扩展。MPP 产品在市面上大多重点面向行业大数据，采用 Shared Nothing 架构，通过列存储、粗粒度索引等多项大数据处理技术，再结合 MPP 架构高效的分布式计算模式，完成对分析类应用的支撑，运行环境多为低成本 PC Server，具有高性能和高扩展性的特点，在企业分析类应用领域获得极其广泛的应用。

这类 MPP 产品可以有效支撑拍字节（PB）级别的结构化数据分析，这是传统数据库技术所无法胜任的。对于企业新一代的数据仓库和结构化数据分析，目前最佳选择是 MPP 数据库。

2）基于 Hadoop 的技术扩展

Hadoop 是由 Apache 基金会所开发的分布式系统基础架构，基于 Hadoop 的技术扩展和封装，是围绕 Hadoop 衍生出的相关的大数据技术，应对传统关系型数据库较难处理的数据和场景。例如，针对非结构化数据的存储和计算等。该架构充分利用 Hadoop 开源的优势，伴随相关技术的不断进步，其应用场景也将逐步扩大，目前最为典型的应用场景就是通过扩展和封装 Hadoop 来实现对互联网大数据存储、分析的支撑。对于非结构和半结构化数据处理、复杂的数据仓库技术（Extract-Transform-Load，ETL）流程、复杂的数据挖掘和计算模型，Hadoop 平台更擅长。

3）大数据一体机

大数据一体机是一种专为大数据的分析处理而设计的软、硬件结合的产品，由一组集成的服务器、存储设备、操作系统、数据库管理系统，以及为数据查询、处理、分析用途而特别预先安装及优化的软件组成，高性能大数据一体机具有良好的稳定性和纵向扩展性。

如图 6-7 所示的是大数据存储的核心技术。

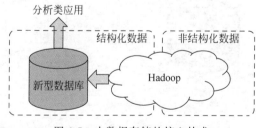

图 6-7　大数据存储的核心技术

如图 6-8 所示的是某公司设计的大数据处理平台的架构图，该平台逐步把 MPP 与 Hadoop 技术融合在一起，为用户提供透明的数据管理平台。

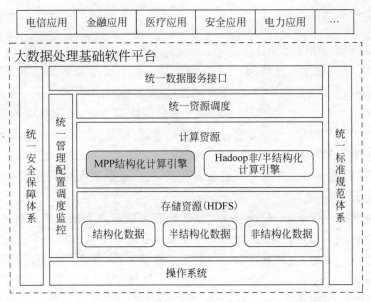

图 6-8　大数据处理平台架构图

6.2　数据清洗

6.2.1　数据清洗概述

视频讲解

1. 数据清洗简介

数据的不断剧增是大数据时代的显著特征,大数据必须经过清洗、分析、建模、可视化才能体现其潜在的价值。然而在众多数据中总是存在着许多"脏"数据,即不完整、不规范、不准确的数据,数据清洗就是指把"脏数据"彻底洗掉,包括检查数据的一致性、处理无效值和缺失值等,从而提高数据质量。在实际的工作中,数据清洗通常占开发过程的50%~70%的时间。

数据清洗(data cleansing/data cleaning/data scrubbing)可以有多种表述方式,其定义依赖于具体的应用。一般认为,数据清洗的含义是检测和去除数据集中的噪声数据和无关数据,处理遗漏数据,去除空白数据域和知识背景下的白噪声。

1) 一致性检查

一致性检查是根据每个变量的合理取值范围和相互关系检查数据命名是否规范,是否有冲突,数据内容是否合乎要求,记录是否有拼写错误,发现超出正常范围、逻辑上不合理或者相互矛盾的数据。例如,用 1~7 级量表测量的变量出现了 0 值,体重出现了负数,年龄出现了负数,考试成绩出现了负数等,都应视为超出正常值域范围。SPSS、SAS 和 Excel 等计算机软件都能够根据定义的取值范围自动识别每个超出范围的变量值。具有逻辑上不一致性的答案可能以多种形式出现。例如,许多调查对象说自己开车上班,又报告没有汽车;或者调查对象报告自己是某品牌的重度购买者和使用者,但同时又在熟悉程度量表上给了很低的分值。当发现不一致时，要列出问卷序号、记录序号、变量名称、错误类别等，以便于进一步核对和纠正。

2）无效值和缺失值的处理

由于调查、编码和输入误差，数据中可能存在一些无效值和缺失值，需要给予适当的处理。常用的处理方法有估算、整例删除、变量删除和成对删除。

（1）估算（estimation）。估算就是用某个变量的样本均值、中位数或众数代替无效值和缺失值。这种办法简单，但没有充分考虑数据中已有的信息，误差可能较大。另一种办法就是根据调查对象对其他问题的回答，通过变量之间的相关分析或逻辑推论进行估计。例如，某一产品的拥有情况可能与家庭收入有关，可以根据调查对象的家庭收入推算拥有这一产品的可能性。

（2）整例删除（casewise deletion）。整例删除是剔除含有缺失值的样本。由于很多问卷都可能存在缺失值，这种做法的结果可能导致有效样本量大大减少，无法充分利用已经收集到的数据。因此，整例删除只适合关键变量缺失，或者含有无效值或缺失值的样本比重很小的情况。

（3）变量删除（variable deletion）。如果某一变量的无效值和缺失值很多，而且该变量对于所研究的问题不是特别重要，则可以考虑将该变量删除。这种做法减少了供分析用的变量数目。

（4）成对删除（pairwise deletion）。成对删除是用一个特殊码（通常是 9、99、999 等）代表无效值和缺失值，同时保留数据集中的全部变量和样本。但是，在具体计算时只采用有完整答案的样本，因而不同的分析因涉及的变量不同，其有效样本量也会有所不同。这是一种保守的处理方法，最大限度地保留了数据集中的可用信息。

图 6-9 所示的是在 Excel 表中的数据清洗处理，对每个数据都要进行细致的检查，以确保无误。

G3		ⓐ fx	=IF(COUNTIF(A3:F3,"<>0")>3,"错误","正确")			
A	B	C	D	E	F	G
序号	问卷调查					检验
	A	B	C	D	E	
1	0	0	1	0	0	正确
2	1	1	0	0	0	正确
3	1	0	1	2	0	错误
4	1	10	1	0	0	错误

图 6-9 表格中的数据清洗处理

如图 6-10 所示的是大数据清洗的质量规范。

从图 6-10 可以看出，大数据清洗是一个基础性的工作，是大数据分析与应用的保证。因此，通过对大数据清洗，不仅有利于提高搜索处理效率，还能加速大数据产业与各行各业的融合，加快应用步伐。例如，通过对家电、物流等多个行业的数据进行整合、过滤，能更好地设计出智能家居方案等。

如图 6-11 所示的是大数据清洗在大数据分析应用中所处的环节。

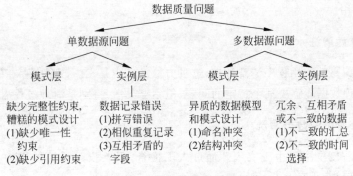

图 6-10 大数据清洗的质量规范

图 6-11 大数据清洗所处的环节

2. 数据清洗的任务

数据清洗的主要任务就是过滤那些不符合要求的数据,并将过滤的结果交给业务主管部门,确认是过滤掉还是由业务单位修正之后再进行抽取。数据清洗与问卷审核不同,输入后的数据清理一般是由计算机而不是人工完成。

6.2.2 数据清洗的原理

数据清洗的原理是利用有关技术(如数据仓库、数理统计、数据挖掘或预定义的清理规则)将"脏"数据转化为满足数据质量要求的数据。

1. 预定义清理规则

预定义清理规则一般利用大数据算法来实现,具体过程如图 6-12 所示。

在清洗大数据时首先要配置清洗规则,主要的清洗规则如下。

(1)空值的检查和处理。

(2)非法值的检测和处理。

(3)不一致数据的检测和处理。

(4)重复记录的检测和处理。

再配置清洗后数据的存储方式,接着才清洗数据,并将数据部署,最终得到干净的数据并进行评估,通过

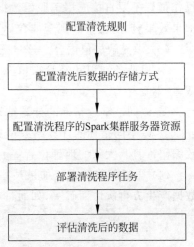

图 6-12 大数据清洗的预处理

后即可分析使用。

2. 数理统计清洗

通过专门编写的应用程序清洗数据，这种方法的实现是发掘数据中存在的模式，然后利用这些模式清理数据能解决某个特定的问题，但不够灵活，特别是清理过程需要反复进行。

3. 数据仓库中的数据清洗

它在一定程度上可以手工实现。通过人工检查，只要投入足够的人力、物力和财力，也能发现所有错误，但效率低下。

6.2.3　数据清洗的流程

1. 预处理

在预处理阶段主要进行以下两个方面的工作。

（1）选择数据处理工具。一般使用关系型数据库，单机可使用 MySQL。如果数据量大（千万级以上），可以使用文本文件存储＋Python 操作的方式。

（2）查看数据的元数据及数据特征。一是看元数据，包括字段解释、数据来源、代码表等一切描述数据的信息；二是抽取一部分数据，使用人工查看方式，对数据本身有一个直观的了解，并且初步发现一些问题，为之后的处理做准备。

2. 缺失值清洗

缺失值是最常见的数据问题，处理缺失值也有很多方法，一般按照以下 4 个步骤进行。

（1）确定缺失值范围。对每个字段都计算其缺失值比例，然后按照缺失比例和字段重要性，分别制定策略。

（2）去除不需要的字段。直接将不需要的字段删掉即可，但要注意备份。此外，删除操作最好不要直接应用于原始数据上，应抽取部分数据进行模型构建，并查看模型效果，如果效果较好，再推广到全体数据上。

（3）填充缺失值内容。该步骤是最重要的一步，常包含以下几种填充方式。

① 以业务知识和经验来填充，如字段"计算＊"，通过经验推算在"＊"处可填充"机"或者"器"。

② 以同一字段指标的计算结果（均值、中位数、众数等）填充。

③ 以不同指标的计算结果填充缺失值，如通过身份证号码推算年龄，通过收件人邮政编码推算其大致的地理位置等。

（4）重新获取数据。如果某些指标非常重要，但缺失率比较高，在此种情况下可以和数据产生方再次协商解决，如通过电话询问或者重新发送数据表的方式来实现。

3. 格式与内容清洗

一般情况下，数据是由用户产生的，因此也可能存在格式和内容不一致的情况，所以需要在模型构建前先进行数据格式和内容的清洗。格式与内容清洗主要有以下几类。

（1）时间、日期、数值、全半角等显示格式不一致。这种问题通常与输入端有关，在整合多来源数据时也有可能遇到，将其处理成一致的某种格式即可。

（2）内容中有不该存在的字符。某些内容可能只包括一部分字符，例如身份证号码是数字＋字母，中国人的姓名是汉字（赵 C 这种情况还是少数）。最典型的就是头、尾、中间的空格，也可能出现姓名中存在数字符号、身份证号码中出现汉字等问题。在这种情况下，需要以半自动校验半人工方式来找出可能存在的问题，并去除不需要的字符。

（3）内容与该字段应有的内容不符。例如姓名写成了性别，身份证号码写成了手机号码等，均属于这种问题。该问题的特殊性在于并不能简单地以删除来处理，因为成因有可能是人工填写错误，也有可能是前端没有校验，还有可能是导入数据时部分或全部存在列没有对齐的问题，所以要详细识别问题类型。

4. 逻辑错误清洗

逻辑错误清洗是指通过简单的逻辑推理来发现数据中存在的问题数据，从而防止分析结果走偏，主要包含以下几个步骤。

（1）数据去重。如果在数据表中出现完全相同的数据并且不是人工输入的，那么简单去重即可。如果是手工输入的，则需要确认后再清除。在清除重复数据时可使用常见的模糊匹配算法来实施，也可以人工清除。

（2）去掉不合理的值。如果在填写数据的过程中由于人为的因素导致填写错误，那么可以通过该步骤来清除。例如在填写年龄时，将"20 岁"写为了"200 岁"或是"－20岁"，就可以将该值清除。

（3）去掉不可靠的字段值。在数据中有的字段是可以通过前后的逻辑关系来发现错误的，如身份证号码是 1101031985××××××××，然后年龄填 20 岁，在这种时候，需要根据字段的数据来源来判定哪个字段提供的信息更为可靠，去除或重构不可靠的字段。

（4）对来源不可靠的数据重点关注。如在一家厂商的产品反馈表中显示该产品85％的用户是女生，但是该产品并没有身份实名验证，也无法精确判断男女性别。因此该反馈信息值得重新审查，如果数据来源不能确定，则该数据应该及时清除或重新获取。

值得注意的是，逻辑错误除了以上列举的情况，还有很多未列举的情况，在实际操作中用户要酌情处理。

5. 多余的数据清洗

在清洗不需要的数据时，需要人们尽可能多地收集数据，并应用于模型构建中。但是有可能在实际开发中字段属性越多，模型的构建就会越慢，因此有的时候需要将不必要的字段删除，以达到最好的模型效果。值得注意的是，该步骤应考虑原始数据的备份。

6. 关联性验证

如果数据有多个来源，那么有必要进行关联性验证，该过程常应用到多数据源合并的过程中,通过验证数据之间的关联性来选择准确的特征属性。如销售公司有汽车的线下购买信息,也有电话客服问卷信息,两者通过姓名和手机号码关联,那么要看一下,同一个人线下登记的车辆信息和线上问卷调查出来的车辆信息是不是一致的,如果不是,那么需要调整或去除数据。

视频讲解

6.2.4　数据清洗的工具

目前市面上使用的大数据清洗工具较多,且各有特点,下面分别介绍。

1. OpenRefine

OpenRefine 是一种新的具有数据画像、清洗、转换等功能的工具,它可以观察和操纵数据。OpenRefine 类似于传统 Excel 的表格处理软件,但是工作方式更像数据库,以列和字段的方式工作,而不是以单元格的方式工作。因此 OpenRefine 不仅适合对新的行数据进行编码,而且功能极为强大。

OpenRefine 的特点如下:在导入数据的时候,可以根据数据类型将数据转换为对应的数值和日期型等;相似单元格聚类,可以根据单元格字符串的相似性来聚类,并且支持关键词碰撞和近邻匹配算法等。

如图 6-13 所示的是 OpenRefine 的工作界面。

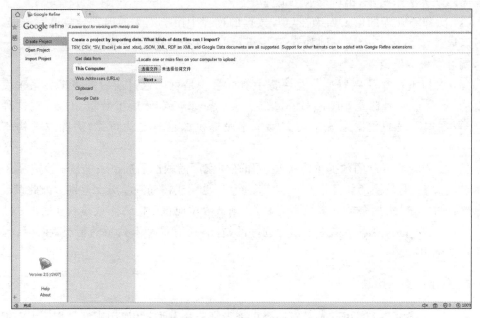

图 6-13　OpenRefine 的工作界面

2. DataCleaner

DataCleaner 是一个简单、易于使用的数据质量的应用工具,旨在分析、比较、验证和监控数据。它能够将凌乱的半结构化数据集转换为所有可视化软件可以读取的干净可读的数据集。此外,DataCleaner 还提供数据仓库和数据管理服务。

DataCleaner 的特点如下:可以访问多种不同类型的数据存储,例如 Oracle、MySQL、MS CSV 文件等,还可以作为引擎来清理、转换和统一来自多个数据存储的数据,并将其统一到主数据的单一视图中。

图 6-14 所示的是 DataCleaner 的界面。

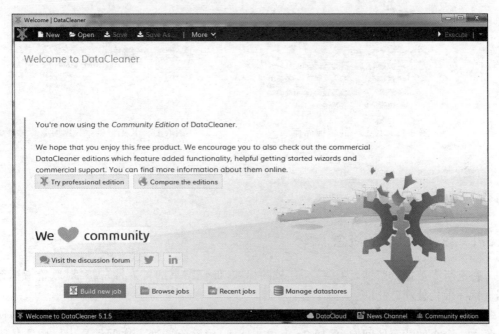

图 6-14　DataCleaner 的界面

3. Kettle

Kettle 是一款国外开源的 ETL 工具,纯 Java 编写,可以在 Windows、Linux、UNIX 系统上运行,数据抽取高效、稳定。它支持图形化的 GUI 设计界面,并可以以工作流的形式流转,在做一些简单或复杂的数据抽取、质量检测、数据清洗、数据转换、数据过滤等方面有着比较稳定的表现。此外,Kettle 中有两种脚本文件,即 transformation 和 job,transformation 完成针对数据的基础转换,job 则完成整个工作流的控制。

Kettle 的特点为开源免费,可维护性好,便于调试,开发简单。

图 6-15 所示的是 Kettle 的转换界面;图 6-16 所示的是 Kettle 的 job 界面。

4. Beeload

Beeload 是由北京灵蜂纵横软件有限公司研发的一款 ETL 工具,融数据抽取、清洗、转换及装载为一体,通过标准化企业各个业务系统产生的数据,向数据仓库提供高质量的数据,从而为企业高层基于数据仓库的正确决策分析提供了有力的保证。

Beeload 的特点为支持几乎所有主流数据接口,用图形操作界面辅助用户完成数据抽取、转换、装载等规则的设计,并且支持抽取数据的切分、过滤操作。

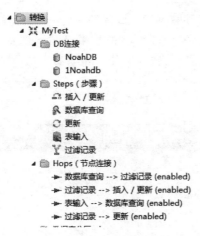

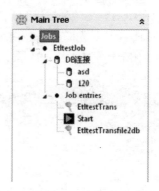

图 6-15　Kettle 的转换界面　　　　　图 6-16　Kettle 的 job 界面

6.3　数据标准化

6.3.1　数据标准化的概念

在进行大数据分析前，为了统一比较的标准，保证结果的可靠性，需要对原始指标数据进行标准化处理。

数据的标准化是通过一定的数学变换方式将原始数据按照一定的比例进行转换，使之落入一个小的特定区间内，例如 0～1 或 -1～1，消除不同变量之间性质、量纲、数量级等特征属性的差异，将其转化为一个无量纲的相对数值。因此标准化数值是使各指标的数值都处于同一个数量级别上，从而便于不同单位或数量级的指标能够进行综合分析和比较。

例如，在比较学生成绩时，一个百分制的变量与一个五分制的变量放在一起是无法比较的，只有通过数据标准化，把它们转换为同一个标准时才具有可比性。

又如，在利用大数据预测房价时，由于全国各地的工资收入水平是不同的，直接使用原始的数据值，那么它们对房价的影响程度将是不一样的，而通过标准化处理，可以使不同的特征具有相同的尺度。

因此，原始数据经过标准化处理后，能够转化为无量纲化指标测评值，各指标值处于同一数量级别，可进行综合测评分析。

视频讲解

6.3.2　数据标准化的方法

目前有许多数据标准化的方法，常用的有 min-max（最小-最大）标准化、z-score 标准化和 decimal scaling（小数定标）标准化等。

1. min-max 标准化

min-max 标准化方法是对原始数据进行线性变换。设 minA 和 maxA 分别为属性 A

的最小值和最大值,将 A 的一个原始值 x 通过 min-max 标准化映射成区间[0,1]中的值,其公式为:

$$新数据＝(原数据－极小值)/(极大值－极小值)$$

这种方法适用于原始数据的取值范围已经确定的情况。例如,在处理自然图像时,人们获得的像素值在[0,255]区间中,常用的处理是将这些像素值除以 255,使它们缩放到[0,1]中。

2. z-score 标准化

z-score 标准化基于原始数据的均值(mean)和标准差(standard deviation)进行数据的标准化。将属性 A 的原始值 v 使用 z-score 标准化到 v'的计算方法为:

$$新数据＝(原数据－均值)/标准差$$

z-score 标准化方法适用于属性 A 的最大值和最小值未知的情况,或有超出取值范围的离群数据的情况。

在分类、聚类算法中需要使用距离来度量相似性的时候,或者使用 PCA(协方差分析)技术进行降维的时候,z-score 标准化表现得更好。

3. decimal scaling

decimal scaling 通过移动数据的小数点位置来进行标准化。小数点移动多少位取决于属性 A 的取值中的最大绝对值。将属性 A 的原始值 x 使用 decimal scaling 标准化到 y'的计算方法为 $y＝x/(10*j)$,其中 j 是满足条件的最小整数。

例如,假定 A 的值为$-986\sim917$,A 的最大绝对值为 986,为使用小数定标准化,使用 1000(即 $j＝3$)除以每个值,-986 被规范化为 -0.986。

6.3.3　数据标准化的实例

如图 6-17 所示的是原始数据,如图 6-18 所示的是经过 z-score 标准化后的数据,经过标准化后数据均值为 0、方差为 1。

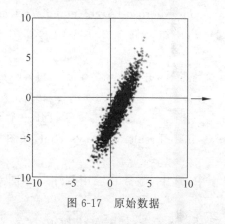

图 6-17　原始数据

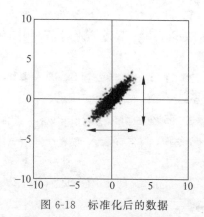

图 6-18　标准化后的数据

从图 6-17 和图 6-18 可以看出,数据标准化最典型的方法就是数据的归一化处理,即将数据统一映射到[0,1]区间。值得注意的是，数据标准化会对原始数据做出改变，因此需要保存所使用的标准化方法的参数，以便对后续的数据进行统一的标准化。

6.4 本章小结

（1）大数据存储通常是指将那些数量巨大且难以收集、处理、分析的数据集持久化到计算机中。在进行大数据分析之前，首先要将海量的数据存储起来，以便今后使用。

（2）大数据的存储方式主要有分布式存储、NoSQL 数据库、NewSQL 数据库以及云数据库 4 种。

（3）大数据存储中的核心技术主要有基于 MPP 架构的新型数据库集群、基于 Hadoop 的技术扩展及大数据一体机等。

（4）数据清洗是指把"脏数据"彻底洗掉，包括检查数据的一致性，处理无效值和缺失值等，从而提高数据质量。在实际的工作中，数据清洗通常占开发过程的 50%～70% 的时间。

（5）数据标准化是通过一定的数学变换方式将原始数据按照一定的比例进行转换，使之落入一个小的特定区间内，例如 0～1 或 −1～1 的区间内，消除不同变量之间性质、量纲、数量级等特征属性的差异，将其转化为一个无量纲的相对数值。

6.5 实训

1. 实训目的

通过实训了解大数据存储与清洗的特点，能进行简单的与大数据存储与清洗相关的操作。

2. 实训内容

1）下载、安装并运行 Redis 数据库

（1）进入 Github 下载地址 https://github. com/MicrosoftArchive/redis/releases，下载 Redis，并解压到本地计算机中，路径为 D:\\Redis-x64-3. 2. 100（1），如图 6-19 所示。

（2）打开 cmd 指令窗口，进入解压的 Redis 文件路径，并输入命令 redis-server redis. windows. conf，如图 6-20 所示。

（3）部署 Redis 为 Windows 下的服务。首先关掉上一个窗口，再重新打开一个新的 cmd 命令窗口，然后输入命令 redis-server --service-install redis. windows. conf，如图 6-21 所示。

（4）右击"我的电脑"，进入计算机管理界面中，选中"服务和应用程序"，如图 6-22 所示。

（5）在弹出的对话框中双击"服务"图标，启动 Redis 服务，如图 6-23 所示。

（6）测试 Redis 服务的运行。打开 cmd 命令窗口，进入解压的 Redis 文件路径，输入

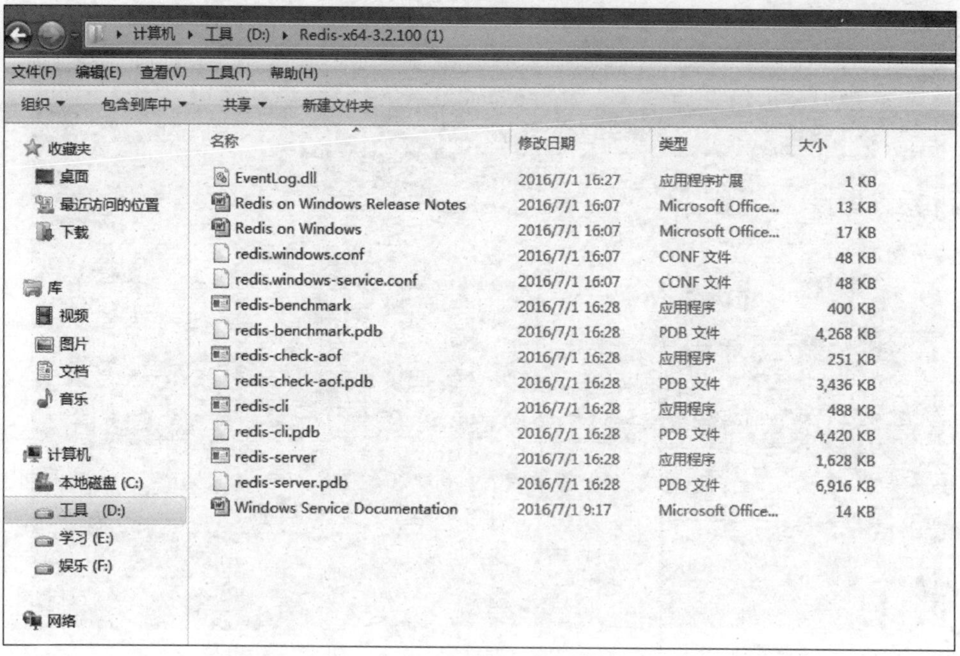

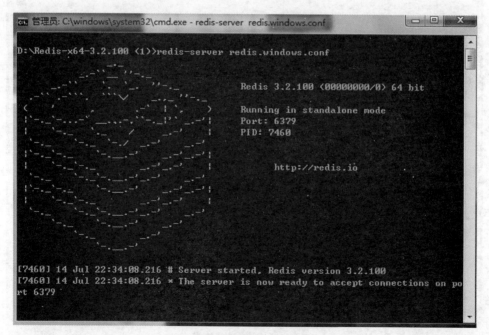

图 6-19　下载并解压 Redis

图 6-20　开启 Redis 界面

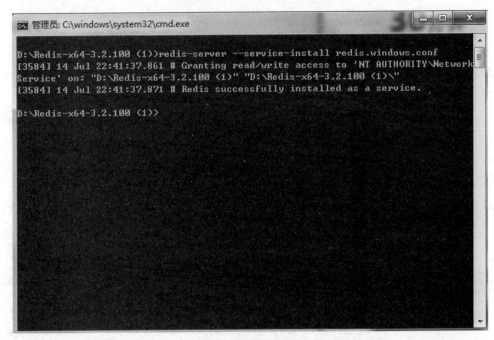

图 6-21　安装 Redis 界面

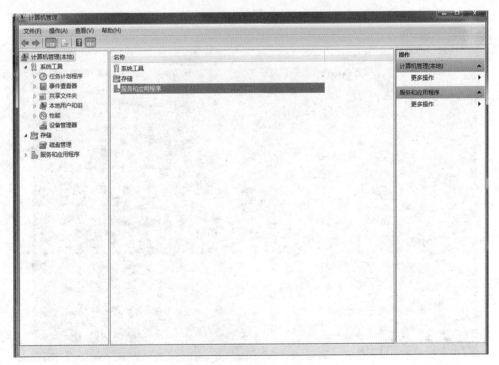

图 6-22　计算机管理界面

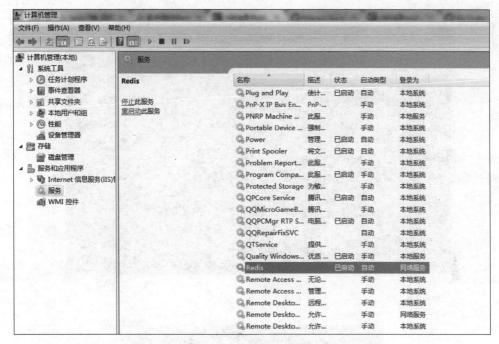

图 6-23 启动 Redis 服务

命令 redis-cli,其中 redis-cli 是客户端程序,如图 6-24 所示显示出正确端口号,则表示服务已经启动。

图 6-24 Redis 服务已经启动

(7) 运行 Redis,输入以下命令:

```
set a 123
get a
```

命令 set 表示设置键值对,命令 get 表示取出键值对,运行如图 6-25 所示。

(8) 创建键值对 x,并用命令 del 删除,如图 6-26 所示。

(9) 分别创建三个键值对,如图 6-27 所示。

(10) 使用命令 flushdb 删除全部键值对,如图 6-28 所示。

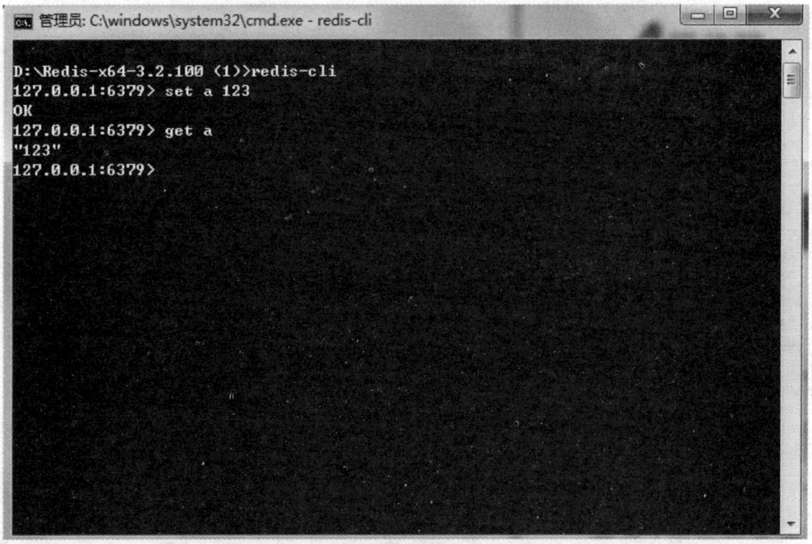

图 6-25　运行 Redis

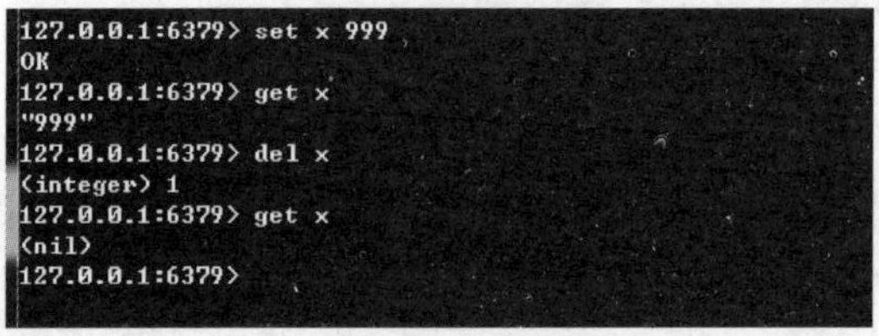

图 6-26　删除键值对

图 6-27　创建三个键值对

图 6-28　删除全部键值对

（11）创建键值对 a，使用命令 getrange a 0 2 获取 a 中值为 0-2 的字符串，如图 6-29 所示。

（12）创建键值对 b，并用命令 mget a b 同时获取多个值，如图 6-30 和图 6-31 所示。

（13）返回键 a 存储的字符串的长度，如图 6-32 所示。

```
127.0.0.1:6379> get a
"123456"
127.0.0.1:6379> getrange a 0 2
"123"
127.0.0.1:6379>
```

图 6-29　使用命令 getrange a 0 2 获取 a 中值为 0-2 的字符串

```
127.0.0.1:6379> set b alen
OK
```

图 6-30　创建键值对 b

```
127.0.0.1:6379> mget a b
1) "123456"
2) "alen"
127.0.0.1:6379>
```

图 6-31　用命令 mget a b 同时获取多个值

```
127.0.0.1:6379> strlen a
(integer) 6
127.0.0.1:6379>
```

图 6-32　返回 a 存储的字符串的长度

（14）用命令 exists 判断给定的键是否存在，分别用 0 和 1 显示，如图 6-33 所示。

```
127.0.0.1:6379> exists 'a'
(integer) 1
127.0.0.1:6379> exists 'c'
(integer) 0
127.0.0.1:6379>
```

图 6-33　用命令 exists 判断给定的键是否存在

2）使用 Numpy 来清洗数据

（1）使用 Numpy 进行数组的合并，在 Numpy 中可使用 np. vstack 沿纵轴连接，使用 np. hstack 沿横轴连接，运行界面如图 6-34 所示。

```
>>> import numpy as np
>>> a=np.array([[1, 2, 3], [4, 5, 6]])
>>> b=np.array([[10, 20, 30], [40, 50, 60]])
>>> np.vstack((a, b))
array([[ 1,  2,  3],
       [ 4,  5,  6],
       [10, 20, 30],
       [40, 50, 60]])
>>> np.hstack((a, b))
array([[ 1,  2,  3, 10, 20, 30],
       [ 4,  5,  6, 40, 50, 60]])
>>>
```

图 6-34　数组合并

（2）使用 Numpy 中的统计函数进行数据统计，常见函数如下。

Numpy.median()：返回数组的中值。

Numpy.mean()：返回数组的算术平均值。

Numpy.std()：返回数组的标准差。

Numpy.var()：返回数组的方差。

运行界面如图 6-35 所示。

```
>>> import numpy as np
>>> a=np.array([[10,2,30],[12,15,45],[34,78,91]])
>>> np.median(a)
30.0
>>> np.mean(a)
35.22222222222222
>>> np.std(a)
29.351425397065576
>>> np.var(a)
861.5061728395061
```

图 6-35　统计函数

（3）使用 Numpy 进行数据排序。使用 np.sort()对给定的数组的元素进行排序,使用 np.argsort()返回数据中从小到大的索引值。

np.sort()函数的参数如下。

a：需要排序的数组。

axis：指定按什么排序,默认 axis＝1 按行排序,axis＝0 按列排序。

运行界面如图 6-36～图 6-39 所示。

```
>>> import numpy as np
>>> s=np.array([1,2,4,6,7,8,9,5,12,14,54,34,67,99,101])
>>> print(np.sort(s))
[  1   2   4   5   6   7   8   9  12  14  34  54  67  99 101]
```

图 6-36　sort 排序

```
>>> import numpy as np
>>> s=np.array([1,2,4,6,7,8,9,5,12,14,54,34,67,99,101])
>>> print(np.argsort(s))
[ 0  1  2  7  3  4  5  6  8  9 11 10 12 13 14]
```

图 6-37　argsort 返回索引值

```
>>> import numpy as np
>>> a=np.array([[1,3,2],[5,4,6],[7,9,8]])
>>> print(np.sort(a,axis=1))
[[1 2 3]
 [4 5 6]
 [7 8 9]]
```

图 6-38　sort 按行排序

```
>>> import numpy as np
>>> a=np.array([[1,3,2],[5,4,6],[7,9,8]])
>>> print(np.sort(a,axis=0))
[[1 3 2]
 [5 4 6]
 [7 9 8]]
```

图 6-39　sort 按列排序

（4）使用 Numpy 中的 isnan()函数判断空值,运行界面如图 6-40 所示。

（5）使用 Numpy 中的 extract()函数对数据进行筛选,在这里选出数组中大于 30 的值,运行界面如图 6-41 所示。

（6）使用 Numpy 中的 unique()函数去除重复数据,运行界面如图 6-42 所示。

（7）使用 Numpy 中的 amax()函数返回数组中的最大值,使用 amin()函数返回数组中的最小值,运行界面如图 6-43 所示。

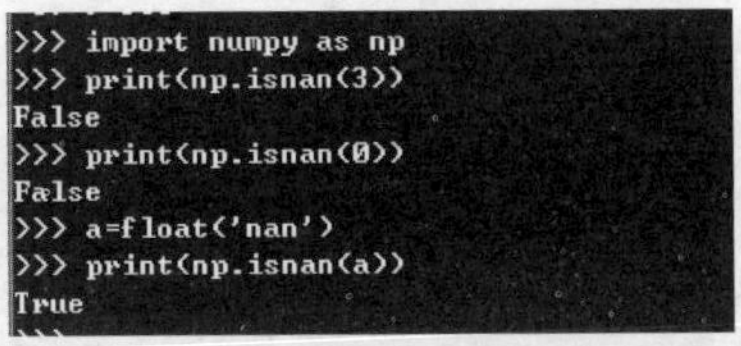

图 6-40　使用 isnan()函数判断空值

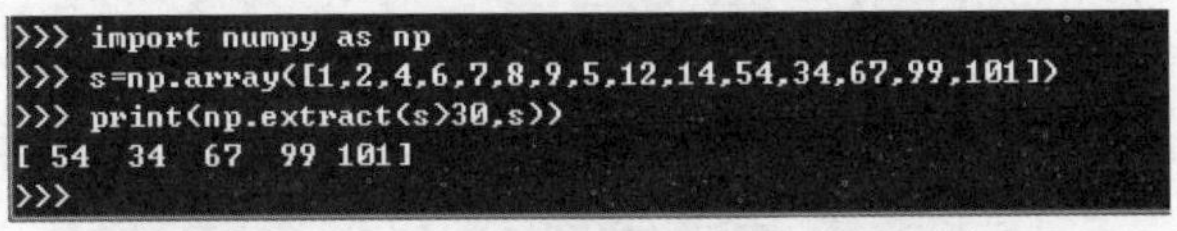

图 6-41　使用 extract()函数筛选数据

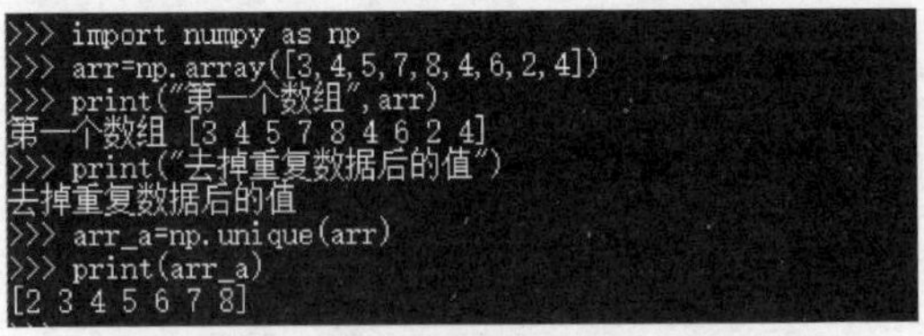

图 6-42　使用 unique()函数去除重复数据

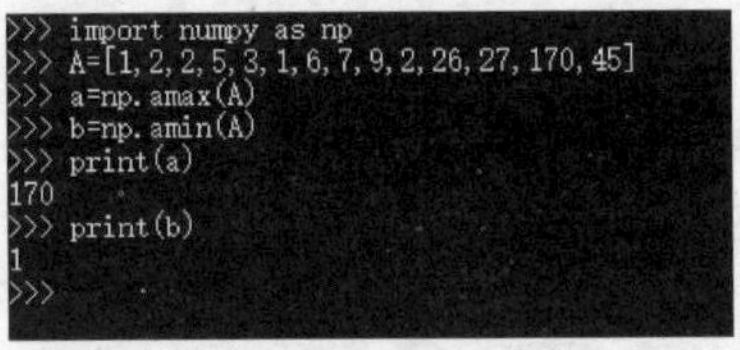

图 6-43　返回数组中的最大值、最小值

3）使用散点图来分析数据

散点图也叫 X-Y 图,它将所有的数据以点的形式展现在直角坐标系上,以显示变量之间的相互影响程度,点的位置由变量的数值决定。通过观察散点图上数据点的分布情况可以推断出变量之间的相关性。如果变量之间不存在相互关系,那么在散点图上就会表现为随机分布的离散的点;如果存在某种相关性,那么大部分的数据点就会相对密集并以某种趋势呈现。数据的相关关系主要分为正相关(两个变量值同时增长)、负相关(一个变量值增加另一个变量值下降)、不相关、线性相关、指数相关等。那些离点集群较远的点称为离群点或者异常点。

该实训通过散点图来展示数据中的离群点,代码如下,运行界面如图 6-44 所示。

```
import matplotlib.pyplot as plt
x_values = [1,2,3,4,5,6,7,8,9,10]
y_values = [1.2,2.2,1.3,1.6,25,2.2,3.1,3.6,2.8,1.9]
#s 为点的大小
```

```
plt.scatter(x_values,y_values,s = 100)
♯设置图表标题并给坐标轴加上标签
plt.title("Scatter pic",fontsize = 24)
plt.xlabel("Value",fontsize = 14)
plt.ylabel("Scatter of Value",fontsize = 14)
♯设置刻度标记的大小
plt.tick_params(axis = 'both',which = 'major',labelsize = 14)
plt.show()
```

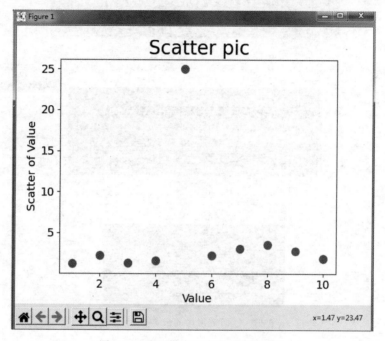

图 6-44　通过散点图来展示数据特征

习题

1. 简述大数据存储的概念。
2. 大数据存储与传统存储的区别是什么？
3. 大数据存储的类型有哪些？
4. 数据清洗的流程是什么？
5. 数据清洗的工具有哪些？
6. 什么是数据标准化？
7. 数据标准化的方法有哪些？
8. 如何使用 OpenRefine 数据清洗软件查看 CSV 文件的数据？

第 **7** 章

数据格式与编码技术

本章学习目标

- 了解文件格式的概念。
- 了解常见的文件格式及分类特征。
- 了解数据的各种类型。
- 了解数据编码的特征。
- 了解并掌握数据转换的方式。

本章首先向读者介绍大数据中数据格式的概念,其次介绍数据类型与字符编码,然后介绍数据转换及其实现方式,最后介绍数据转换工具的使用。

7.1 文件格式

1. 文件格式概述

1) 文件格式的定义

文件格式是指在计算机中为了存储信息而使用的对信息的特殊编码方式,用于识别内部存储的资料,例如文本文件、视频文件、图像文件等。在这些文件中它们的功能不同,有的文件用于存储文字信息,有的文件用于存储视频信息,有的文件用于存储图像信息等。此外,在不同的操作系统中文件格式也有所区别。

2) 文件的打开与编辑

在 Windows 系统中,打开不同的文件需要使用不同的程序。例如使用记事本新建文本文件，如图 7-1 所示。

图 7-1　Windows 中的记事本文件

每一种文件都要使用特定的软件打开，否则会显示乱码。例如，在 Windows 系统中使用记事本打开图像文件，其结果如图 7-2 所示。

从图 7-2 中可以看出，对应不同的文件类型需要使用不同的编辑方式。例如，使用 Excel 电子表格打开 Microsoft Excel 文件，使用 Photoshop 打开数码相机拍摄的照片，使用 Microsoft PowerPoint 打开 PPT 演示文稿等。

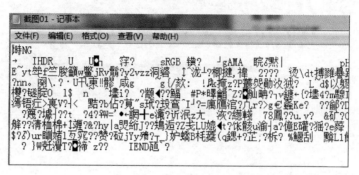

图 7-2　用记事本打开图像文件后显示乱码

值得注意的是，在某些情况下人们可以使用不同的软件运行相同的文件。

3）使用 Python 读取 Windows 系统中的文本数据

在 Windows 系统中，除了可以使用记事本直接打开文本数据外，还可以使用 Word 打开。此外，使用编程软件 Python 也可以读取文本数据，下面用具体实例来说明。

【例 7-1】　使用 Python 读取文本内容。

（1）新建记事本文档，并命名为 8.26.txt，在文档中输入内容，如图 7-3 所示。

（2）运行 Python 3，命名为 8.26.py，输入以下代码。

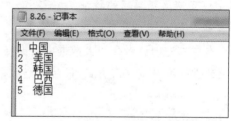

图 7-3　记事本内容

```
with open('8.26.txt')as file_object:
    contents = file_object.read()
    print(contents)
```

其中，语句 open() 表示接受一个参数，用于读取要打开文件的名称；语句 read() 表示要读取文件的全部内容；语句 print(contents) 表示将该文本的内容全部显示出来。

（3）运行程序，显示内容如图 7-4 所示。

从图 7-4 中可以看出，在 Windows 系统中可以通过运行 Python 显示记事本中的文档内容。其中，在 Python 中内置函数 open() 的运行模式如表 7-1 所示。

```
Python 3.7.0 (v3.7.0:1bf9cc5093, Jun 27 2018, 04:59:51) [MSC v.1914 64 bit (AMD6
4)] on win32
Type "copyright", "credits" or "license()" for more information.
>>>
==== RESTART: D:/Users/xxx/AppData/Local/Programs/Python/Python37/8.26.py ====
1  中国
2  美国
3  韩国
4  巴西
5  德国

>>>
```

图 7-4 用 Python 显示记事本内容

表 7-1 open() 函数

模　　式	说　　明
r	读取模式(默认模式)，如果文件不存在则抛出异常
w	写模式，如果文件存在则先清空原有内容
x	写模式，创建新文件，如果文件已存在则抛出异常
a	追加模式，不覆盖原有内容
b	二进制模式
t	文本模式
+	读、写模式

2. 文本文件格式

目前常见的文本格式较多，主要为在 Windows 操作系统下的文本格式和在 Linux 操作系统下的文本格式，下面分别进行介绍。

1) TXT 格式

TXT 是微软公司在操作系统上附带的一种文本格式，也是最常见的一种文件格式。该格式常用记事本等程序保存，并且大多数软件都可以查看，例如记事本、浏览器等。

2) DOC 格式

DOC 也称为 Word 格式，通常用于微软公司的 Windows 系统中，该格式最早出现在 20 世纪 90 年代的文字处理软件(Word)中。与 TXT 格式不同，DOC 格式可以编辑图片等文本文档所不能处理的内容。

3) XLS 格式

XLS 格式的文件主要是指 Microsoft Excel 工作表，它是一种常用的电子表格格式，可以进行各种数据的处理、统计分析和决策操作，以及可视化界面的实现。XLS 格式的文件不仅可以使用 Microsoft Excel 打开，而且微软公司为没有安装 Excel 的用户开发了专门的查看器(Excel Viewer)。值得注意的是，使用 Microsoft Excel 可以将 XLS 格式的表格转换为多种格式，例如 XML 表格、XML 数据、网页、使用制表符分割的文本文件(*.txt)、使用逗号分隔的文本文件(*.csv)等。

4) PDF 格式

PDF 格式也称为便携式文件格式，是由 Adobe 公司在 1993 年用于文件交换所发展出的文件格式。它的优点是可以跨平台、能保留文件原有格式(Layout)、开放标准、能免版税（Royalty-free）自由开发 PDF 相容软件，并于 2007 年 12 月成为 ISO 32000 国际标准。

5）XML 格式

XML（可扩展标记语言）是一种数据存储语言，它使用一系列简单的标记描述数据，而这些标记可以用方便的方式建立。因此，XML 可以在任何应用程序中读写数据，它与其他数据表现形式最大的不同是语言极其简单，应用广泛，常用于在网络环境下的跨平台数据传输中。

6）JSON 格式

JSON（JavaScript Object Notation）是一种轻量级的数据交换格式，采用完全独立于语言的文本格式，这些特性使 JSON 成为理想的数据交换语言。它既易于人们的阅读和编写，也易于机器解析和生成。总体来说，JSON 实际上是 JavaScript 的一个子集，所以其数据格式与 JavaScript 是相对应的。与 XML 格式相比，使用 JSON 编写更简洁，在网络中传输速度也更快。

7）HTML 格式

HTML（超文本标记语言）是一种制作万维网页面的标准语言，也是万维网浏览器使用的一种语言。它既是目前网络上应用最为广泛的语言，也是构成网页文档的主要语言。HTML 文件是由 HTML 命令组成的描述性文本，HTML 语句可以在网页中声明文字、图形、动画、表格、超链接、表单、音频及视频等。一般而言，HTML 文件的结构包括头部（head）、主体（body）两部分。其中，头部描述浏览器所需的信息，主体包含所要说明的具体内容。

8）TAR 格式

TAR 是一种压缩文件，常用于 Linux 和 Mac OS 操作系统下，与 Windows 操作系统下的 WinRAR 格式比较类似。在 Linux 系统中，TAR 格式文件一般以 tar.gz 来声明，它是源代码的安装包，需要先解压再经过编译、安装才能执行。

9）DMG 格式

DMG（disk image，磁盘影像）是 Mac OS 中的一种文件格式，相当于 Windows 系统中的 ISO 文件。打开一个 DMG 文件，系统会生成一个磁盘，其中包含此 DMG 文件的内容。因此，DMG 文件在 Mac OS 中相当于一个软 U 盘。

图 7-5　PY 格式的文件

10）PY 格式

PY 文件是 Python 脚本文件，Python 在前面章节中介绍过，它是一种面向对象、解释型计算机程序设计语言，常用于各种服务器的维护和自动化运行，并且有丰富和强大的库。如图 7-5 所示为 PY 格式的文件。

3. 图像文件格式

图像文件格式是记录和存储影像信息的格式，对数字图像进行存储、处理必须采用一定的图像格式,它决定了应该在文件中存放哪种类型的信息。

1）BMP 格式

BMP(位图格式)是 DOS 和 Windows 兼容计算机系统的标准 Windows 图像格式。BMP 格式支持 RGB、索引颜色、灰度和位图颜色模式,但不支持 Alpha 通道。此外,BMP 格式还支持 1、4、24、32 位的 RGB 位图。

2）JPEG 格式

JPEG 格式是目前所有格式中压缩率最高的格式。大多数彩色和灰度图像都使用 JPEG 格式压缩图像,其压缩比很大且支持多种压缩级别的格式,当对图像的精度要求不高而存储空间又有限时,JPEG 是一种理想的压缩方式。

3）GIF 格式

GIF(图像交换格式)是一种 LZW 算法的压缩格式,用来最小化文件大小和电子传递时间。在 Windows 系统中 GIF 文件格式普遍用于索引颜色和图像,支持多图像文件和动画文件。

4）PNG 格式

PNG 格式以任何颜色深度存储单个光栅图像,是一种与平台无关的格式。与 JPEG 的有损耗压缩相比,PNG 提供的压缩量较少。

4. 常见的音频与视频文件格式

音频与视频格式主要用于存储计算机中的音频与视频文件。

1）MP3 格式

MP3 是一种音频压缩技术,它被用来大幅度地降低音频数据量。利用 MPEG Audio Layer 3 的技术,将音乐以 1：10 甚至 1：12 的压缩率压缩成容量较小的文件。在 Windows 系统中用 MP3 形式存储的音乐称为 MP3 音乐,能播放 MP3 音乐的机器称为 MP3 播放器。

2）WAV 格式

WAV 格式是微软公司开发的一种声音文件格式,用于保存 Windows 平台的音频信息资源,被 Windows 平台及其应用程序所广泛支持,该格式也支持 MSADPCM、CCITT A LAW 等多种压缩算法。

3）MP4 格式

MP4 是一套用于音频、视频信息的压缩编码标准,由国际标准化组织(ISO)和国际电工委员会(IEC)下属的"动态图像专家组"制定。MP4 格式主要用于网络、光盘、语音发送及电视广播等。

4）WMV 格式

WMV(Windows Media Video)是微软公司开发的一系列视频编解码和与其相关的视频编码格式的统称,是微软 Windows 媒体框架的一部分。在同等视频质量下,WMV 格式的文件可以边下载边播放,因此适合在网上播放和传输。

5）MOV 格式

MOV 格式即 QuickTime 影片格式,是 Apple 公司开发的一种音频、视频文件格式,用于存储常用数字媒体类型。MOV 文件格式既支持 25 位彩色，也支持领先的集成压缩技术，是一种优良的视频编码格式。

6）AVI 格式

AVI 格式也称为音频视频交错格式，它对视频文件采用了一种有损压缩的方式，但压缩比较高，因此尽管播放质量不是太好，但其应用范围仍然非常广泛。AVI 文件格式支持 256 色和 RLE 压缩，目前主要应用在多媒体光盘上，用来保存电视、电影等各种影像信息。

7）Ogg 格式

Ogg 格式是一种音频压缩格式，类似于 MP3 等音乐格式。从商业推广上看，Ogg 格式是完全免费、开放和没有专利限制的。在播放过程中，这种文件格式可以不断地进行大小和音质的改良，且不影响原有的编码器或播放器。

7.2　数据类型与编码

7.2.1　数据类型概述

数据类型是指一个值的集合和定义在这个值集上的一组操作的总称，它的出现是为了把数据分成所需内存大小不同的数据，以便程序运行。通常可以根据特点将数据划分为不同的类型，例如原始类型、多元组、记录单元、代数数据类型、抽象数据类型、参考类型及函数类型等。

在每种编程语言和数据库中都有不同的数据类型，常见的主要有数值型、日期型、时间型、字符串型、逻辑型及文本型，下面分别进行介绍。

1. 数字类型

用数字类型存储数据简单而容易，与字符串和日期型相比，数字类型显得更加直观。常见的数字类型主要有整数类型和小数类型两种。

1）整数类型

整数类型可以包含正数和负数，例如 3 或－3，但不能包含小数，例如 3.3。在不同的数据库管理系统中，人们可以对整数进行更多的设置，例如设置整数的取值范围，设置整数的全部为正数，或者设置整数的一半为正数、一半为负数。

常见的整数类型如下。

int：整型，占用 4 字节。

short：短整型，占用 2 字节。

long：长整型，占用 8 字节。

unsigned：无符号型。

2）小数类型

在数据存储和清洗中经常会遇到含有小数部分的数字，例如 93.5、102.1 等。人们经常使用的价格、考试成绩、尺寸大小等都是用小数类型来表现的。此外，一些数据库存储系统中还设置了小数存储的规则,包括小数部分的长度(圆周率)、数字的精度等。例如,数字 3.141592,它的小数部分长度为 6、精度为 7。

常见的小数类型如下。

float:单精度,4 字节,默认精度位数为 6 位左右。

double:双精度,8 字节,默认精度位数为 16 位左右。

2. 日期和时间类型

日期型(DATE)数据是表示日期的数据,用字母 D 表示,其默认格式为{mm/dd/yyyy}。其中,mm 表示月份,dd 表示日期,yyyy 表示年份,固定长度为 8 位。

时间型(TIME)数据是用来表示时间的数据,默认格式为 TIME(hour,minute,second)。其中,hour 代表小时,数值为 0~23;minute 代表分钟,数值为 0~59;second 代表秒,数值为 0~59。

在数据存储与清洗中,一个完整的日期都由年、月、日三部分组成,任何日期型数据都能解析出这几部分。如果其中缺少一部分值,那么可以根据推理得到其他可能出现的值。例如,根据数据"11~26"可以推出日期为 11 月 26 日,因为月份不可能为 26。

此外,如果缺少了必要的数据,又无法推出确切的日期,就需要对该数据重新导入或将其删除。例如,根据数据"11~10"只能得到日期而无法判断出准确的年份,因而无效。

值得注意的是,在 DBMS 系统和电子表格软件中都支持与数字类似的日期计算,且在这些系统中都可以使用加减法运算及其他日期计算的函数。

3. 字符串类型

字符串是由数字、字母、下画线组成的一串字符,它包括中文字符、英文字符、数字字符和其他 ASCII 字符,其长度范围为 0~255,即 0x00 至 0xFF,例如"abc""xyz"等。由于字符串非常灵活,所以成了人们常用的数据存储方式,同时也是数据通信和传输中最好的选择。

值得注意的是,在具体的使用环境中需要关注字符串数据的长度限制,在常用的数据库系统中一般有固定长度和可变长度两种字符串类型。固定长度字符串类型是指虽然输入的字段值小于该字段的限制长度,但在实际存储数据时首先自动向右补足空格,然后才将字段值的内容存储到数据块中。可变长度字符串类型是指当输入的字段值小于该字段的限制长度时,直接将字段值的内容存储到数据块中,而不会补上空白,这样可以节省数据块空间。

4. 其他类型

除了上述使用广泛的几种数据类型外,还有一些来源于其他环境的数据类型,常见的有枚举型和布尔型两种。

1) 枚举

枚举类型用于声明一组命名的常数,当一个变量有几种可能的取值时,就可以将它定义为枚举类型。例如,交通灯的颜色可以由枚举类型{红灯、绿灯、黄灯}来组成。值得注意的是，在枚举类型中数据的取值范围不能出现其他的值。

2）布尔

布尔类型对象可以被赋予文字值 True 或 False，所对应的关系是真与假，如果变量值为 0 就是 False，否则为 True。布尔类型通常用来判断条件是否成立，例如在判定一个人的政治面貌是否为党员时可以用布尔类型"是"和"否"来确认。其中，"是"代表为党员，"否"代表为非党员。

5. 编程语言中的数据类型

1）Java 中的数据类型

Java 中的基础数据类型可分为 4 类（共 8 种），具体为整数型、浮点型、字符型和逻辑型，如表 7-2 所示。

表 7-2 Java 中的基础数据类型

数 据 类 型		大　　小
逻辑型		1/8 字节
整数型	字节型	1 字节
	整型	4 字节
	短整型	2 字节
	长整型	8 字节
浮点型	单精度型	4 字节
	双精度型	8 字节
字符型		2 字节

（1）逻辑型。在 Java 中，逻辑型只能用 True 和 False 表示，不能用 0 或非 0 的整数来代替 True 和 False。

（2）整数型。整数型主要有字节型、整型、短整型和长整型。其中，字节型的取值范围为 $-128 \sim 127$；短整型的取值范围为 $-32768 \sim 32767$；整型的取值范围为 $-2147483648 \sim 2147483647$；长整型的取值范围为 $-9223372036854774808 \sim 9223372036854774807$。

值得注意的是，在 Java 中 int（整型）是使用最多的数据类型，如一个整数数字为 35，那么它就是 int 的。

（3）浮点型。浮点型主要有单精度型和双精度型，其中单精度型的取值范围为 $3.402823e+38 \sim 1.401298e-45$（e+38 表示是乘以 10 的 38 次方，同样，e-45 表示乘以 10 的负 45 次方）；双精度型的取值范围为 $1.797693e+308 \sim 4.9000000e-324$。一般认为双精度型比单精度型的存储范围更大，精度更高。

值得注意的是，单精度型的数据是不完全精确的，所以在计算时可能在小数点最后几位出现浮动。

（4）字符型。字符类型 char 是存储单个字符的类型，一般用单引号引上单个字符表示字符常量。例如：

```
char cChar = 'c'; char cChar = '字';
```

值得注意的是,Java 中的字符采用 Unicode 编码,每个字符占两字节,因此可以用十六进制编码表示一个字符,例如 char cChar='u0061'。

2) Python 中的数据类型

Python 中有 6 个标准数据类型,分别为 numbers(数字)、string(字符串)、list(列表)、tuple(元组)、dictionary(字典)和 set(集合),下面分别进行介绍。

(1) 数字。当指定一个值时,数字对象就会被创建,例如 var1＝1; var2＝2。在 Python 中可以支持 4 种不同的数字类型,即 int、long、float 和 complex(复数)。

(2) 字符串。字符串由数字、字母、下画线组成的一串字符,例如 a＝"lista"。其中,字符串列表有两种取值顺序,即从左到右索引默认从 0 开始,从右到左索引默认从 −1 开始。

(3) 列表。列表用 list 表示,支持字符、数字、字符串,也可以包含列表(嵌套),用"[]"标识,例如 List ＝ ["abcdef" , 12344 , 2.23 , "john" , "leslie" , "chung" , 70.2]。

(4) 元组。元组用 tuple 表示,用"()"标识,内部元素用逗号隔开。元素不能二次赋值,相当于只读列表,例如 Tuple ＝ ("abc", 964 , 2.34 , "john" , 99.2)。

(5) 字典。字典也称为映射,用 dict 表示。字典是除列表以外 Python 中最灵活的内置数据结构类型,因为列表是有序的对象集合,而字典是无序的。字典用"{}"标识,由键值对组成 key-value 形式,例如 dict[2]＝"This is two"。

(6) 集合。集合用 set 表示。集合表示在 Python 中建立一系列无序的、不重复的元素,例如 S＝set([1,2,3])。

3) MySQL 中的数据类型

MySQL 中的数据类型主要有四大类,即整数型、浮点型、字符串型和日期型。

(1) 整数型。整数型主要用来存储数字,包含的类型有 tinyint、smallint、mediumint、int(integer)、bigint 等,如表 7-3 所示。

表 7-3　MySQL 中的整数型

MySQL 数据类型	含　　义	MySQL 数据类型	含　　义
tinyint	1 字节	int	4 字节
smallint	2 字节	bigint	8 字节
mediumint	3 字节		

(2) 浮点型。MySQL 使用浮点数和定点数来表示小数,包含的类型有浮点类型(float、double)和定点类型(decimal)。其中,浮点类型如表 7-4 所示。

表 7-4　MySQL 中的浮点类型

MySQL 数据类型	含　　义	MySQL 数据类型	含　　义
float	4 字节	double	8 字节

（3）字符串型。字符串型常指 char、varchar、text、blob、tinytext、binary 和 meduimblob 等，如表 7-5 所示。

表 7-5　MySQL 中的字符串型

MySQL 数据类型	含　义	MySQL 数据类型	含　义
char	固定长度，最多 255 个字符	tinytext	固定长度，最多 255 个字符
varchar	固定长度，最多 65535 个字符	binary	可变长度，最多 m 字节
text	固定长度，最多 65535 个字符	meduimblob	可变长度，最多 167772150 字节
blob	固定长度，最多 65535 个字符		

（4）日期型。日期型主要包括 date 和 time 两种，如表 7-6 所示。

表 7-6　MySQL 中的日期型

MySQL 数据类型	含　义	MySQL 数据类型	含　义
date	日期	datetime	日期时间
time	时间	timestamp	自动存储修改时间

7.2.2　字符编码

1. 字符编码概述

在计算机中，所有的信息都是由 0、1 组合而成的二进制序列，计算机是无法直接识别和存储字符的，因此字符必须经过编码才能被计算机处理。字符编码是计算机技术的基础，也是大数据清洗需要的基本功能之一。

字符编码也称为字集码，把字符集中的字符编码指定为集合中的某一对象（如比特模式、自然数序列、8 位组或电脉冲），以便文本在计算机中存储或通过通信网络传递。常见的例子包括将拉丁字母表编码成摩斯电码和 ASCII 码。

2. 字符与编码

1）字符集

字符是各种文字和符号的总称，包括各国文字、标点符号、图形符号、数字等。字符集（character set）是多个字符的集合，种类较多，每个字符集包含的字符个数不同，常见的字符集包括 ASCII 字符集、GB 2312 字符集、BIG5 字符集、GB 18030 字符集、Unicode 字符集等。计算机要准确地处理各种字符集文字需要进行字符编码，以便计算机能够识别和存储各种文字。

2）编码格式

（1）ASCII 码。ASCII 码于 1961 年提出，用于在不同计算机硬件和软件系统中实现数据传输的标准化，大多数的小型机和全部的个人计算机都使用此码。ASCII 码划分为两个集合，即 128 个字符的标准 ASCII 码和附加的 128 个字符的扩充 ASCII 码。基本的 ASCII 字符集共有 128 个字符，其中有 96 个可打印字符（包括常用的字母、数字、标点符号等)和 32 个控制字符。标准 ASCII 码值使用 7 个二进制位对字符进行编码,对应的 ISO 标准为 ISO 646 标准。

值得注意的是,ASCII 便是字符集与字符编码相同的情况,直接将字符对应的 8 位二进制数作为最终形式存储。因此,当人们提及 ASCII 时,既代表了一种字符集,也代表了一种字符编码,即"ASCII 编码"。

(2) GB 2312 编码。GB 2312 也是 ANSI 编码的一种,它是为了用计算机记录并显示中文。GB 2312 是一个简体中文字符集,由 6763 个常用汉字和 682 个全角的非汉字字符组成。汉字根据使用的频率分为两级,其中一级汉字 3755 个,二级汉字 3008 个。

值得注意的是,GB 2312 编码也可以认为既具有字符集的意义,又具有字符编码的意义。

(3) Unicode 编码。由于世界各国都有自己的编码,极有可能会导致乱码的产生。因此,为了统一编码,减少编码不匹配现象的出现,就产生了 Unicode 编码。Unicode 编码是一个很大的集合,其规模可以容纳 100 多万个符号,且每个符号的编码都不一样。例如,U+0639 表示阿拉伯字母 Ain,U+0041 表示英语的大写字母 A,"汉"的 Unicode 编码是 U+6C49 等。

值得注意的是,Unicode 编码通常是 2 字节,需要比 ASCII 码多一倍的存储空间。因此,为了存储和传输上的方便,人们又推出了可变长编码,即 UTF-8 编码。这种编码可以根据不同的符号自动选择编码的长短,它把一个 Unicode 字符根据不同的数字编码成 1~6 字节,常用的英文字母被编码成 1 字节,汉字通常编码成 3 字节,只有很生僻的字符才会被编码成 4~6 字节。

如图 7-6 所示为在本地计算机中 Unicode 编码和 UTF-8 编码的转换。

在浏览网页时,服务器首先把动态生成的 Unicode 内容转换为 UTF-8,然后将其传输到浏览器上,如图 7-7 所示。

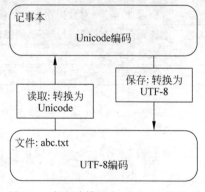

图 7-6　本地计算机中 Unicode 编码和
　　　　 UTF-8 编码的转换

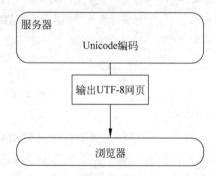

图 7-7　在网络服务器中 Unicode 编码和
　　　　 UTF-8 编码的转换

从图 7-7 中可以看出,UTF-8 编码也是在互联网上使用较广泛的一种 Unicode 的实现(传输)方式。

3) 乱码与空值

(1) 乱码。乱码是指由于本地计算机在用文本编辑器打开源文件时使用了不相应字符集而造成部分或所有字符无法被阅读的一系列字符。例如，浏览器把 GBK 码当作 Big5 码显示，或者电子邮件程序把对方传来的邮件错误解码。如果在发送时编码错误，收件者的电子邮件程序是不能够解码的，需要寄件者的电子邮件程序重新编码后再发送。

因此，为了确保数据内容正确应当使用统一的编码，尽量少出现乱码，例如在数据库的存储和分析中都使用 UTF-8 进行编码。

（2）空值。空值（NULL）表示值未知，不同于空白或零值，且没有两个相等的空值。在数据库的一个表中，如果一行中的某列数值没有值，就可以把它看作空值。在程序代码中可以检查空值，以便针对具有有效（或非空）数据的行执行某些计算。例如，报表可以只打印数据不为空的列。在执行计算时删除空值很重要，因为如果包含空值列，某些计算（如平均值）会不准确。

7.2.3　数据转换

1. 数据转换概述

数据间的相互转换是大数据清洗工作中不可或缺的一部分。由于文件在不同的文件系统中有着不同的存储格式，所以人们希望能够在文件类别上实现自由的转换。

数据转换常用于数据库的存储和机器学习中，例如将字符串类型的数据转换为数字类型，将 MySQL 中的数据格式化为字符串，或者将 JSON 文件转换为纯文本等。大数据系统中常用的数据转换环节如表 7-7 所示。

表 7-7　常用数据转换环节

环 节 名 称	功　　能	环 节 名 称	功　　能
文本文件输入	从本地文本文件输入数据	数据更新	根据处理结果对数据库进行更新
表输入	从数据库表中输入数据	字段选择	选择需要的字段，过滤不要的字段
文本文件输出	将处理结果输出到文本文件	映射	数据映射
表输出	将处理结果输出到数据库表		

其中，最常用的转换方式是对各种文本的转换，或者在机器学习中自行建立转换模型，用于数据的处理。

值得注意的是，在数据转换过程中应当充分考虑数据的损耗，不能不顾一切地进行转换，否则转换有时会严重扭曲数据本身的内涵。

2. 数据转换的方式

数据转换的方式较多，但具体的实现取决于数据的存储位置。常见的数据转换方式主要有 3 种，即基于 SQL 数据库的转换、基于编程语言的转换和基于文件的转换。

1）基于 SQL 数据库的转换

在 MySQL 中将一条数据转换为字符串有 3 种方式，将字符串'123'转换为数字 123 的方式为：

```
SELECT CAST('123' AS SIGNED);
SELECT CONVERT('123',SIGNED);
SELECT '123' + 0;
```

2）基于编程语言的转换

（1）Java 中数据类型的转换。在 Java 中如果要实现从 int 类型到 short 类型的转换，可以用下列代码实现：

```
exp: short shortvar = 0;
int intvar = 0;
intvar = shortvar;
```

（2）Python 中数据类型的转换。在 Python 中如果要实现将字典转换为 JSON，可以用下列代码实现：

```
import json
 data = {'name':'leslie',
        'age':42}
 data_json = json.dumps(data)
```

在 Python 中如果要实现将数字类型转换为浮点类型，可以用下列代码实现：

```
newstring = 2.5
newnum = 2
print('newnum 的类型是：',type(newnum),'newstring 的类型是：',type(newstring))
```

3）基于文件的转换

基于文件的转换主要是将电子表格转换为文本数据，或者将文本数据转换为电子表格，下面举例介绍。

【例 7-2】 将文档中的数据快速转换为表格数据。

（1）新建 Word 文档，输入下列文字，文字中间用中文的逗号分开，如图 7-8 所示。

```
序号，名称，产地，数量，金额，
1， 手机1，中国，10，30000
2， 手机2，中国，10，40000
3， 手机3，中国，10，50000
4， 手机4，中国，10，60000
5， 手机5，中国，10，70000
```

图 7-8 在 Word 中输入文字

（2）选择全部文字，单击"插入"→"表格"按钮，在弹出的下拉列表中选择"文本转换成表格"选项，如图 7-9 所示。

（3）打开"将文字转换成表格"对话框，在"表格尺寸"栏中设置列数和行数，在"文字分隔位置"栏中选择"其他字符"单选按钮，并加入中文的逗号，如图 7-10 所示。

（4）单击"确定"按钮，运行结果如图 7-11 所示。

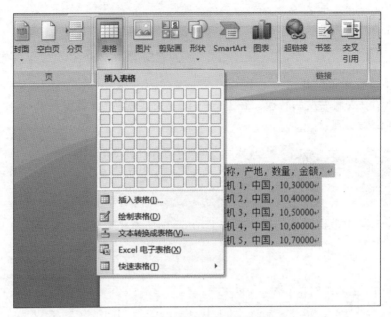

图 7-9 选择"文本转换成表格"选项

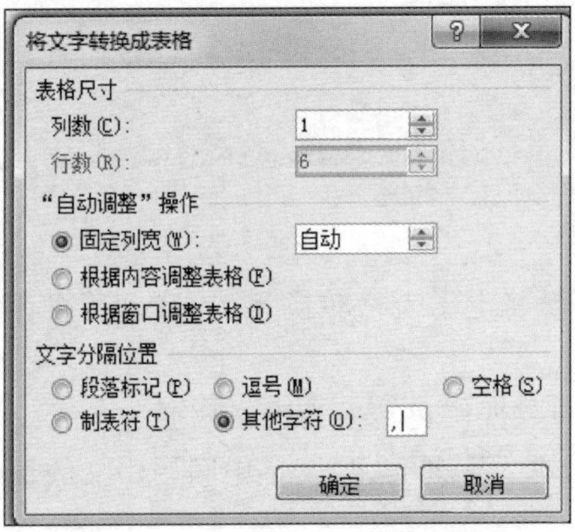

图 7-10 "将文字转换成表格"对话框

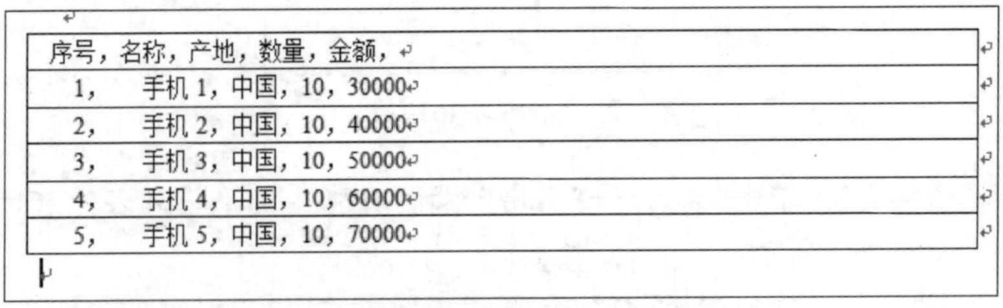

图 7-11 将文字转换为表格并显示

【**例 7-3**】 将表格数据快速转换为文本数据。

（1）选中图 7-11 中的表格，选择"布局"选项卡，在"数据"组中单击"转换为文本"按钮，如图 7-12 所示。

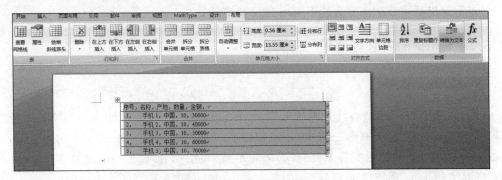

图 7-12 "布局"选项卡

（2）在打开的"表格转换成文本"对话框中选择"其他字符"单选按钮，并输入中文的逗号，如图 7-13 所示。

（3）单击"确定"按钮，运行结果如图 7-14 所示。

图 7-13 设置表格的转换方式

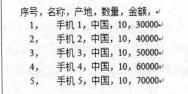

图 7-14 表格转换后显示为文字

7.3 Kettle 数据清洗与转换工具的使用

7.3.1 Kettle 概述

Kettle 的中文名称为"水壶"，该项目的主程序员 MATT 希望把各种数据放到一个"壶"中，然后以一种指定的格式流出。

Kettle 这个 ETL 工具集允许用户管理来自不同数据库的数据，它通过提供一个图形化的用户环境来描述用户想做什么，而不是用户想怎样做。目前在 Kettle 中有两种脚本文件，即 transformation 和 job。

Kettle 存储方式有两种，一种是以 XML 形式存储，另一种是以资源库方式存储。此外，Kettle 有常用的三大脚本家族，即 Spoon、Pan、Kitchen。

- Spoon：通过图形界面方式设计、运行、调试 job 与 transformation。

- Pan：通过脚本命令方式运行 transformation。
- Kitchen：通过脚本命令方式运行 job，一般通过调用 Kitchen 脚本来完成定时任务。

本章及以后章节中主要介绍 Spoon 的工作方式。

7.3.2 Kettle 的安装与使用

视频讲解

1. Kettle 的安装

Kettle 是纯 Java 开发，且开源的 ETL 工具，可以在 Linux、Windows、UNIX 系统中运行，既有图形界面，又有命令脚本，还可以进行二次开发（官方社区为 http://forums.pentaho.com/）。如果要安装 Kettle，必须先下载。此外，由于 Kettle 是基于 Java 开发的，所以需要 Java 环境（jdk 网址为 http://www.oracle.com/technetwork/java/javase/downloads/index.html）。

1）下载、安装并配置 jdk

（1）下载。首先从官网上下载 jdk。

（2）配置 path 变量。下载 jdk 后进行安装，安装完毕后要进行环境配置。在"我的电脑"→"高级"→"环境变量"中找到 path 变量，添加 Java 的 bin 路径并用分号隔开，例如 D:\Program Files\Java\jdk1.8.0_181\bin。

（3）配置 classpath 变量。在环境变量中新建 classpath 变量，在其中填写 Java 文件夹中 lib 文件夹下的 dt.jar 和 tools.jar 路径，例如 D:\Program Files\Java\jdk1.8.0_181\lib\dt.jar、D:\Program Files\Java\jdk1.8.0_181\lib\tools.jar。

（4）在配置完后运行 cmd 命令，输入"java"命令，配置成功后会出现如图 7-15 所示的界面。

```
C:\Users\xxx>java
用法: java [-options] class [args...]
           〈执行类〉
   或  java [-options] -jar jarfile [args...]
           〈执行 jar 文件〉
其中选项包括:
    -d32          使用 32 位数据模型 〈如果可用〉
    -d64          使用 64 位数据模型 〈如果可用〉
    -server       选择 "server" VM
                  默认 VM 是 server.
```

图 7-15　配置 jdk

2）下载、安装 Kettle

（1）下载。首先从官网上下载最新版的 Kettle 软件，由于 Kettle 是绿色软件，所以下载后可以解压到任意目录，其网址为 http://kettle.pentaho.org。

（2）运行。安装完成之后，双击目录下的 spoon.bat 批处理程序，即可启动 Kettle 程序，如图 7-16 所示。

（3）Kettle 启动界面如图 7-17 所示。

本书中的实例既可以用 Kettle 7.1 完成，也可以用 Kettle 8.2 来实现。

Spoon	2017/5/16 20:08	Windows 批处理文件
spoon.command	2017/5/16 20:08	COMMAND 文件
spoon	2017/5/16 20:08	图片文件(.ico)
spoon	2017/5/16 20:08	图片文件(.png)
spoon.sh	2017/5/16 20:08	SH 文件
SpoonConsole	2017/5/16 20:08	Windows 批处理文件
SpoonDebug	2017/5/16 20:08	Windows 批处理文件
SpoonDebug.sh	2017/5/16 20:08	SH 文件

图 7-16　启动 Kettle

图 7-17　Kettle 启动界面

2. Kettle 的使用

（1）成功运行 Kettle 后在菜单栏中单击"文件"菜单项，选择"新建"选项，在其扩展菜单中有"转换""作业""数据库连接"3 个选项，在此处选择"转换"选项，如图 7-18 所示。

（2）在打开的界面中选择"输入"选项，如图 7-19 所示。

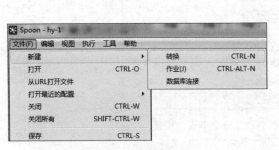

图 7-18　Kettle 新建界面

图 7-19　选择"输入"选项

（3）在打开的界面中选择"Excel 输入"选项，并把该图标移动到屏幕中间，如图 7-20 所示。

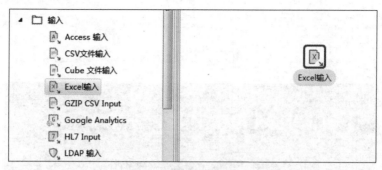

图 7-20　选择"Excel 输入"选项

（4）在打开的界面中选择"输出"→"Access 输出"选项，如图 7-21 所示。

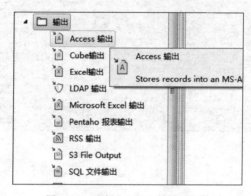

图 7-21　选择"Access 输出"选项

（5）将"Access 输出"图标移动到中间区域后，选中"Excel 输入"和"Excel 输出"两个图标并右击，在弹出的快捷菜单中选择"新建节点连接"选项，如图 7-22 所示。

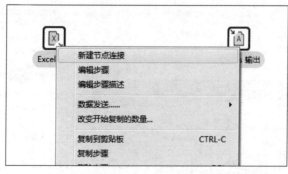

图 7-22　建立节点的连接

（6）双击"Excel 输入"图标，打开"Excel 输入"对话框，在"文件"选项卡中选择一个本地的 Excel 文档，如图 7-23 所示。

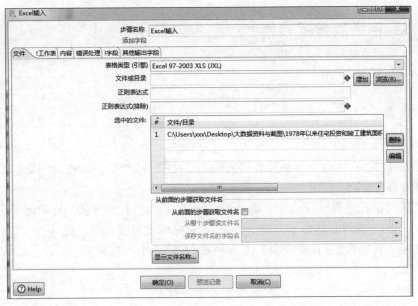

图 7-23　选择 Excel 文件

（7）设置完成后，单击菜单栏中的"执行"菜单项，选择"运行"选项，即可在 Kettle 中运行数据转换，如图 7-24 所示。

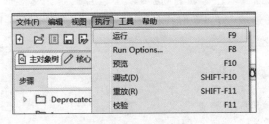

图 7-24　运行该转换

（8）在转换结束后，选择"日志"选项卡，即可在屏幕下方的执行结果中查看，如图 7-25 所示。

（9）程序执行完成后可查看生成的文档，该文档的扩展名为".ktr"，如图 7-26 所示。

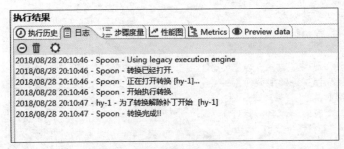

图 7-25　查看日志　　　　　　　　　　　图 7-26　生成转换后的文档

7.4 CSV 格式的数据转换

7.4.1 CSV 格式概述

1. CSV 简介

CSV(逗号分隔值文件格式)也称为字符分隔值,CSV 文件一般以纯文本形式存储表格数据(数字和文本)。纯文本意味着该文件是一个字符序列,不包含必须像二进制数字那样被解读的数据。

CSV 格式由任意数目的记录组成,记录之间以某种换行符分隔;每条记录由字段组成,字段之间的分隔符是其他字符或字符串,最常见的是逗号或制表符。

CSV 是一种通用的、相对简单的文件格式,在商业上的应用较为广泛。CSV 格式的基本规则如下。

(1) 纯文本格式,并通过单一的编码来表示字符。

(2) 以行为单位,开头留空行,行与行之间没有空行。

(3) 每一行表示一个一维数据。

(4) 主要以半角逗号作为分隔符,列为空也要表达其存在。

(5) 对于表格数据,可以包含列名,也可以不包含列名。

例如,下列文档就是一个 CSV 格式的文件,文件名为"2016 年度上海高职高专院校市级精品课程名单.csv"。

```
排序,学校名称,课程名称
1,上海公安学院,实有人口管理
2,上海思博职业技术学院,数控加工工艺
3,上海工艺美术职业学院,型面设计
4,上海农林职业技术学院,园林工程
5,上海工艺美术职业学院,玉器工艺
6,上海工程技术大学,数控加工工艺与编程
7,上海公安学院,道路交通组织
8,上海电子信息职业技术学院,多媒体项目管理
9,上海民航职业技术学院,飞机发动机原理与结构
10,上海立信会计金融学院,国际贸易实务
11,上海电子信息职业技术学院,线路标准施工
12,上海济光职业技术学院,建筑工程概预算
13,上海城建职业学院,食品安全管理
14,上海出版印刷高等专科学校,计算机图形制作
15,上海城建职业学院,庭园景观设计
16,上海旅游高等专科学校,现代饭店前厅客房管理实务
17,上海思博职业技术学院,图形创意
18,上海健康医学院,老年护理
19,上海中侨职业技术学院,展示设计
20,上海震旦职业学院,动态网站开发技术
```

21,上海农林职业技术学院,插花艺术
22,上海工商职业技术学院,机电控制技术综合应用
23,上海第二工业大学,电力电子技术
24,上海健康医学院,医疗器械监管实务
25,上海东海职业技术学院

在输入时第一行为列名,后续行是其中的数据,该文件的保存格式为 CSV,如图 7-27 所示。

CSV 格式一般可以通过 Windows 中的记事本或微软公司的 Excel 软件打开,也可以在其他操作系统中用文本编辑工具打开。此外,一般的表格处理工具既可以存储和运行 CSV 格式,也可以将数据另存或导出为 CSV 格式,以便在不同工具之间进行数据转换。

值得注意的是,CSV 格式目前还没有通用标准规范,因此在不同的程序间 CSV 的标准有可能存在差异。

2. CSV 的编写与保存

(1) 打开微软公司的 Excel 软件,在其中输入内容,如图 7-28 所示。

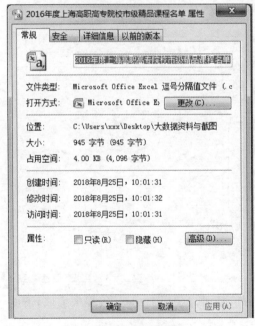

图 7-27 CSV 文档

图 7-28 Excel 中编写 CSV 格式

(2) 将此文件另存为"其他格式",再将"保存类型"设置为"CSV(逗号分隔)",即可保存为 Windows 中常见的 CSV 格式,如图 7-29 和图 7-30 所示。

(3) 确认保存格式后即可把 Excel 软件中的数据保存为 CSV 格式,本例保存为"2018people. csv",其图标如图 7-31 所示。

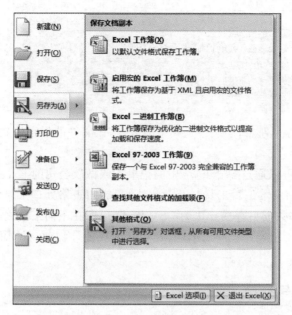

图 7-29　在 Excel 中选择保存格式

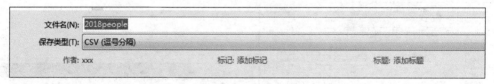

图 7-30　另存为 CSV 格式

图 7-31　CSV 格式的图标

3. 使用 Python 生成 CSV 格式文件

创建 CSV 格式的文件除了可以使用 Excel 外，还可以使用 Python 编程来生成，下面举例说明。

【例 7-4】　使用 Python 生成 CSV 文件。

代码如下。

```
import csv
with open('test.csv', 'w') as f:
    writer = csv.writer(f)
    #写入表头,表头是单行数据
```

```
    writer.writerow(['name', 'age', 'sex'])
    data = [
        ('huangyuan', 20, 'male'),
        ('zhanglan', 22, 'female')
    ]
    #写入这些多行数据
    writer.writerows(data)
```

- 语句 import csv 表示在 Python 中导入内置的 csv 模块。
- 语句"with open('test.csv', 'w') as f："表示打开并创建一个 CSV 文件，文件名为 test。
- 语句"writer.writerow(['name'，'age'，'sex'])"表示写入表头内容，创建的表头是单行数据，分别为 name、age 和 sex。
- 语句"('huangyuan'，20，'male'),"表示输入表中数据的第二行内容；"('zhanglan'，22，'female')"表示输入表中的第三行内容。
- 语句"writer.writerows(data)"表示执行写入的操作。

运行该程序即可创建 CSV 文件，如图 7-32 所示。

| test | 2018/9/5 14:46 | Microsoft Office Excel 逗号分隔值文件 | 1 KB |

图 7-32 另存创建的 CSV 格式

打开该 CSV 文件，其内容如图 7-33 所示。

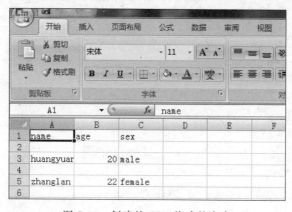

图 7-33 创建的 CSV 格式的内容

【例 7-5】 使用 Python 把数据分行写入 CSV 文件。
代码如下。

```
import csv
with open('Spam.csv', 'w', newline = '') as csvfile:
    spamwriter = csv.writer(csvfile, delimiter = ' ',
                            quotechar = '|', quoting = csv.QUOTE_MINIMAL)
```

```
spamwriter.writerow(['Spam'] * 3 + ['Leslie Beans'])
spamwriter.writerow(['Spam', 'Lovely Spam', 'Wonderful Spam','I love Spam'])
spamwriter.writerow(['Spam', '2018 - 09 - 04', ])
```

- 语句"spamwriter = csv. writer(csvfile，delimiter=' '，"表示创建一个写入对象。
- 语句"spamwriter. writerow(['Spam'] * 3 + ['Leslie Beans'])"表示向 CSV 文件中写入第一行。其中，"['Spam'] * 3"表示字符 Spam 将出现 3 次。
- 语句"spamwriter. writerow(['Spam'，'Lovely Spam'，'Wonderful Spam'，'I love Spam'])"表示向 CSV 文件中写入第二行。

该程序的执行结果为：

```
Spam Spam Spam |Leslie Beans|
Spam |Lovely Spam| |Wonderful Spam| |I love Spam|
Spam 2018 - 09 - 04
```

运行结果如图 7-34 所示，其中 Spam 是 Python 写入生成的 CSV 文件。

图 7-34 生成的 CSV 格式的内容

4. 使用 Python 读取 CSV 文件

CSV 格式中的数据除了可以用 Excel 直接打开，也可以使用 Python 编程来查看。这里要用到 Python 中的读函数 reader()。

【例 7-6】 使用 Python 读取 CSV 文件。

代码如下。

```
import csv
with open("20187 - 5.csv","r") as csvfile:
    reader = csv.reader(csvfile)
    #这里不需要 readlines
    for line in reader:
        print(line)
```

其中，20187-5. csv 的内容为：

```
姓名,性别,籍贯,系别
张迪,男,重庆,计算机系
兰博,男,重庆,机械系
黄飞,男,重庆,电子系
泰山,男,成都,外语系
王强,男,成都,管理系
周丽,女,天津,艺术系
李云,女,重庆,路桥系
```

- 语句 import csv 表示在 Python 中导入内置的 csv 模块。
- 语句"with open("20187-5.csv","r") as csvfile:"表示在 Python 中打开 20187-5.csv 文件,其中,csvfile 可以是支持迭代器协议的任何对象。
- 语句"reader = csv.reader(csvfile)"表示读取该 CSV 文件,并返回迭代类型。

- 语句"for line in reader:"和"print(line)"表示打印出来的结果是数组类型,文件中有几行数据就打印几个数组,不区分表头和值。

该程序的执行结果如图 7-35 所示。

从图 7-35 中可以看出,在输出时数据不分表头和值,都统一显示。

图 7-35　Python 读取 CSV 文件的内容

7.4.2　CSV 与 JSON 文件的转换

视频讲解

1. 使用 Python 读取 JSON 文件

在 Python 中读取 JSON 数据的方法较多,下面介绍一种将数组编码为 JSON 格式的方式。

【例 7-7】 将 Python 对象编码为 JSON 字符串。

代码如下。

```
import json
jsonData = '{"a":1,"b":2,"c":3,"d":4,"e":5}';
text = json.loads(jsonData)
print(text)
```

- 语句 import json 表示在 Python 中导入 JSON 库。
- 语句"jsonData = '{"a":1,"b":2,"c":3,"d":4,"e":5}';"表示创建数组。
- 语句"text = json.loads(jsonData)"表示将 Python 中的字符串转换为字典,并用 JSON 格式输出。其中,语句 json.loads 表示将已编码的 JSON 字符串解码为 Python 对象。

该程序的运行结果为:

```
{'a': 1, 'b': 2, 'c': 3, 'd': 4, 'e': 5}
```

表 7-8 所示为 JSON 库中的 API 函数，表 7-9 所示为 JSON 与 Python 解码后的数据类型。

表 7-8　JSON 中的 API 函数

API 名称	功　能	API 名称	功　能
json. dumps()	将 Python 中的字典转换为字符串	json. dump()	将数据写入 Python 文件中
json. loads()	将 Python 中的字符串转换为字典	json. load()	将字符串转换为数据类型

表 7-9　JSON 与 Python 解码后的数据类型

JSON	Python	JSON	Python
object	dict	number(real)	float
array	list	true	True
string	unicode	false	False
number(int)	init, long	null	None

2. CSV 到 JSON 的转换

CSV 格式常用于表示二维数据，它主要以纯文本方式来存储，而 JSON 也可以用来表示二维数据。在实际工作中，人们经常需要根据实际需求在 CSV 和 JSON 中进行自由转换。

将 CSV 转换为 JSON 的方式较多，这里主要介绍如何使用 Python 来实现。

【例 7-8】　使用 Python 将 CSV 转换为 JSON。

代码如下。

```
import json
fo = open("20187 - 7. csv","r")
ls = []
for line in fo:
  line = line. replace("\n","")
  ls. append(line. split(','))
fo. close()
fw = open("20187 - 7. json","w")
for i in range(1,len(ls)):
    ls[i] = dict(zip(ls[0],ls[i]))
json. dump(ls[1:],fw,sort_keys = True,indent = 4,ensure_ascii = False)
fw. close()
```

CSV 文档 20187-7. csv 的内容为：

```
姓名,性别,籍贯,系别
张迪,男,重庆,计算机系
兰博,男,重庆,机械系
黄飞,男,重庆,电子系
泰山,男,成都,外语系
王强,男,成都,管理系
```

周丽,女,天津,艺术系
李云,女,重庆,路桥系

- 语句 import json 表示在 Python 中导入 JSON 库,JSON 库是处理 JSON 格式的 Python 标准库。在 Python 中 JSON 库有两种常用方法,即 dumps()和 loads(),其中 dumps()表示编码,loads()表示解码。
- 语句"fo＝open("20187-7.csv","r")"表示打开并读取 20187-7.csv 文件,其中 r 代表读取。
- 语句"line.replace("\n","")"表示替换函数"replace('\n','')"将换行符替换为空,即将行尾的回车符替换为空字符串。
- 语句"line.split(',')"表示按逗号分隔成数组。
- 语句"fw＝open("20187-7.json","w")"表示将数据写入 20187-7.json 文件,其中 w 代表写入。
- 语句 zip()表示 Python 中的一个内置函数,它能够将两个长度相同的列表合成一个关系对。
- 语句"json.dump(ls[1:],fw,sort_keys＝True,indent＝4,ensure_ascii＝False)"表示通过调用 dump()函数向 JSON 库输出中文字符。

程序最终生成的 JSON 文件如图 7-36 所示。

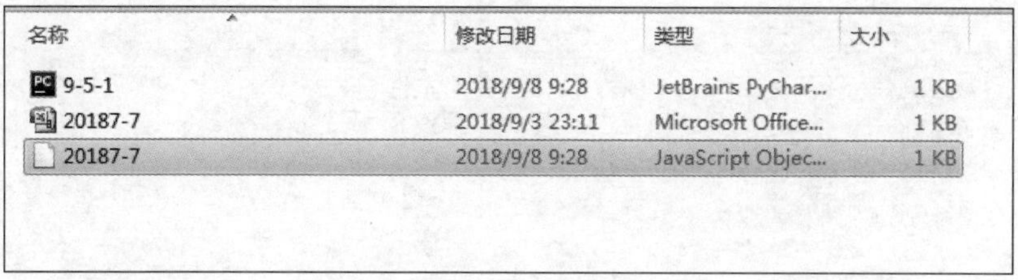

名称	修改日期	类型	大小
PC 9-5-1	2018/9/8 9:28	JetBrains PyChar...	1 KB
20187-7	2018/9/3 23:11	Microsoft Office...	1 KB
20187-7	2018/9/8 9:28	JavaScript Objec...	1 KB

图 7-36　最终生成的 JSON 文件

打开该 JSON 文件,程序的运行结果为:

```
[
    {
        "姓名": "张迪",
        "性别": "男",
        "籍贯": "重庆",
        "系别": "计算机系"
    },
    {
        "姓名": "兰博",
        "性别": "男",
        "籍贯": "重庆",
        "系别": "机械系"
    },
```

```
{
    "姓名": "黄飞",
    "性别": "男",
    "籍贯": "重庆",
    "系别": "电子系"
},
{
    "姓名": "泰山",
    "性别": "男",
    "籍贯": "成都",
    "系别": "外语系"
},
{
    "姓名": "王强",
    "性别": "男",
    "籍贯": "成都",
    "系别": "管理系"
},
{
    "姓名": "周丽",
    "性别": "女",
    "籍贯": "天津",
    "系别": "艺术系"
},
{
    "姓名": "李云",
    "性别": "女",
    "籍贯": "重庆",
    "系别": "路桥系"
}
]
```

通过该例即可实现从 CSV 到 JSON 格式的转换。

7.5　本章小结

（1）文件格式是指在计算机中为了存储信息而使用的对信息的特殊编码方式，用于识别内部存储的资料，例如文本文件、视频文件、图像文件等。

（2）数据类型是指一个值的集合和定义在这个值集上的一组操作的总称。它的出现是为了把数据分成所需内存大小不同的数据，以便程序的运行。通常可以将数据划分为不同的类型，例如原始类型、多元组、记录单元、代数数据类型、抽象数据类型、参考类型及函数类型等，在每种编程语言和数据库中都有不同的数据类型。

（3）字符编码也称字集码，把字符集中的字符编码指定为集合中的某一对象，以便文本在计算机中存储和通过通信网络传递。常见的例子包括将拉丁字母表编码成摩斯电码和 ASCII 码。

（4）数据转换常用于数据库的存储和机器学习中，例如将字符串类型的数据转换为数字类型，将 MySQL 中的数据格式化为字符串，或者将 JSON 文件转换为纯文本等。

（5）Kettle 是一款开源的 ETL 工具，用于数据清洗和转换，纯 Java 编写，可以在 Windows、Linux、UNIX 操作系统上运行，绿色无须安装，数据抽取高效、稳定。

（6）CSV 是一种通用的、相对简单的文件格式，在商业上的应用较为广泛，可以通过 Python 实现从 CSV 到 JSON 格式的转换。

7.6 实训

1. 实训目的

通过实训了解大数据存储中数据格式与编码的特点，能进行简单的与大数据有关的数据格式转换的操作。

2. 实训内容

1）使用 Python 读取记事本中的内容

（1）新建记事本文件，命名为 1.txt，并写入如图 7-37 所示的内容。

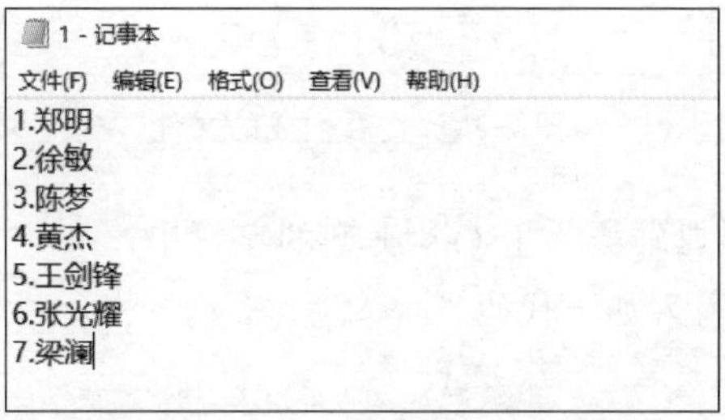

图 7-37　记事本文件的内容

（2）在 Python 3 中书写如下代码来读取 1.txt 文件中的内容：

```
f = open(file = '1.txt', mode = 'r')
data = f.read()
print(data)
```

运行结果如图 7-38 所示。

2）使用 Python 向记事本中写入内容

（1）打开 Python 3，写入如下代码：

```
with open('1.txt', 'w')as file_object:
    contents = file_object.write('hello welcome')
    print(contents)
```

该代码表示向 1.txt 中写入 hello welcome，运行该程序，结果如图 7-39 和图 7-40 所示。

```
================= RESTART: D:\教材案例\大数据分析第7章\第七章 实训\读文本文件\3-
2.py =================
1.郑明
2.徐敏
3.陈梦
4.黄杰
5.王剑锋
6.张光耀
7.梁澜
>>>
```

图 7-38　运行结果

```
================= RESTART: D:\教材案例\大数据分析第7章\第七章 实训\写入txt\写入tx
t.py =================
13
>>>
```

图 7-39　运行结果

```
📋 1 - 记事本
文件(F)  编辑(E)  格式(O)  查看(V)  帮助(H)
hello welcome
```

图 7-40　查看生成的文件

3）使用 Python 将字典转换为 JSON 类型的字符串

（1）打开 Python 3，写入如下代码：

```
import json
test_dict = {'Phone': [7600, {1: [['iPhone', 6300], ['Bike', 5800], ['shirt', 4300]]}]}
print(test_dict)
print(type(test_dict))
json_str = json.dumps(test_dict)
print(json_str)
print(type(json_str))
```

JSON 在 Python 中分别由 list 和 dict 组成，这是用于序列化的两个模块，在这里程序使用 dumps 把数据类型转换成字符串。

（2）程序运行结果如图 7-41 所示。

```
================= RESTART: D:\教材案例\大数据分析第7章\第七章 实训\读取json\1.py
=================
{'Phone': [7600, {1: [['iPhone', 6300], ['Bike', 5800], ['shirt', 4300]]}]}
<class 'dict'>
{"Phone": [7600, {"1": [["iPhone", 6300], ["Bike", 5800], ["shirt", 4300]]}]}
<class 'str'>
>>>
```

图 7-41　运行结果

从图 7-41 可以看出,转换以后文件的数据类型从 dict 变为了 str。

4) 使用 Python 解析 XML 文档

(1) 准备 1. xml 文档,内容如下。

```xml
<?xml version = "1.0" encoding = "ISO - 8859 - 1"?>
<data>
    <country name = "Liechtenstein">
        <rank>1</rank>
        <year>2008</year>
        <gdppc>141100</gdppc>
        <neighbor name = "Austria" direction = "E"/>
        <neighbor name = "Switzerland" direction = "W"/>
    </country>
    <country name = "Singapore">
        <rank>4</rank>
        <year>2011</year>
        <gdppc>59900</gdppc>
        <neighbor name = "Malaysia" direction = "N"/>
    </country>
    <country name = "Panama">
        <rank>68</rank>
        <year>2011</year>
        <gdppc>13600</gdppc>
        <neighbor name = "Costa Rica" direction = "W"/>
        <neighbor name = "Colombia" direction = "E"/>
    </country>
</data>
```

(2) 打开 Python 3,写入如下代码。

```python
import xml.dom.minidom
dom = xml.dom.minidom.parse('1.xml')
root = dom.documentElement
print(root.nodeName)
print(root.nodeValue)
print(root.nodeType)
```

在这里,由于 xml. dom. minidom 模块被用来处理 XML 文件,所以要先引入。语句 xml. dom. minidom. parse()用于打开一个 XML 文件,并创建对象 dom。其中 dom 将 XML 文档作为一个树形结构,而树叶被定义为节点。语句 documentElement 用于得到 dom 对象的文档元素,并把获得的对象给 root(),在这里 XML 文档的根节点是 data 元素。document 接口代表了整个 XML 文档,表示为整个 dom 的根,即为该树的入口,通过该接口可以访问 XML 中所有元素的内容。在 XML 文档中每一个节点都有它的各种属性,例如 nodeName 为节点名称,nodeValue 是节点的值,只对文本节点有效,而 nodeType 是节点的类型。

该程序的运行结果如图 7-42 所示。

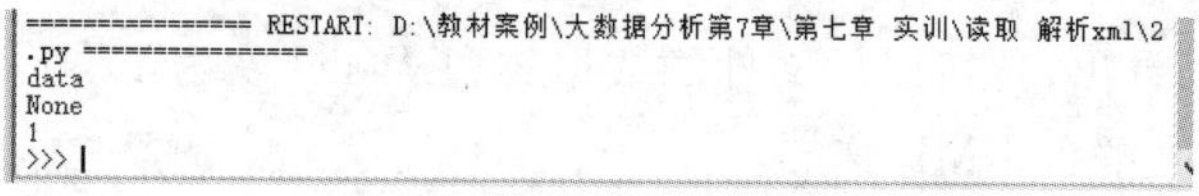

```
================= RESTART: D:\教材案例\大数据分析第7章\第七章 实训\读取 解析xml\2
.py =================
data
None
1
>>> |
```

图 7-42　运行结果

5）使用 Kettle 改变字段的格式

（1）成功运行 Kettle 后在菜单栏中单击"文件"，在"新建"中选择"转换"，在"输入"中

选择"获取系统信息"，在"转换"中选择"字段选择"，在"应用"中选择"写日志"，将其一一拖动到右侧工作区中，并建立彼此之间的节点连接关系，最终生成的程序流程如图 7-43 所示。

图 7-43　程序流程

（2）双击"获取系统信息"图标，设置"名称"为 a，选择"类型"为"系统日期（可变）"，如图 7-44 所示。

图 7-44　选择信息类型

（3）双击"字段选择"图标，在"元数据"选项卡中将"字段名称"中的数据 a 改名为 aa，并在"格式"中设置内容为 yyyy/MM/dd，如图 7-45 所示。

（4）双击"写日志"图标，设置内容如图 7-46 所示。

（5）保存该文件，选择"运行这个转换"选项，然后选择"获取系统信息"，在"执行结果"的 Preview data 中查看该程序的执行状况，选择"写日志"在 Preview data 中查看该程序的执行状况，并选择"执行结果"中的 Metrics 查看字段格式的改变情况，如图 7-47～图 7-49 所示。

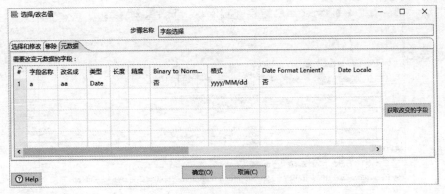

图 7-45 设置字段选择

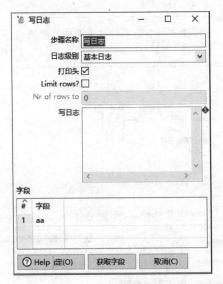

图 7-46 设置写日志

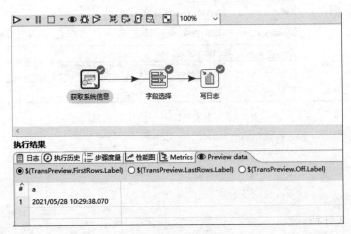

图 7-47 查看获取系统信息的执行结果

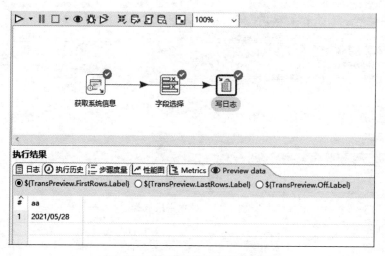

图 7-48　查看写日志的执行结果

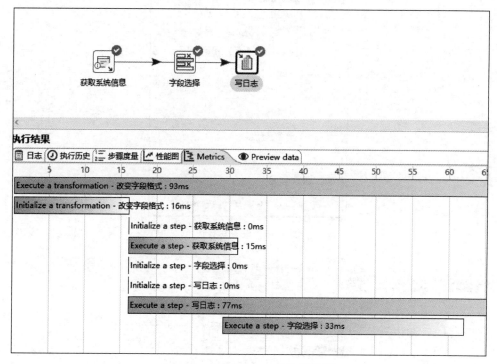

图 7-49　查看 Metrics 的执行结果

习题

1. 什么是文件格式？
2. 大数据中常见的文本文件格式有哪些？

3. 数据类型主要有哪几种?

4. 简述常见的字符编码。

5. 什么是数据转换? 它有哪些方式?

6. 简述 Kettle 的安装与数据转换的实现过程。

7. 如何用 Python 读取文本内容?

8. 如何用 Python 实现数据之间的转换?

第 **8** 章

数据抽取与采集

本章学习目标
- 了解数据抽取的概念。
- 掌握用 Kettle 实现文本抽取的方法。
- 掌握用 Kettle 实现网页数据抽取的方法。
- 了解数据采集的概念。
- 了解数据采集的平台。

本章首先向读者介绍大数据中数据抽取的概念,其次介绍数据抽取的实现方法,然后介绍网页数据抽取的方法,最后介绍数据采集及常见的数据采集平台。

8.1 数据抽取

1. 数据抽取概述

1) 数据抽取的定义

数据抽取是指从数据源中抽取对企业有用的或感兴趣的数据的过程,其实质是将数据从各种原始的业务系统中读取出来,是大数据工作开展的前提。目前实现数据抽取的方式有两种,即关系库中的数据抽取和非关系数据库中的数据抽取。

(1) 关系库中的数据抽取。目前从关系数据库中抽取数据使用得较多,主要包含两种方式,即全量抽取和增量抽取。

① 全量抽取是将数据源中的表或视图数据原封不动地从数据库中抽取出来,并转换为自己的 ETL 工具可以识别的格式。全量抽取与关系数据库中的数据复制较为相似,操

作过程比较简单。

② 增量抽取指抽取自上次抽取以来数据库中要抽取的新增、修改、删除的数据。在 ETL 工具的使用过程中,增量抽取较全量抽取应用更广,因而如何捕获变化的数据是增量抽取的关键。目前对于捕获方法的要求一般有准确性、一致性、完整性及高效性。

(2) 非关系数据库中的数据抽取。数据抽取中的数据源对象除了关系数据库外,还极有可能是非关系数据库(NoSQL)或文件,例如 TXT 文件、Excel 文件、XML 文件、HTML 文件等。对文件数据的抽取一般进行全量抽取,一次抽取前可保存文件的时间戳或计算文件的 MD5 校验码,下次抽取时进行比对,如果相同则可忽略本次抽取。

2) 数据抽取中的关键技术

在数据抽取中,特别是增量数据抽取中需要用到以下技术来捕获变化的数据。

① 时间戳。在源表上增加一个时间戳字段,当系统中更新或修改表数据时,同时修改时间戳字段。当进行数据抽取时,通过时间戳来抽取增量数据。在数据捕获中大部分都采用时间戳方式进行增量抽取,例如银行业务、VT 新开户等。使用时间戳方式可以在固定时间内组织人员进行数据抽取,并在整合后加载到目标系统。

② 触发器方式。在抽取表上建立需要的触发器,一般需要建立插入、修改、删除这 3 个触发器,每当表中的数据发生变化时,就被相应的触发器将变化写入一个临时表,抽取线程从临时表中抽取数据,临时表中抽取过的数据被标记或删除。

③ 全量删除插入。每次先清空数据源中的目标表数据,然后全量加载数据,操作过程比较简单但速度较慢。该种抽取方式一般用于小型数据源的数据抽取。

2. 数据抽取的流程

数据抽取的流程一般包含以下几步。

(1) 获取数据。

(2) 整理、检查和清洗数据。

(3) 将清洗好的数据集成,并建立抽取模型。

(4) 开展数据抽取与数据转换工作。

(5) 将转换后的结果进行临时存放。

(6) 确认数据,并将数据最终应用于数据挖掘中。

值得注意的是,在数据抽取前必须要做大量的工作,例如搞清楚数据的来源、各个业务系统的数据库服务器运行什么 DBMS、是否存在手工数据、手工数据量有多大、是否存在非结构化的数据等,当收集完这些信息后才可以进行数据抽取的设计。

此外,在实际开发流程中常根据需要把数据抽取、数据转换和数据加载看作一个整体进行。

数据抽取的具体流程如图 8-1 所示。

从图 8-1 中可以看出,在数据抽取中可以从多种数据源中抽取相应的数据,并作为暂时数据存放,直到转换完成后才加载到目标数据库中。并且随着数据抽取技术的不断发

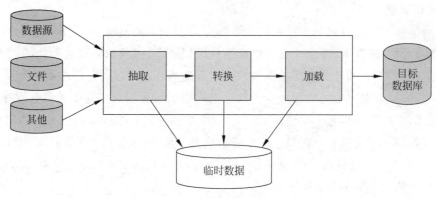

图 8-1 数据抽取的流程

展，现在已经可以从各种数据库中抽取数据，如图 8-2 所示。

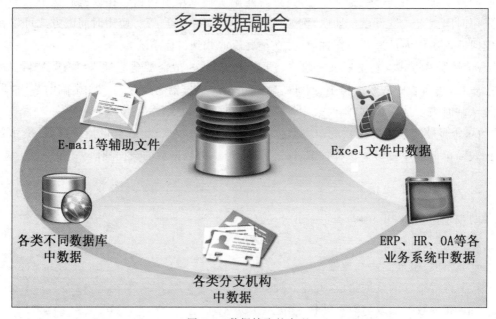

图 8-2 数据抽取的实现

在具体的数据抽取工具中，可以使用 Kettle 来抽取数据库中的数据，其流程如图 8-3 所示。

值得注意的是，由于 Kettle 本身的限制，操作者不能逐条地抽取数据，而只能一堆一堆地进行数据抽取。因此在实施中，如果抽取基本表成功，就从基本表中全部拿出数据并记录到历史表且标记为"成功"；如果抽取失败，则跳出这个表的抽取程序，并记录一条失败的记录到历史表。如图 8-4 所示为在 Kettle 中抽取本地和远程数据表的过程。

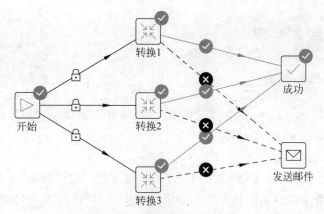

图 8-3 Kettle 数据抽取的流程

图 8-4 Kettle 中数据抽取的实现过程

3. 数据抽取的应用

目前,数据抽取被广泛应用于大型零售业与科研领域。例如,在电子商务网站中通过抽取数据库中的海量数据来了解用户的购物习惯,分析出用户最感兴趣的商品,从而制定出较好的营销策略;科研机构将数以百计的实验数据输入相应的数据库系统并提取,将其进行分析,以研发有利于大众的创新产品。

图 8-5 所示为数据抽取技术在教育信息数据库中的应用。

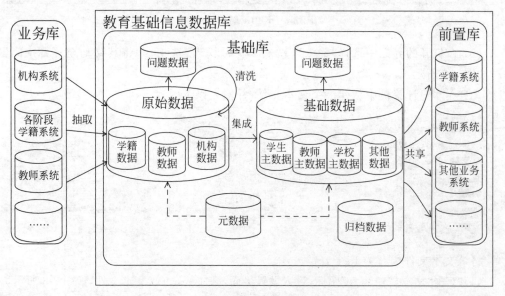

图 8-5 数据抽取的应用

8.2 文本抽取与实现

8.2.1 文本文件的抽取

视频讲解

文本文件在 Windows 中一般指记事本文件，本节主要讲述如何使用 Kettle 将文本文件中的数据抽取到 Excel 文档中。

【例 8-1】 Kettle 抽取文本文件。

（1）成功运行 Kettle 后在菜单栏中单击"文件"菜单项，选择"新建"选项，在打开的扩展菜单中有"转换""作业""数据库连接"3 个选项，在此处选择"转换"选项，如图 8-6 所示。

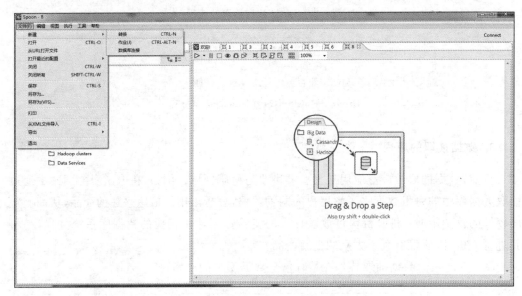

图 8-6　Kettle 新建转换

（2）在打开的界面中选择"输入"→"文本文件输入"选项，并将其移动至屏幕中间区域，如图 8-7 所示。

（3）在本地计算机中新建一个文本文件，并输入以下内容。

```
id;name;card;sex;age
1;张三;0001;M;23;
2;李四;0002;M;24;
3
4;王五;0003;M;22;
5
6;赵六;0004;M;21;
```

将该文本文件保存为 test.txt。

（4）双击"文本文件输入"图标，进入设置界面，添加 test.txt 文本文件，如图 8-8 所示。

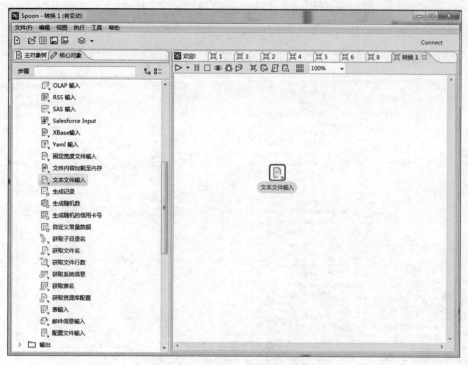

图 8-7 选择"文本文件输入"选项

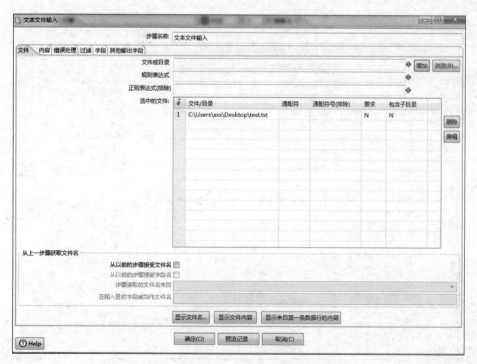

图 8-8 添加 test.txt 文本文件

（5）将"文件类型"设置为"CSV"，设置"分隔符"为"："，将"格式"设置为"mixed"，设置"编码方式"为"GB2312"，如图 8-9 所示。

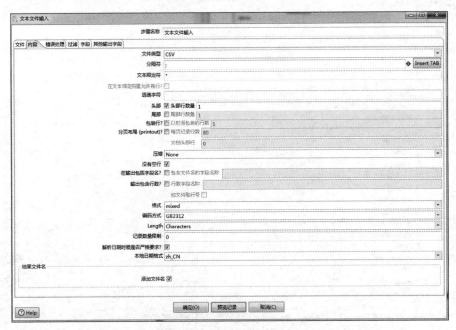

图 8-9　设置添加的文本文件

（6）获取字段内容，如图 8-10 所示。

图 8-10　获取对应的字段

（7）预览字段，如图8-11所示。

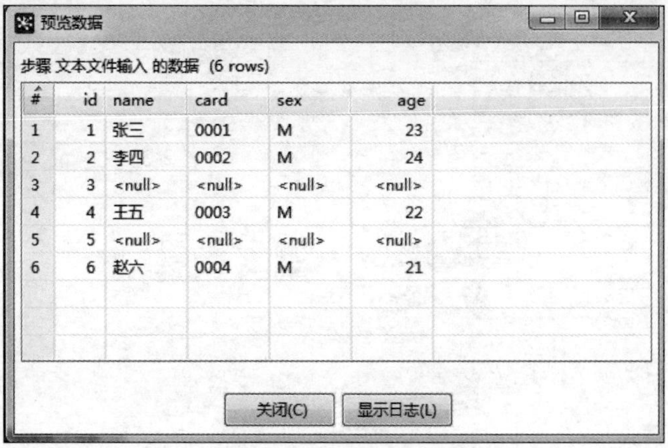

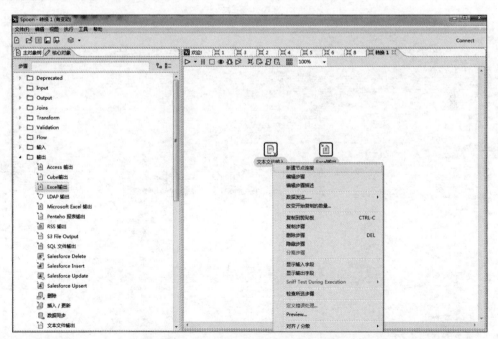

图8-11 预览字段

（8）在打开的界面中选择"输出"→"Excel输出"选项，并将其移动至屏幕中间区域，同时选中"文本文件输入"和"Excel输出"两个图标并右击，在弹出的快捷菜单中选择"新建节点连接"选项，如图8-12所示。

图8-12 选择"新建节点连接"选项

（9）保存该文件，单击"运行这个转换"按钮，执行数据抽取，并在下方的执行结果栏中查看此次操作的运行结果，如图8-13所示。

（10）选中"Excel输出"图标并右击，在弹出的快捷菜单中选择"显示输出字段"选项，即可查看输出结果，如图8-14所示。

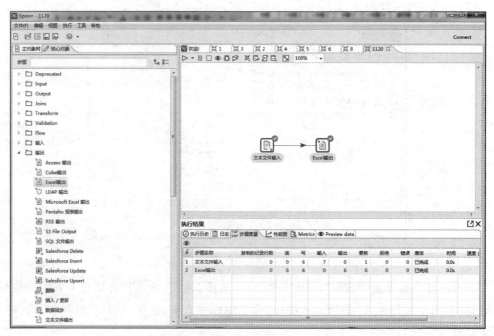

图 8-13　执行转换

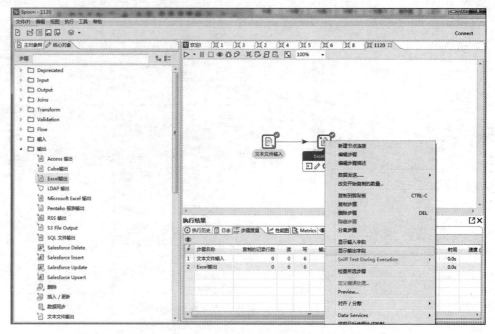

图 8-14　查看执行转换结果

（11）字段输出结果如图 8-15 所示。

（12）选中"Excel 输出"图标并右击，在弹出的快捷菜单中选择 Preview 选项，再选中

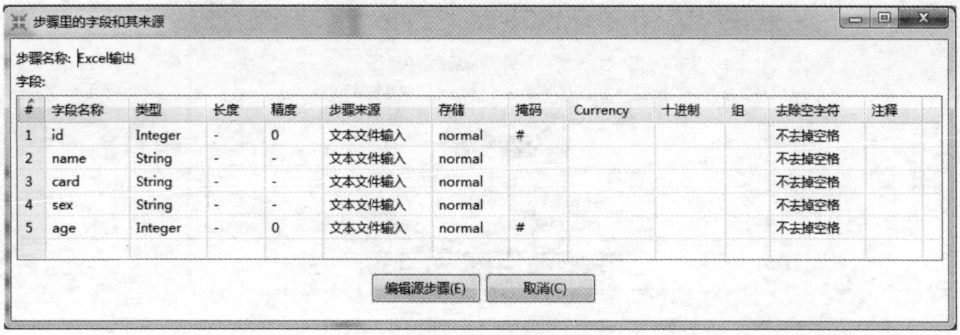

图 8-15　显示转换字段结果

"Excel 输出"图标，单击"快速启动"按钮，即可查看最终转换结果，如图 8-16 ～图 8-18 所示。

图 8-16　选择 Preview 选项

（13）双击"Excel 输出"图标，在弹出的对话框中设置要保存的 Excel 文件名和路径，即可将结果保存，如图 8-19 所示。

通过该例的转换操作，可以实现在 Kettle 中对文本文件进行数据抽取，这也是大数据分析中的关键步骤。

图 8-17　选中"Excel 输出"图标

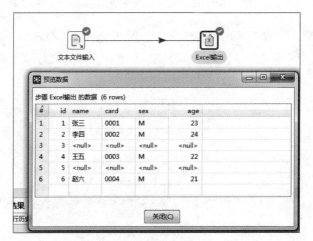

图 8-18　查看转换结果

图 8-19　将结果保存为 Excel 文件

8.2.2 CSV 文件的抽取

CSV 文件是一种常见的文本文件,一般含有表头和行项目。大多数数据处理型软件都支持 CSV 格式。本节主要介绍如何使用 Kettle 将 CSV 文件中的数据抽取到 Excel 文档中。

【例 8-2】 Kettle 抽取文本文件。

(1) 准备一个 CSV 文件,如图 8-20 所示。

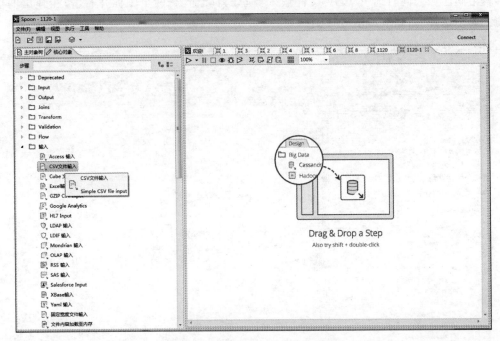

1.ktr		2018/10/19 23:17	KTR 文件	19 KB
2.ktr		2018/10/20 11:18	KTR 文件	18 KB
3.ktr		2018/10/20 12:03	KTR 文件	17 KB
10.16-2.ktr		2018/10/19 22:44	KTR 文件	17 KB
2017年上海市未成年人暑期活动项目推荐表1		2018/8/25 10:17	Microsoft Office Excel 逗号分隔值文件	9 KB
file.xls		2018/10/20 11:18	Microsoft Office Excel 97-2003 工作表	14 KB
test	类型: Microsoft Office Excel 逗号分隔值文件	2018/10/20 0:12	文本文档	1 KB
截图24	大小: 8.00 KB	2018/10/20 11:19	图片文件(.png)	45 KB
新建文本文档	修改日期: 2018/8/25 10:17	2018/10/19 22:30	文本文档	0 KB

图 8-20 CSV 文件

(2) 成功运行 Kettle 软件后在菜单栏中单击"文件"菜单项,选择"新建"选项,在弹出的扩展菜单中有"转换""作业"和"数据库连接"3 个选项,在此处选择"转换"选项,在打开的界面中选择"输入"→"CSV 文件输入"选项,如图 8-21 所示。

图 8-21 选择"CSV 文件输入"选项

(3) 双击"CSV 文件输入"图标,在文件名中添加 CSV 文件,在打开的对话框中单击"获取字段"按钮,自动获得 CSV 文件各列的表头,如图 8-22 所示。

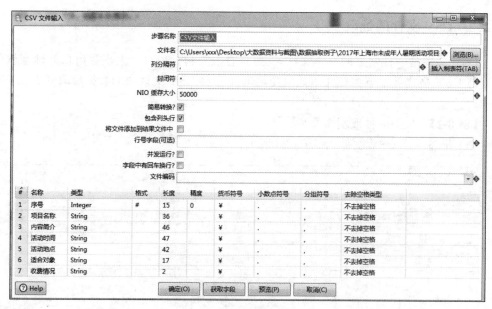

图 8-22　CSV 文件输入设置

（4）在打开的界面中选择"输出"→"Excel 输出"选项，如图 8-23 所示，并将其拖动至屏幕中间区域。同时选中"CSV 文件输入"和"Excel 输出"两个图标并右击，在弹出的快捷菜单中选择"新建节点连接"选项。

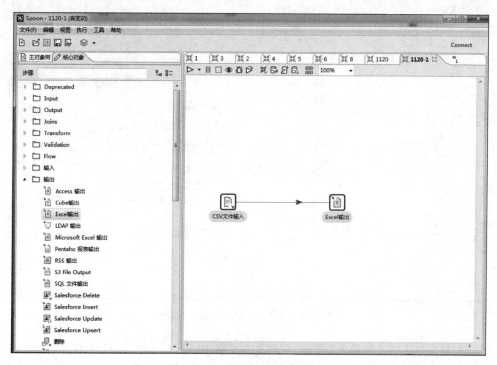

图 8-23　选择"Excel 输出"选项

（5）双击"Excel 输出"图标，在打开的对话框中设置输出的文件名，如图 8-24 所示。

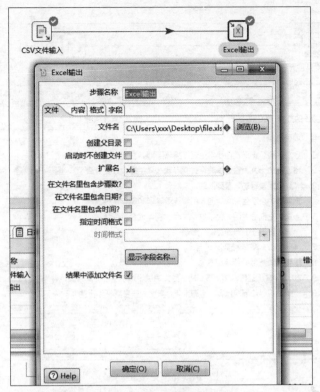

图 8-24 设置"Excel 输出"保存的文件名

（6）保存该文件，单击"运行这个转换"按钮，执行数据抽取，并在下方的执行结果栏中查看此次操作的运行结果，如图 8-25 所示。

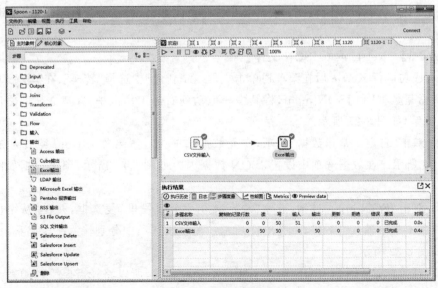

图 8-25 运行转换结果

（7）在 Excel 中预览输出数据，如图 8-26 所示。

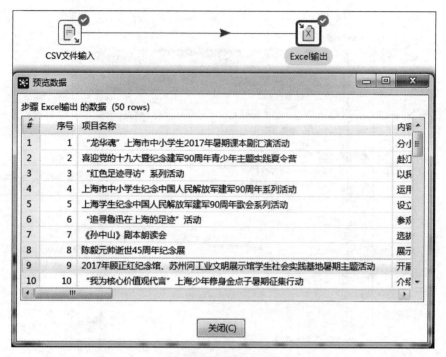

图 8-26　预览输出结果

8.2.3　JSON 文件的抽取

运行 Kettle 软件还可以抽取在网络传输中常用的 JSON 文件，方法与前面介绍的文件抽取是一样的，在抽取时只需将文件类型进行更改即可，但是需要自行设置 JSON 文件的输入字段。

【例 8-3】　Kettle 读取 JSON 文件。

（1）成功运行 Kettle 后在菜单栏单击文件，在"新建"中选择"转换"，在"输入"中选择"自定义常量数据"和 JSON input，将其一一拖动到右侧工作区中，并建立彼此之间的节点连接关系，如图 8-27 所示。

（2）双击"自定义常量数据"选项，在元数据选项中设置名称为 json，类型为 String，如图 8-28 所示。在数据选项中设置 JSON 数据内容如图 8-29 所示，预览数据如图 8-30 所示。

（3）双击 JSON input 选项，选中"源定义在一个字段里"复选框，并在"从字段获取源"下拉文本框中输入"json"，如图 8-31 所示。在字段选项中分别输入字段名称、路径和类型，如图 8-32 所示。

值得注意的是：因为 JSON 输入不能自动获取字段，所以路径需要手动填写。在这里使用了 JSONPath 语法，JSONPath 中的"根成员对象"始终称为 $，无论是对象还是数

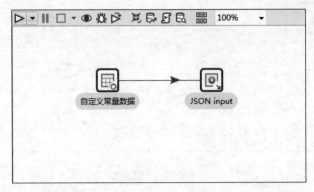

图 8-27 建立步骤

图 8-28 设置元数据

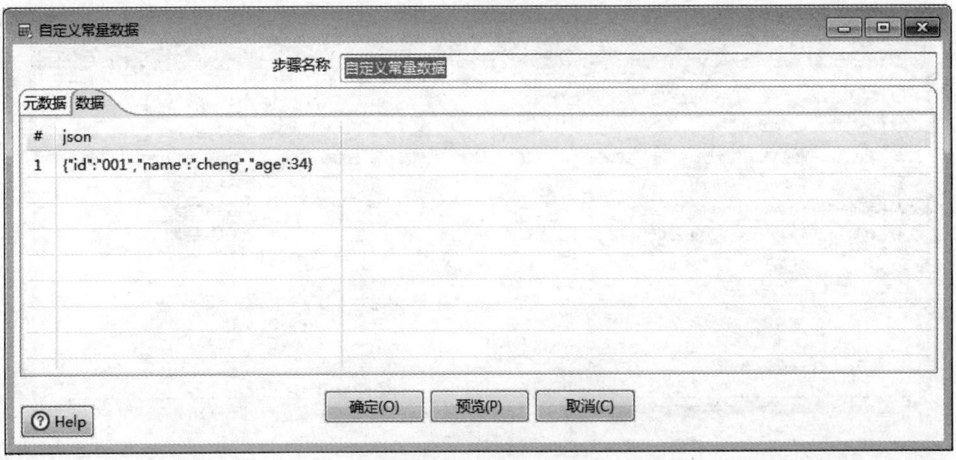

图 8-29 设置数据

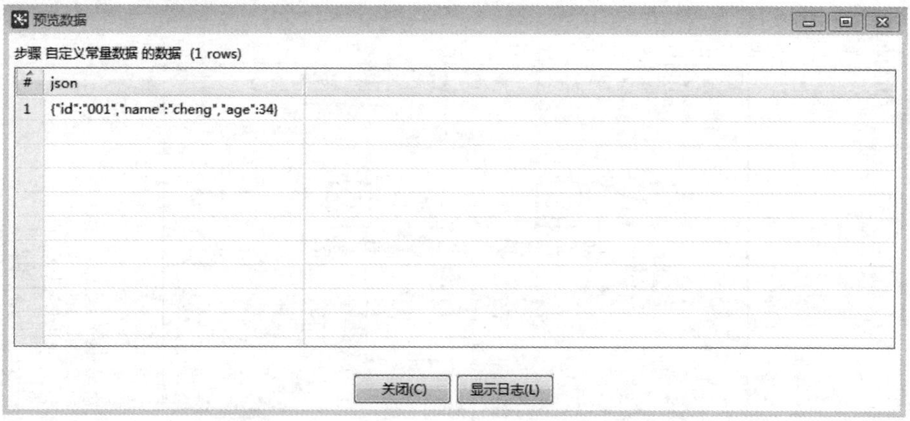

图 8-30　预览数据

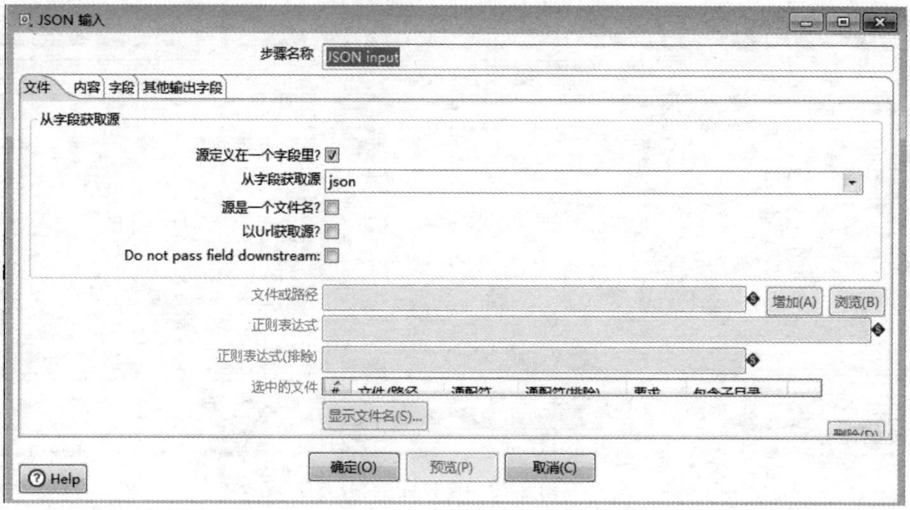

图 8-31　设置文件

图 8-32　设置字段

组。在该语法中符号 $ 表示根元素,@表示当前元素,.表示子元素,..表示多层子元素扫描,＊表示通配符,[]表示子元素操作符。例如这里使用 $.id 选中 id 元素。

　　(4) 保存该文件,选择"运行这个转换"选项,可以在"执行结果"中的 Preview data 中查看该程序的执行状况,如图 8-33 所示。

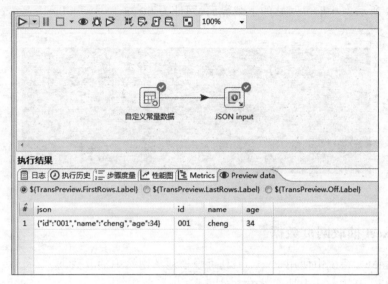

图 8-33　读取的 JSON 数据

8.3　网页数据抽取与实现

8.3.1　网页数据抽取

1. 网页数据抽取介绍

　　网页数据抽取是指通过使用相关软件或输入一定的代码来获取存储在 Web 中的数据。由于目前在互联网中的数据大多以 HTML 网页的方式存储和传播,所以在实际工作中一般抽取的网页数据主要是指半结构化数据和非结构化数据,例如 XML 格式、JSON 格式或 CSV 格式的数据等。

　　值得注意的是,由于能够灵活地进行扩展,所以 XML 格式最适合存储半结构化的数据,也常用于网页数据的存储和传输中。

2. 网页数据抽取工具

　　(1) 八爪鱼采集器。八爪鱼采集器是目前国内最成熟的网页数据采集工具之一,需要下载客户端,在客户端内可进行可视化数据抓取。

　　(2) 火车采集器。火车采集器是国内的老牌采集器公司,商业化很早,但学习成本较高,规则制定较为复杂。

（3）Import. io。Import. io是一款无须客户端的抓取工具，一切工作在浏览器中即可进行，操作便捷、简单，抓取数据后可在可视化界面中对其进行筛选。

（4）Web Scraper。Web Scraper是一款基于 Chrome 浏览器的插件，可以直接通过谷歌应用商店免费获取并安装，能轻松抓取静态网页和 JS 动态加载网页。

图 8-34 所示为八爪鱼网站的下载界面，网址为 https://www.bazhuayu.com/。

图 8-34　八爪鱼数据抽取网站

视频讲解

8.3.2　Excel 抽取网页数据

在 Windows 系统中使用 Excel 工具可轻松地从网站中抽取数据。

【例 8-4】　从 Excel 中抽取文本文件。

（1）新建 Excel 文档，单击"数据"→"自网站"按钮，如图 8-35 所示。

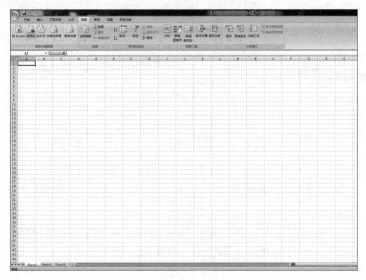

图 8-35　选择来自网站的数据

（2）弹出"新建 Web 查询"对话框，在地址栏中输入网址"https://www.163.com"，单击"转到"按钮，即可显示该网页，如图 8-36 所示。

（3）单击"导入"按钮，即可将该网页中的数据抽取到本地计算机的文件中，如图 8-37 所示。

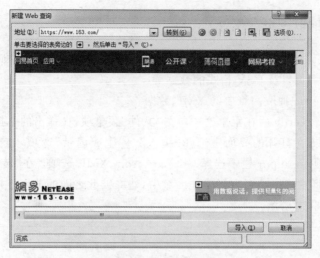

图 8-36 输入网址运行

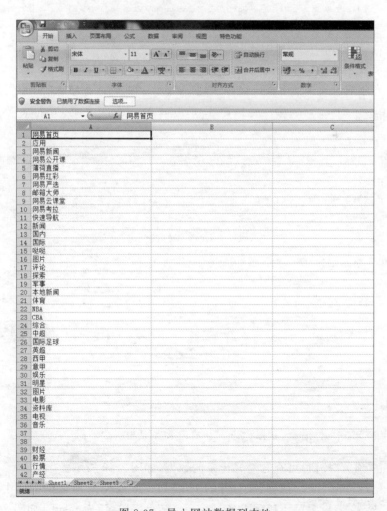

图 8-37 导入网站数据到本地

8.3.3　Kettle 抽取网页数据

目前使用 Kettle 可以比较轻松地抽取网页中各种格式的数据，例如 XML 格式的数据、JSON 格式的数据以及 CSV 格式的数据等。

【例 8-5】　Kettle 抽取网页中的 XML 数据。

（1）成功运行 Kettle 后在菜单栏中单击"文件"菜单项，在弹出的下拉菜单中选择"新建"→"转换"选项，在打开的界面中选择"输入"→"生成记录"选项，在"查询"栏中选择 HTTP client 选项，在 Input 栏中选择 Get data from XML 选项，在"转换"栏中选择"字段选择"选项，并将它们拖动到右侧工作区域中，建立彼此之间的节点连接关系，最终生成的工作界面如图 8-38 所示。

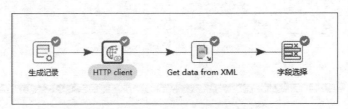

图 8-38　Kettle 抽取网页工作界面

（2）打开"生成记录"对话框，在"名称"列输入"url"，在"类型"列输入"String"，在"值"列输入网址"https://services. odata. org/V3/Northwind/Northwind. svc/Products/"，如图 8-39 所示。

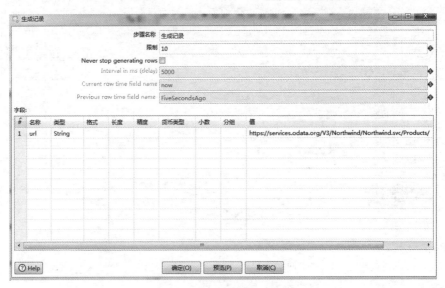

图 8-39　"生成记录"对话框

（3）单击"预览"按钮，可查看生成记录的数据，如图 8-40 所示。

（4）双击 HTTP client 图标，在打开的 HTTP web service 对话框中选中"从字段中获取 URL?"复选框，设置"URL 字段名"为 url、"结果字段名"为 result，如图 8-41 所示。

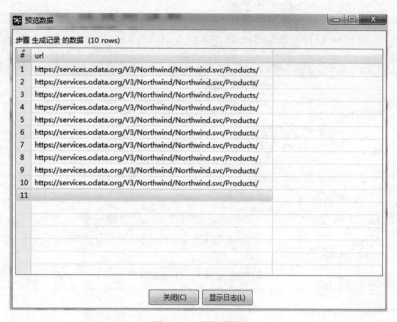

图 8-40 预览数据

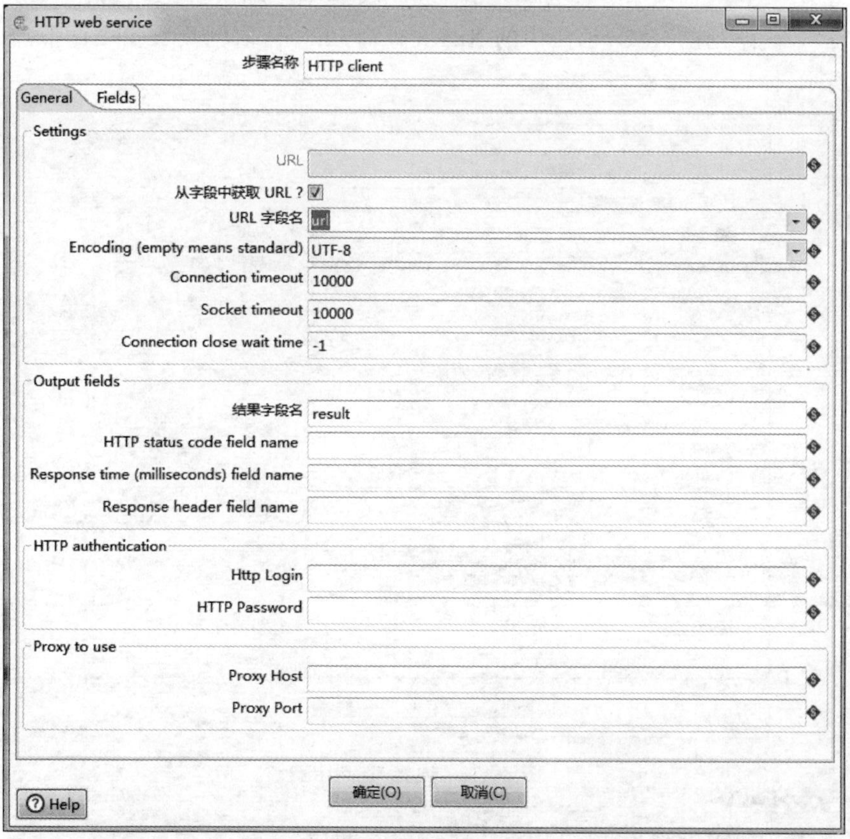

图 8-41 HTTP web service 对话框

（5）双击 Get data from XML 图标，选择"文件"选项卡，选中"XML 源定义在一个字段里?"复选框，设置"XML 源字段名"为 result，如图 8-42 所示。

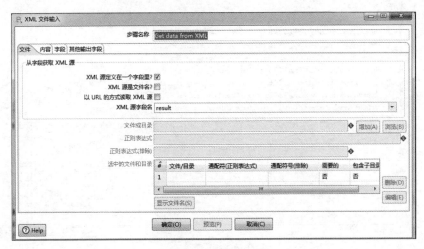

图 8-42　"文件"选项卡

（6）选择"内容"选项卡，在"循环读取路径"文本框中输入"/feed/entry/content/m：properties"。该路径是 XML 语法中的 Xpath 查询，用于读取网页数据中的节点内容，如图 8-43 所示。

图 8-43　"内容"选项卡

（7）选择"字段"选项卡，在其中输入字段内容，如图 8-44 所示。

（8）双击"获取字段"按钮，在"选择和修改"选项卡中输入字段内容，如图 8-45 所示。

图 8-44 "字段"选项卡

图 8-45 "选择和修改"选项卡

（9）保存该文件，单击"运行这个转换"按钮，可以在"执行结果"栏的"步骤度量"选项卡中查看该程序的执行状况，如图 8-46 所示。

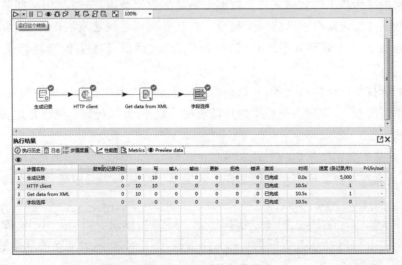

图 8-46 查看执行结果

（10）在"执行结果"栏的 Preview data 选项卡中查看该程序抽取网页的数据，这里选择前 16 条数据，在结果中显示了产品 ID、产品名称及产品价格，如图 8-47 所示。

执行结果

⊙ 执行历史 📄 日志 ≣ 步骤度量 ⬈ 性能图 🔲 Metrics ⊚ Preview data

◉ ${TransPreview.FirstRows.Label} ○ ${TransPreview.LastRows.Label} ○ ${TransPreview.Off.Label}

#	产品ID	产品名称	产品价格
1	1	Chai	18.0000
2	2	Chang	19.0000
3	3	Aniseed Syrup	10.0000
4	4	Chef Anton's Cajun Seasoning	22.0000
5	5	Chef Anton's Gumbo Mix	21.3500
6	6	Grandma's Boysenberry Spread	25.0000
7	7	Uncle Bob's Organic Dried Pears	30.0000
8	8	Northwoods Cranberry Sauce	40.0000
9	9	Mishi Kobe Niku	97.0000
10	10	Ikura	31.0000
11	11	Queso Cabrales	21.0000
12	12	Queso Manchego La Pastora	38.0000
13	13	Konbu	6.0000
14	14	Tofu	23.2500
15	15	Genen Shouyu	15.5000
16	16	Pavlova	17.4500

图 8-47　显示抽取的网页数据

8.4　数据采集与实现

1. 数据采集的含义

大数据的应用离不开数据采集。数据采集又称数据获取，是指利用某些装置从系统外部采集数据并输入系统内部的一个接口。在互联网行业快速发展的今天，数据采集已经被广泛应用于互联网及分布式领域，例如摄像头、话筒及各类传感器都是数据采集工具。

在大数据技术广泛应用之前，人们进行数据采集时一般通过制作调查问卷，随机抽取人群样本填写问卷，以得到人群样本的反馈数据。此外，人工观察记录也是过去常用的数据采集方式。

目前，采集的数据及采集的方式变得多种多样，例如电压、电流、温度、压力及声音等物理现象，或者在本地及网络中存储的各种数据都可以被采集到服务器中作为大数据分析的基础。

在数据采集的过程中，人们可以使用网卡、条形码、触摸屏、PDA、RFID 等设备进行数据采集。如图 8-48 所示为数据采集的常用方式，图 8-49 所示为常见的数据采集器。

网卡采集　硬件采集　条形码　触摸屏

图 8-48　数据采集的常用方式

图 8-49　数据采集器

2. 数据采集的实现

在大数据的数据采集过程中，一般依赖于企业开发的数据采集平台或网上的各种数据采集工具，下面分别进行介绍。

1) 数据采集平台

（1）Flume。Flume 是 Cloudera 公司开发的一个高可用的、高可靠的、分布式的海量日志采集、聚合和传输的系统，它支持在日志系统中定制各类数据发送方，用于收集数据；同时也提供对数据进行简单处理，并支持多种数据写入的能力。此外，Flume 客户端负责在事件产生的源头把事件发送给 Flume 的 Agent。客户端通常和产生数据源的应用在同一个进程空间，常见的 Flume 客户端有 Avro、Log4j、Syslog 和 HTTP Post。值得注意的是，Flume 在 source 和 sink 端都使用了 transaction 机制，以保证在数据传输中没有数据丢失。

图 8-50 所示为 Flume 运行机制。

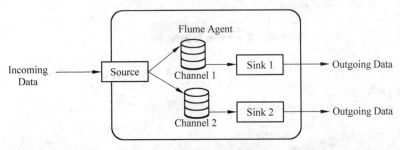

图 8-50　Flume 运行机制

（2）Kafka。Kafka 是由 Apache 软件基金会开发的一个开源流处理平台，由 Scala 和 Java 编写。Kafka 是一种高吞吐量的分布式发布订阅消息系统，可以处理消费者规模的网站中的所有动作流数据，以及在互联网中采集到的各种变化的路由信息，通过 Kafka 的 Producer 将归集后的信息批量传入 Kafka，再按照接收顺序对归集的信息进行缓存，并加入待消费队列。Kafka 的 Consumer 读取队列信息，并以一定的处理策略将获取的信息更新到数据库，完成数据到数据中心的存储。如图 8-51 所示为 Kafka 的采集机制。

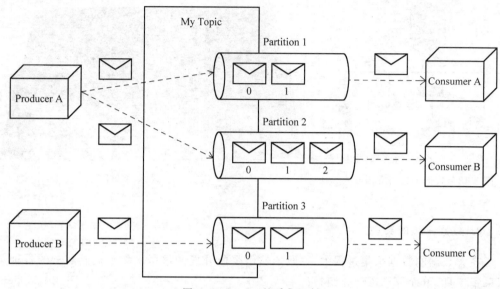

图 8-51　Kafka 的采集机制

（3）Fluentd。Fluentd 是一个开源的数据收集器，专为处理数据流设计，有点像 syslogd，但是使用 JSON 作为数据格式。它采用了插件式的架构，具有高可扩展性和高可用性，同时还实现了高可靠的信息转发。在数据采集上，可以把各种不同来源的信息首先发送给 Fluentd，然后 Fluentd 根据配置通过不同的插件把信息转发到不同的地方，例如文件、SaaS Platform、数据库，甚至可以转发到另一个 Fluentd。如图 8-52 所示为 Fluentd 的采集机制。

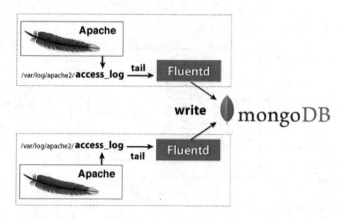

图 8-52　Fluentd 的采集机制

（4）Splunk。Splunk 是一个分布式的机器数据平台，它提供完整的数据采集、数据存储、数据分析和处理，以及数据展现的能力。在 Splunk 的组成中，Search Head 负责数据的搜索和处理,提供搜索时的信息抽取;Indexer 负责数据的存储和索引;Forwarder 负责数据的收集、清洗、变形,并发送给 Indexer。如图 8-53 所示为 Splunk 的运行机制。

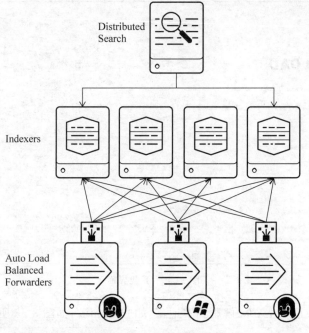

图 8-53　Splunk 的运行机制

【例 8-6】　在 Windows 下安装和使用 Kafka。

生产用的 Kafka 都是在 Linux 上搭建集群,为了在本地快速学习 Kafka,可以搭建一个单机版的 Windows 环境下的 Kafka。

(1) 下载和安装 jdk,并配置 Java 环境。

新建系统变量 JAVA_HOME 和 CLASSPATH,并编辑 path 变量。

① 变量名(N):JAVA_HOME

变量值(V):C:\java\jdk1.8.0_181

② 变量名(N):CLASSPATH

变量值(V):.;%JAVA_HOME%\lib\dt.jar;%JAVA_HOME%\lib\tools.jar;

③ 编辑系统变量 path。

在 path 变量值的最后加上:

```
;%JAVA_HOME%\bin;%JAVA_HOME%\jre\bin;
```

在环境变量 Path 中写入以下内容:

```
%SystemRoot%;%SystemRoot%\system32;%SystemRoot%\System32\Wbem
```

(2) 进入 Kafka 官网下载页面 http://kafka.apache.org/downloads 下载 Kafka,选

择二进制文件，再选择任意一个镜像文件下载。在这里下载的是 2.8.0 版本，如图 8-54 所示。

图 8-54　下载界面

（3）下载完成后将 Kafka 解压到本地，例如 C:\kafka，如图 8-55 所示。

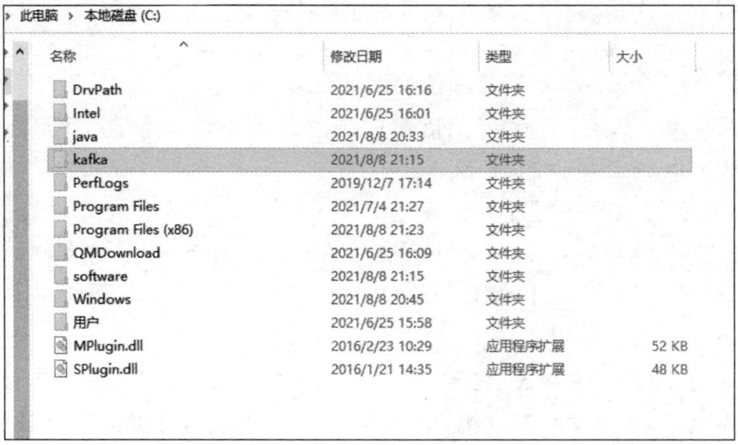

图 8-55　解压到本地

（4）在 Kafka 根目录下新建 data 和 kafka-logs 文件夹，如图 8-56 所示。

（5）进入 config 目录，对 server. properties 和 zookeeper. properties 进行修改，如图 8-57 所示。

在 server. properties 中写入以下内容：

```
# A comma separated list of directories under which to store log files
log.dirs = C:\kafka\kafka_2.12 - 2.8.0\kafka - logs
```

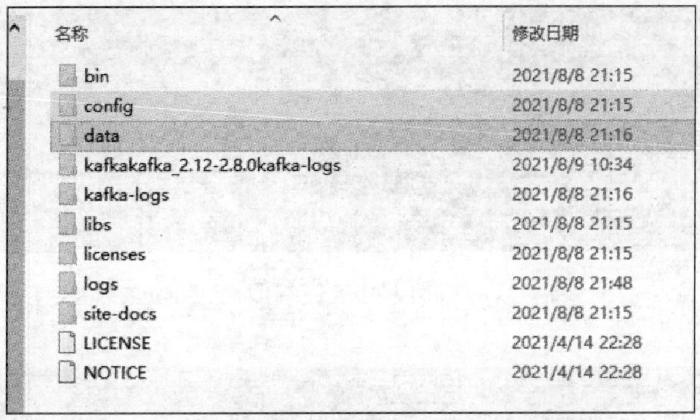

图 8-56　新建 data 和 kafka-logs 文件夹

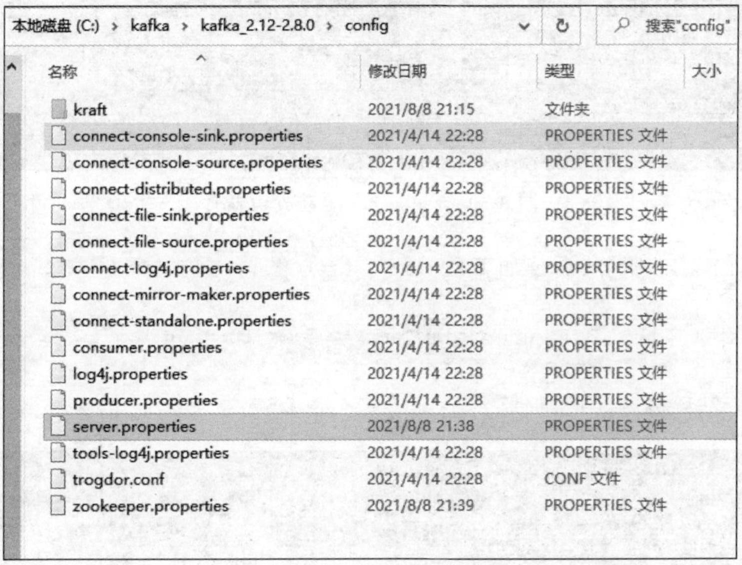

图 8-57　修改文件

在 zookeeper.properties 中写入以下内容：

```
# the directory where the snapshot is stored.
dataDir = C:\kafka\kafka_2.12 - 2.8.0\kafka - logs
```

（6）进行单机测试。首先启动 Kafka 内置的 zookeeper，输入以下命令，如图 8-58
所示。

```
C:\kafka\kafka_2.12 - 2.8.0 >.\bin\windows\zookeeper - server - start.bat.\config\
zookeeper.properties
```

zookeeper 启动成功界面如图 8-59 所示。

```
C:\kafka\kafka_2.12-2.8.0>.\bin\windows\zookeeper-server-start.bat .\config\zookeeper.properties
[2021-08-08 21:48:13,591] INFO Reading configuration from: .\config\zookeeper.properties (org.apache.zookeeper.server.qu
orum.QuorumPeerConfig)
[2021-08-08 21:48:13,601] WARN C:kafkakafka_2.12-2.8.0kafka-logs is relative. Prepend .\ to indicate that you're sure! (
org.apache.zookeeper.server.quorum.QuorumPeerConfig)
[2021-08-08 21:48:13,611] INFO clientPortAddress is 0.0.0.0:2181 (org.apache.zookeeper.server.quorum.QuorumPeerConfig)
[2021-08-08 21:48:13,611] INFO secureClientPort is not set (org.apache.zookeeper.server.quorum.QuorumPeerConfig)
[2021-08-08 21:48:13,621] INFO autopurge.snapRetainCount set to 3 (org.apache.zookeeper.server.DatadirCleanupManager)
[2021-08-08 21:48:13,621] INFO autopurge.purgeInterval set to 0 (org.apache.zookeeper.server.DatadirCleanupManager)
[2021-08-08 21:48:13,621] INFO Purge task is not scheduled. (org.apache.zookeeper.server.DatadirCleanupManager)
[2021-08-08 21:48:13,621] WARN Either no config or no quorum defined in config, running in standalone mode (org.apache.
zookeeper.server.quorum.QuorumPeerMain)
```

图 8-58 启动 Kafka 内置的 zookeeper

```
[2021-08-08 21:48:22,824] INFO Using org.apache.zookeeper.server.NIOServerCnxnFactory as server connection factory (org
.apache.zookeeper.server.ServerCnxnFactory)
[2021-08-08 21:48:22,832] INFO Configuring NIO connection handler with 10s sessionless connection timeout, 1 selector t
hread(s), 8 worker threads, and 64 kB direct buffers. (org.apache.zookeeper.server.NIOServerCnxnFactory)
[2021-08-08 21:48:22,837] INFO binding to port 0.0.0.0/0.0.0.0:2181 (org.apache.zookeeper.server.NIOServerCnxnFactory)
[2021-08-08 21:48:22,862] INFO zookeeper.snapshotSizeFactor = 0.33 (org.apache.zookeeper.server.ZKDatabase)
[2021-08-08 21:48:22,870] INFO Snapshotting: 0x0 to C:kafkakafka_2.12-2.8.0kafka-logs\version-2\snapshot.0 (org.apache.
zookeeper.server.persistence.FileTxnSnapLog)
[2021-08-08 21:48:22,876] INFO Snapshotting: 0x0 to C:kafkakafka_2.12-2.8.0kafka-logs\version-2\snapshot.0 (org.apache.
zookeeper.server.persistence.FileTxnSnapLog)
[2021-08-08 21:48:22,897] INFO PrepRequestProcessor (sid:0) started, reconfigEnabled=false (org.apache.zookeeper.server
.PrepRequestProcessor)
[2021-08-08 21:48:22,905] INFO Using checkIntervalMs=60000 maxPerMinute=10000 (org.apache.zookeeper.server.ContainerMan
ager)
[2021-08-08 22:05:21,793] INFO Creating new log file: log.1 (org.apache.zookeeper.server.persistence.FileTxnLog)
log4j:ERROR Failed to rename [C:\kafka\kafka_2.12-2.8.0/logs/server.log] to [C:\kafka\kafka_2.12-2.8.0/logs/server.log.
2021-08-08-21].
```

图 8-59 zookeeper 启动成功界面

（7）启动 Kafka 服务，命令如下。

```
C:\kafka\kafka_2.12-2.8.0>.\bin\windows\kafka-server-start.bat .\config\server.properties
```

程序运行结果如图 8-60 所示。

```
C:\kafka\kafka_2.12-2.8.0>.\bin\windows\kafka-server-start.bat .\config\server.properties
[2021-08-08 22:05:11,790] INFO Registered kafka:type=kafka.Log4jController MBean (kafka.utils.Log4jControllerRegistratio
n$)
[2021-08-08 22:05:12,473] INFO Setting -D jdk.tls.rejectClientInitiatedRenegotiation=true to disable client-initiated TL
S renegotiation (org.apache.zookeeper.common.X509Util)
[2021-08-08 22:05:12,606] INFO starting (kafka.server.KafkaServer)
[2021-08-08 22:05:12,607] INFO Connecting to zookeeper on localhost:2181 (kafka.server.KafkaServer)
[2021-08-08 22:05:12,639] INFO [ZooKeeperClient Kafka server] Initializing a new session to localhost:2181. (kafka.zooke
eper.ZooKeeperClient)
[2021-08-08 22:05:21,734] INFO Client environment:zookeeper.version=3.5.9-83df9301aa5c2a5d284a9940177808c01bc35cef, buil
t on 01/06/2021 20:03 GMT (org.apache.zookeeper.ZooKeeper)
[2021-08-08 22:05:21,734] INFO Client environment:host.name=DESKTOP-09G10UL (org.apache.zookeeper.ZooKeeper)
[2021-08-08 22:05:21,734] INFO Client environment:java.version=1.8.0_181 (org.apache.zookeeper.ZooKeeper)
[2021-08-08 22:05:21,734] INFO Client environment:java.vendor=Oracle Corporation (org.apache.zookeeper.ZooKeeper)
[2021-08-08 22:05:21,734] INFO Client environment:java.home=C:\java\jdk1.8.0_181\jre (org.apache.zookeeper.ZooKeeper)
[2021-08-08 22:05:21,734] INFO Client environment:java.class.path=.;C:\java\jdk1.8.0_181\lib\dt.jar;C:\java\jdk1.8.0_181
```

图 8-60 启动 Kafka 服务

（8）创建生产者生成消息，命令如下：

```
C:\kafka\kafka_2.12-2.8.0>.\bin\windows\kafka-console-producer.bat --broker-list
localhost:9092 --topic test
```

输入内容："this is producer message"和"hello,consumer"，程序运行结果如图 8-61 所示。

```
C:\kafka\kafka_2.12-2.8.0>.\bin\windows\kafka-console-producer.bat --broker-list localhost:9092 --topic test
>this is producer message
[2021-08-08 22:11:39,089] WARN [Producer clientId=console-producer] Error while fetching metadata with correlation id 3
: {test=LEADER_NOT_AVAILABLE} (org.apache.kafka.clients.NetworkClient)
>hello, consumer
```

图 8-61 创建生产者生成消息

（9）创建消费者接收消息，命令如下：

```
C:\kafka\kafka_2.12-2.8.0>.\bin\windows\kafka-console-consumer.bat -- bootstrap-server
localhost:9092 -- topic test -- from-beginning
```

程序运行结果如图 8-62 所示。

```
C:\kafka\kafka_2.12-2.8.0>.\bin\windows\kafka-console-consumer.bat --bootstrap-server localhost:9092 --topic test -
-from-beginning
this is producer message
hello, consumer
```

图 8-62 创建消费者接收消息

完成以上操作则表示 Kafka 环境搭建成功。值得注意的是：在执行上述操作时，前一个成功运行的界面不要关闭，后续的服务在新窗口中打开完成。

2）网页数据采集工具

（1）鸟巢采集器。鸟巢采集器是一款基于 Web 网页的数据采集工具，它基于 Java 语言开发，采用分布式架构，拥有强大的内容采集和数据过滤功能，能将用户采集的数据发布到远程服务器上。

（2）简数。简数是一个完全在线配置和云端采集的网页数据采集和发布平台，功能强大、操作简单，并提供网页内容采集、数据加工处理、SEO 工具和发布等数据采集基本功能。

（3）GrowingIO。GrowingIO 是基于用户行为的新一代数据分析产品，提供全球领先的数据采集和分析技术，不需要开发人员埋点就可以详细地收集用户的数据。该产品可以在不涉及用户隐私的情况下将所有可以抓取的数据细节进行收集、整理。

（4）后羿采集器。后羿采集器是基于人工智能技术开发的产品，能够智能采集和分析数据，用户只需输入网址就能够自动识别采集内容。

8.5 本章小结

（1）数据抽取是指从数据源中抽取对企业有用的或感兴趣的数据的过程，其实质是将数据从各种原始的业务系统中读取出来，是大数据工作开展的前提。目前常用的实现数据抽取的方式有两种，即关系库中的数据抽取和非关系数据库中的数据抽取。

（2）目前数据抽取被广泛地应用于大型零售业与科研领域。

（3）使用 Kettle 工具可实现文本数据的抽取和网页数据的抽取。

（4）数据采集又称数据获取，是指利用某些装置从系统外部采集数据并输入系统内部的一个接口。在互联网行业快速发展的今天，数据采集已经被广泛应用于互联网及分布式领域。

视频讲解

8.6 实训

1. 实训目的

通过本章实训了解大数据抽取与采集的特点，能进行简单的与大数据有关的数据抽取与采集的操作。

2. 实训内容

（1）XML 数据抽取。

① 在 XML 文档中输入内容，并保存为 2-4.xml。

```xml
<?xml version = "1.0" encoding = "utf - 8"?>
< books >
    < book >
< name > XML 高级编程</name >
    < description >讲述 XML 程序开发的高级知识</description >
    </book >
< book >
    < name > Java 高级编程</name >
    < description >讲述 Java 程序开发的高级知识</description >
    </book >
</books >
```

② 成功运行 Kettle 后在菜单栏中单击"文件"菜单项，选择"转换"选项，在打开的界面中选择 Input→Get data from XML 选项，并将其拖动到右侧工作区域中，如图 8-63 所示。

③ 双击 Get data from XML 图标，在"文件"选项卡中将刚创建的 XML 文件添加到 Get data from XML 对象中，如图 8-64 所示。

④ 在"内容"选项卡中单击"循环读取路径"文本框右侧的"获取 XML 文档的所有路径"按钮，在弹出的"可用路径"对话框中选择"/books/book"选项，如图 8-65 所示。

⑤ 单击"确定"按钮，返回"内容"选项卡，在"编码"下拉列表框中选择"UTF-8"选项。

⑥ 选择"字段"选项卡，单击"获取字段"按钮，如图 8-66 所示。

⑦ 单击"预览"按钮即可查看抽取结果，如图 8-67 所示。

图 8-63 选择 Get data from XML 选项

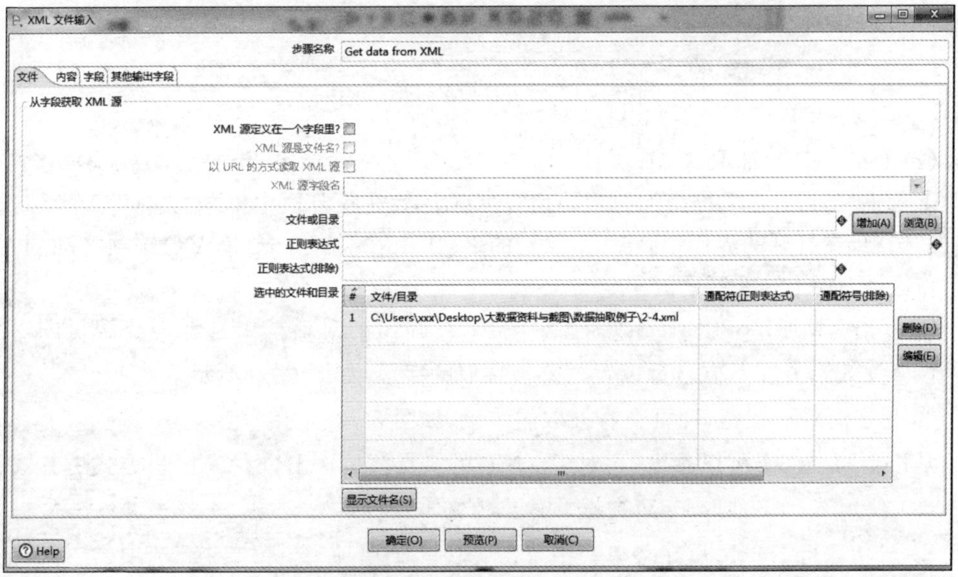

图 8-64 添加 XML 文件

图 8-65　获取 XML 文档路径

图 8-66　"字段"选项卡

图 8-67　查看抽取的 XML 字段

（2）使用 StAX 抽取 XML 文件。

① 还以 2-4.xml 文档为例。成功运行 Kettle 后在菜单栏中单击"文件"菜单项，选择"转换"选项，在打开的界面中，将 Input 栏的 XML Input Stream(StAX)选项拖动到右侧的工作区域，如图 8-68 所示。

② 双击 XML Input Stream(StAX)图标，在弹出的对话框中选择需要解析的 XML 文档（2-4.xml），并在下方自行设置需要被抽取的字段，如图 8-69 所示。

③ 单击"预览"按钮，即可查看抽取的结果，如图 8-70 所示。

从以上两个例子可以看出，相对于 XML 的节点解析输出，StAX 解析方式更有效。

（3）使用 Kettle 抽取 CSV 数据并输出为文本文件。

① 成功运行 Kettle 后在菜单栏中单击"文件"菜单项，选择"转换"选项，在打开的界面中选择"输入"→"CSV 文件输入"选项，并将其拖动到右侧工作区域中；在"输出"栏中

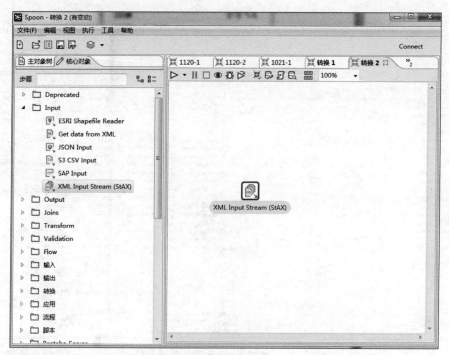

图 8-68　选择 XML Input Stream(StAX)选项

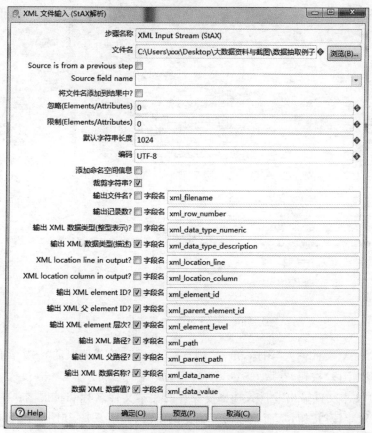

图 8-69　设置文件及抽取的字段

选择“文本文件输出”选项，也将其拖动到右侧工作区域中，建立彼此的连接，如图8-71所示。

预览数据

步骤 XML Input Stream (StAX) 的数据 (20 rows)

#	xml_data_type_description	xml_element_id	xml_parent_element_id	xml_element_level	xml_path	xml_parent_path	xml_data_name	xml_data_value
1	START_DOCUMENT	0	<null>	0		<null>	<null>	<null>
2	START_ELEMENT	1	0	1	/books		books	<null>
3	START_ELEMENT	2	1	2	/books/book	/books	book	<null>
4	START_ELEMENT	3	2	3	/books/book/name	/books/book	name	<null>
5	CHARACTERS	3	2	3	/books/book/name	/books/book	name	XML高级编程
6	END_ELEMENT	3	2	3	/books/book/name	/books/book	name	<null>
7	START_ELEMENT	4	2	3	/books/book/description	/books/book	description	<null>
8	CHARACTERS	4	2	3	/books/book/description	/books/book	description	讲述XML程序开发的高级知识
9	END_ELEMENT	4	2	3	/books/book/description	/books/book	description	<null>
10	END_ELEMENT	2	1	2	/books/book	/books	book	<null>
11	START_ELEMENT	5	1	2	/books/book	/books	book	<null>
12	START_ELEMENT	6	5	3	/books/book/name	/books/book	name	<null>
13	CHARACTERS	6	5	3	/books/book/name	/books/book	name	Java高级编程
14	END_ELEMENT	6	5	3	/books/book/name	/books/book	name	<null>
15	START_ELEMENT	7	5	3	/books/book/description	/books/book	description	<null>
16	CHARACTERS	7	5	3	/books/book/description	/books/book	description	讲述Java程序开发的高级知识
17	END_ELEMENT	7	5	3	/books/book/description	/books/book	description	<null>
18	END_ELEMENT	5	1	2	/books/book	/books	book	<null>
19	END_ELEMENT	1	0	1	/books		books	<null>
20	END_DOCUMENT	0	<null>	0		<null>	<null>	<null>

关闭(C) 显示日志(L)

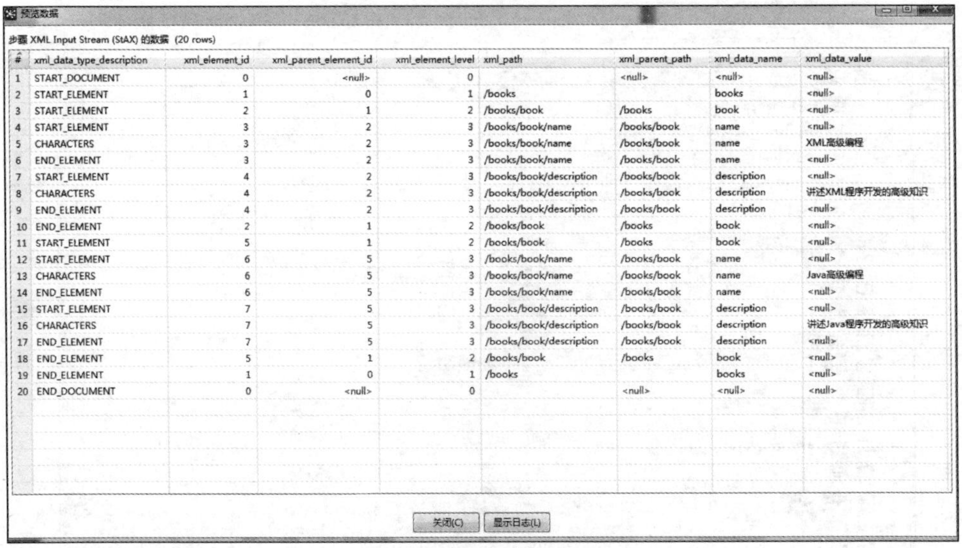

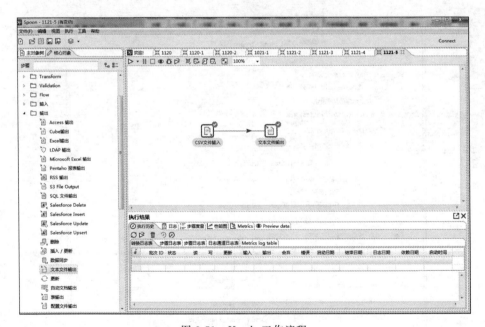

图 8-70 预览 XML 文档抽取的字段

图 8-71 Kettle 工作流程

② 双击“CSV 文件输入”图标，单击“浏览”按钮找到想要读取的 CSV 文件，并单击对话框中的“获取字段”按钮，获取 CSV 文件字段，如图 8-72 所示。

③ 双击“文本文件输出”图标，选择要保存的文本文件名称和扩展名；在“字段”选项卡中单击“获取字段”按钮，从而获取需要输出的字段，如图 8-73 和图 8-74 所示。

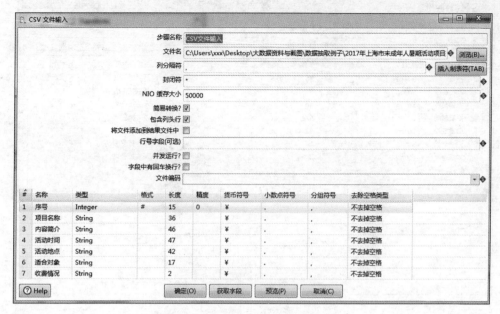

图 8-72　导入 CSV 文件并获取字段

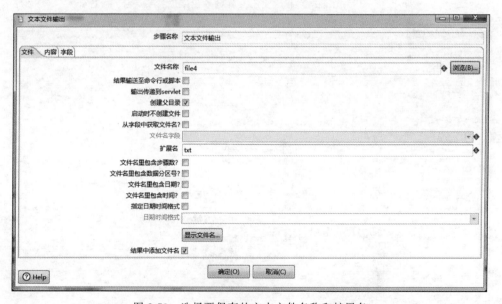

图 8-73　选择要保存的文本文件名称和扩展名

④ 保存该文件,单击"运行这个转换"按钮,可以在"执行结果"栏的"步骤度量"选项卡中查看该程序的执行状况,在 Preview data 选项卡中预览生成的数据,如图 8-75 和图 8-76 所示。

图 8-74　获取文本文件的输出字段

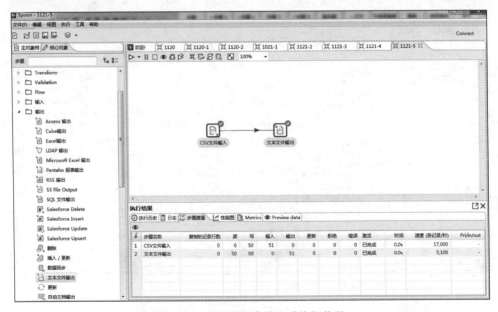

图 8-75　运行该程序并查看执行状况

（4）使用 Kettle 在生成的记录后增加一列

① 成功运行 Kettle 后在菜单栏单击"文件"，选择"转换"选项，在"步骤"中选择"输入"，选择"生成记录"选项，并将其拖动到右侧工作区中；并在"转换"中选择"增加常量"选项，也将其拖动到右侧工作区中，建立彼此的连接，如图 8-77 所示。

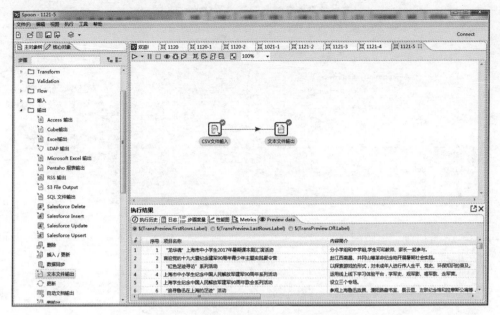

图 8-76 运行该程序并预览生成的数据

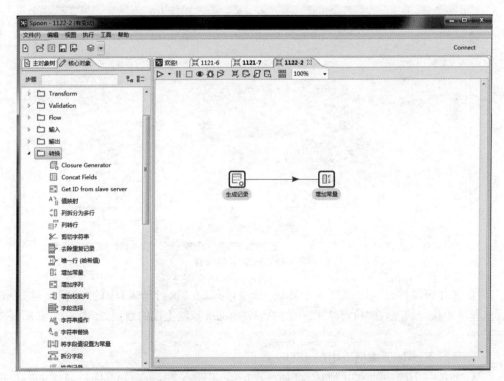

图 8-77 Kettle 工作流程

② 双击"生成记录"选项,在字段中填入字段名称、字段类型以及选择是否设为空串,如图 8-78 所示。

图 8-78　填入字段内容

③ 双击"增加常量"选项，在字段中增加一列新的字段 sex，如图 8-79 所示。

图 8-79　增加字段内容

④ 保存该文件，选择"运行这个转换"选项，可以在"执行结果"中的"步骤度量"中查看该程序的执行状况，在"执行结果"中的 Preview data 预览生成的数据，如图 8-80 和图 8-81 所示。

⑤ 运行 Kettle 读取网页中的 JSON 数据。

- 准备一个网站的 API 地址，例如"http：//api. map. baidu. com/place/v2/suggestion? query＝％ E6％98％ A5％ E7％86％ 99％ E8％ B7％ AF&region＝％ E6％88％ 90％ E9％83％ BD％ E5％ B8％ 82&output＝json&ak＝n0lHarpY3QZx6xXXIaWMFLxj"。显示的内容如图 8-82 所示。

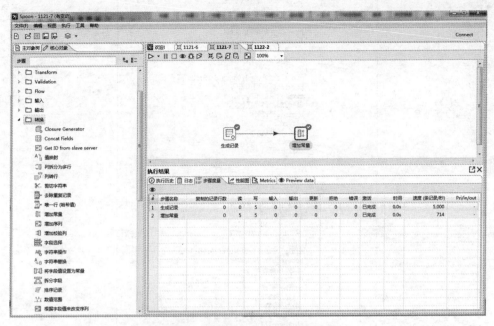

图 8-80 运行该程序并查看执行状况

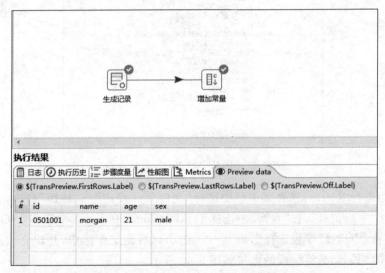

图 8-81 运行该程序并预览生成的数据

```
{
    "status":0,
    "message":"ok",
    "result":[
        {
            "name":"春熙路-地铁站",
            "location":{
                "lat":30.659204,
                "lng":104.086002
            },
            "uid":"3a49b04c2186aaa7d7851f2c",
            "province":"四川省",
            "city":"成都市",
            "district":"锦江区",
            "business":"",
            "cityid":"75",
            "tag":"地铁站",
            "address":"",
            "children":[

            ],
            "adcode":"510104"
        },
        {
            "name":"春熙路步行街",
            "location":{
                "lat":30.661516,
                "lng":104.084227
            },
            "uid":"03a6e15e1464026f88f15d3e",
            "province":"四川省",
            "city":"成都市",
            "district":"锦江区",
            "business":"",
            "cityid":"75",
            "tag":"购物",
            "address":"成都市-锦江区-春熙路",
            "children":[

            ],
            "adcode":"510104"
        },
        {
            "name":"春熙路-道路",
            "location":{
                "lat":30.662751,
                "lng":104.084506
            },
            "uid":"07f73f1a3f2fe5a796ec8402",
            "province":"四川省",
            "city":"成都市",
            "district":"锦江区",
            "business":"",
            "cityid":"75",
            "tag":"道路",
            "address":"成都市-锦江区",
            "children":[

            ],
            "adcode":"510104"
        },
```

图 8-82　网站中的 JSON 数据内容

- 成功运行 Kettle 后，在菜单栏中选择"文件"→"新建"→"转换"命令，在"输入"中选择"生成记录"，在"查询"中选择 HTTP client，在 Input 中选择 JSON input，在"转换"中选择"字段选择"，将其一一拖动到右侧工作区中，并建立彼此之间的节点连接关系，最终生成的连接如图 8-83 所示。

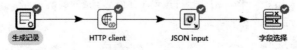

图 8-83　建立连接

- 双击"生成记录"图标,设置名称为 url,并设置类型为 String、值为 API 网址,如图 8-84 所示。

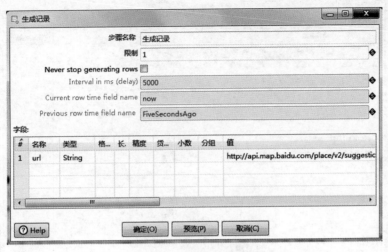

图 8-84 生成记录设置

- 选择 HTTP client 选项,手动设置数据内容,如图 8-85 和图 8-86 所示。

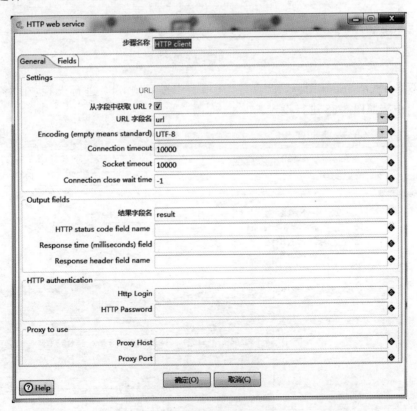

图 8-85 设置 General 内容

图 8-86 设置 Fields 内容

- 双击 JSON input 图标，在"文件"选项卡中按照图 8-87 进行设置，在"字段"选项
  卡中按照图 8-88 进行设置。

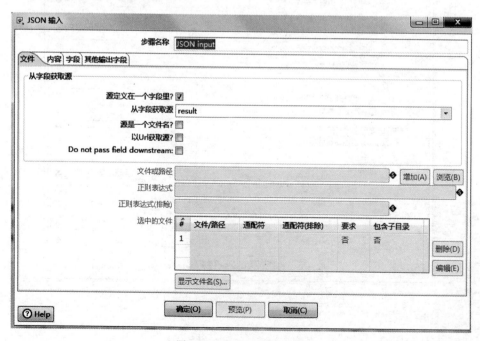

图 8-87 设置"文件"内容

图 8-88　设置"字段"内容

- 双击"字段选择"选项,在"选择和修改"选项卡中输入字段内容,如图 8-89 所示。

图 8-89　输入字段内容

- 保存该文件,选择"运行这个转换"选项,可以在"执行结果"栏的 Preview data 选项卡中查看该程序的执行状况,如图 8-90 所示。

图 8-90　读取的 JSON 数据

习题

1. 什么是数据抽取？
2. 数据抽取的流程有哪几步？
3. 什么是数据采集？
4. 数据采集的平台有哪些？
5. 简述从 Kettle 中抽取 XML 数据的实现过程。
6. 简述从 Kettle 中抽取 JSON 数据的实现过程。
7. 简述从 Kettle 中抽取 CSV 数据的实现过程。
8. 简述在 Kettle 中如何在生成记录中增加新的一列字段。

第 9 章

pandas数据分析与清洗

本章学习目标
- 掌握 pandas 的安装和运行方法。
- 掌握 pandas 的基本语法。
- 掌握 pandas 读取与清洗数据的方法。
- 了解 pandas 绘图原理。
- 掌握 pandas 绘图方法。

本章首先向读者介绍 pandas 库的基本概念与安装、运行方法,其次介绍 pandas 的基本语法,然后介绍 pandas 数据读取与清洗的实现方式,最后介绍 pandas 绘图的原理及实现。

9.1 认识 pandas

1. pandas 简介

pandas 是 Python 中的一个数据分析与清洗的库,pandas 库是基于 numpy 库构建的。在 pandas 库中包含了大量的标准数据模型,并提供了高效操作大型数据集所需的工具,以及大量快速、便捷地处理数据的函数和方法,使得以 numpy 为中心的应用变得十分简单。

pandas 最早被作为金融数据分析工具开发出来,在经过多年的发展与完善后,目前已经被广泛地应用于大数据分析的各个领域。

2. pandas 的安装

因为 pandas 是 Python 的第三方库,所以在使用前需要先安装,可以直接使用 pip

install pandas 命令安装，该命令会自动安装 pandas 及相关组件。

安装完成后，可以在命令行中输入"pip list"命令查看 pandas 库是否正确安装，如图 9-1 所示。

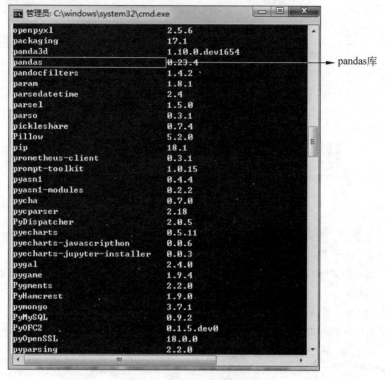

图 9-1　pandas 库的安装

在计算机中成功安装了 pandas 库后，即可通过在 Python 中调用该库来实现数据的分析与清洗。

3. pandas 的使用

要使用 pandas，可以直接在 Python 命令行中输入以下命令：

```
import pandas as pd
s = pd.Series()
s
```

可得到如下结果：

```
Series([],dtype:float64)
```

该程序的运行结果如图 9-2 所示。

在引入 pandas 库时，可以直接导入 import pandas 库，并在后续的代码中将该库简写为"pandas as pd"。

```
管理员: C:\windows\system32\cmd.exe - python

Microsoft Windows [版本 6.1.7601]
版权所有 (c) 2009 Microsoft Corporation。保留所有权利。

C:\Users\xxx>python
Python 3.7.0 (v3.7.0:1bf9cc5093, Jun 27 2018, 04:59:51) [MSC v.1914 64 bit (AMD6
4)] on win32
Type "help", "copyright", "credits" or "license" for more information.
>>> import pandas as pd
>>> s=pd.Series()
>>> s
Series([], dtype: float64)
>>>
```

图 9-2　pandas 库的使用

　　该程序使用 pandas 创建了一个空序列,在 9.2 节中会详细介绍 pandas 库的语法及使用方式。

9.2　pandas 的语法与使用

视频讲解

　　在 pandas 库中有两个最基本的数据类型,即 Series 和 DataFrame。其中,Series 数据类型表示一维数组,与 numpy 中的一维 array 类似,并且二者与 Python 中基本的数据结构 List 也很相近;而 DataFrame 数据类型代表二维的表格型数据结构,也可以将其理解为 Series 的容器。

　　pandas 库中的基本数据类型及含义如表 9-1 所示。

表 9-1　pandas 库中的基本数据类型及含义

数 据 类 型	含　义	数 据 类 型	含　义
Series	pandas 库中的一维数组	DataFrame	pandas 库中的二维数组

1. Series 类型

1) Series 的创建和选择

　　Series 是能够保存任何类型数据(整数、字符串、浮点数、Python 对象等)的一维标记数组,并且每个数据都有自己的索引。在 pandas 库中仅由一组数据即可创建最简单的 Series。

　　(1) 创建 Series。

　　【例 9-1】　创建一个最简单的 Series。

　　代码如下。

```
import pandas as pd
s = pd.Series([1, 2, 3, 4])
s
```

　　该例通过引入 pandas 库创建了一个 Series 一维数组,运行该程序,结果如图 9-3 所示。

```
>>> import pandas as pd
>>> s=pd.Series([1,2,3,4])
>>> s
0    1
1    2
2    3
3    4
dtype: int64
```

图 9-3　创建 Series

从图 9-3 中可以看出，Series 数组的表现方式为索引在左侧，从 0 开始标记；值在右侧，由用户自己定义，并且用户可以通过 Series 中的 index 属性为数据值定义标记的索引。

（2）创建 Series 并定义索引。

【例 9-2】　创建一个最简单的 Series，并定义数据值的索引。

代码如下。

```
import pandas as pd
s = pd.Series([1,2,3,4],index = ['a','b','c','d'])
s
```

该例用语句 index 为每个数据值创建了自定义的索引，运行该程序，结果如图 9-4 所示。

```
>>> s=pd.Series([1,2,3,4],index=['a','b','c','d'])
>>> s
a    1
b    2
c    3
d    4
```

图 9-4　创建 Series 索引

也可以只显示索引，如例 9-2 中直接运行命令"s.index"即可输出结果。

```
index(['a', 'b', 'c', 'd'], dtype = 'object')
```

2）索引的选择

在 pandas 中，用户还可以通过索引的方式选择 Series 中的某个值。

（1）选择 Series 中的某个值。

【例 9-3】　选择 Series 中的某个值。

代码如下。

```
import pandas as pd
s = pd.Series([1,2,3,4] ,index = ['a','b','c','d'])
s['a']
```

该例使用语句"s['a']"选择了 Series 中的某一个索引值，运行该程序，结果如图 9-5 所示。

```
>>> s['a']
1
```

图 9-5　选择 Series 中的某一个索引值

（2）选择 Series 中的多个值。

【例 9-4】 选择 Series 中的多个值。

代码如下。

```
import pandas as pd
s = pd.Series([1,2,3,4], index = ['a','b','c','d'])
s[['b','c']]
```

该例使用语句"s[['b','c']]"选择了 Series 中的多个索引值,运行该程序,结果如图 9-6 所示。

图 9-6　选择 Series 中的多个索引值

（3）选择 Series 中表达式的值。

【例 9-5】 选择 Series 中表达式的值。

代码如下。

```
import pandas as pd
s = pd.Series([1,2,3,4], index = ['a','b','c','d'])
s[s > 3]
```

该例使用语句"s[s>3]"选择了 Series 中值大于 3 的数据,运行该程序,结果如图 9-7 所示。

图 9-7　选择 Series 中表达式的值

3）Series 中的数据操作

在 pandas 库中除了可以创建和选择 Series 外,还可以对 Series 进行各种数据操作,例如加法、乘法及布尔等各种运算。

（1）Series 中的加法运算。

【例 9-6】 Series 中的加法运算。

代码如下。

```
import pandas as pd
s = pd.Series([1,2,3,4], index = ['a','b','c','d'])
s + 3
```

该例将 Series 中的所有值加 3,运行该程序,结果如图 9-8 所示。

图 9-8　Series 中的加法运算

（2）Series 中的乘法运算。

【例 9-7】　Series 中的乘法运算。

代码如下。

```
import pandas as pd
s = pd.Series([1,2,3,4], index = ['a','b','c','d'])
s * 3
```

该例将 Series 中的所有值乘 3,运行该程序,结果如图 9-9 所示。

```
>>> s*3
a     3
b     6
c     9
d    12
dtype: int64
```

图 9-9　Series 中的乘法运算

（3）Series 中的布尔运算。

【例 9-8】　Series 中的布尔运算。

代码如下。

```
import pandas as pd
s = pd.Series([1,2,3,4], index = ['a','b','c','d'])
'b' in s
'w' in s
```

该例用布尔运算来判断在数组中是否存在 b 或 w 的索引,运行该程序,结果如图 9-10 所示。

```
>>> 'b' in s
True
>>> 'w' in s
False
```

图 9-10　Series 中的布尔运算

从图 9-10 中可以看出,b 存在于该数组的索引中,因此程序显示 True;而 w 不存在于该数组的索引中,因此程序显示 False。

4）Series 中数组的数据操作

此外,在 pandas 库中除了可以对单个数组进行数据操作外,还可以对多个数组进行相同的操作。

(1) Series 中数组的加法运算。

【例 9-9】 Series 中多个数组的加法运算。

代码如下。

```
import pandas as pd
s1 = pd.Series([1,2,3,4])
s2 = pd.Series([5,6,7,8])
s1 + s2
```

该例在 Series 中进行两个数组的加法运算,并按照索引对应位进行运算,运行该程序,结果如图 9-11 所示。

图 9-11　Series 中多个数组的加法运算

(2) Series 中数组的乘法运算。

【例 9-10】 Series 中多个数组的乘法运算。

代码如下。

```
import pandas as pd
s1 = pd.Series([1,2,3,4])
s2 = pd.Series([5,6,7,8])
s1 * s2
```

该例在 Series 中进行两个数组的乘法运算,运行该程序,结果如图 9-12 所示。

图 9-12　Series 中数组的乘法运算

(3) Series 中数组的自动补齐不同索引运算。

在 Series 中有一个重要功能,即 Series 可以自动补齐不同索引的数据。

【例 9-11】 Series 中的自动补齐不同索引运算。

代码如下。

```
import pandas as pd
s1 = pd.Series([1,2,3,4],index = ['a','b','c','d'])
s2 = pd.Series([6,7,8,9], index = ['b','c','d','a'])
s1 + s2
```

该例在 Series 中进行两个数组的加法运算，并且可以自动补齐不同索引，运行该程序，结果如图 9-13 所示。

```
>>> import pandas as pd
>>> s1=pd.Series([1,2,3,4],index=['a','b','c','d'])
>>> s2=pd.Series([6,7,8,9],index=['b','c','d','a'])
>>> s1+s2
a    10
b     8
c    10
d    12
dtype: int64
```

图 9-13　Series 中的自动补齐功能

从该例中可以看出，Series 可以将相同索引的数据自动对应，从而进行数据运算。

（4）Series 中数组运算的缺失值表示。

如果在数组运算中出现无法匹配的值，其结果将会为 NaN，在 Python 中它代表缺失值。

【例 9-12】　Series 中的缺失值。

代码如下。

```
import pandas as pd
s1 = pd.Series([1,2,3,4], index = ['a','b','c','d'])
s2 = pd.Series([6,7,8], index = ['b','c','d'])
s1 + s2
```

该例在 Series 中进行两个数组的加法运算，但由于两个数组对应的数值并不匹配，在 s2 中缺少索引 a 及其对应的值，所以会出现缺失值，运行该程序，结果如图 9-14 所示。

```
>>> s1+s2
a     NaN
b     8.0
c    10.0
d    12.0
dtype: float64
```

图 9-14　Series 中的缺失值

2. DataFrame 类型

DataFrame 是一个表格型的数据类型，它含有一组有序的列，每列可以是不同的类型（数值、字符串等）。DataFrame 类型既有行索引又有列索引，因此可以被看作由 Series 组成的字典。

1）DataFrame 的创建

构建 DataFrame 的方法有很多种，最常见的是直接传入一个由等长列表组成的字典。

（1）直接创建 DataFrame 数据类型。

【例 9-13】　创建一个最简单的 DataFrame。

代码如下。

```
import pandas as pd
data = {
'name':['leslie','amos','bill','bert']
'year':['1980','1986','1988','1990']
}
frame = pd.DataFrame(data)
frame
```

该例通过引入 pandas 库创建了一个 DataFrame 数据类型，并且会形成有序的排列，运行该程序，结果如图 9-15 所示。

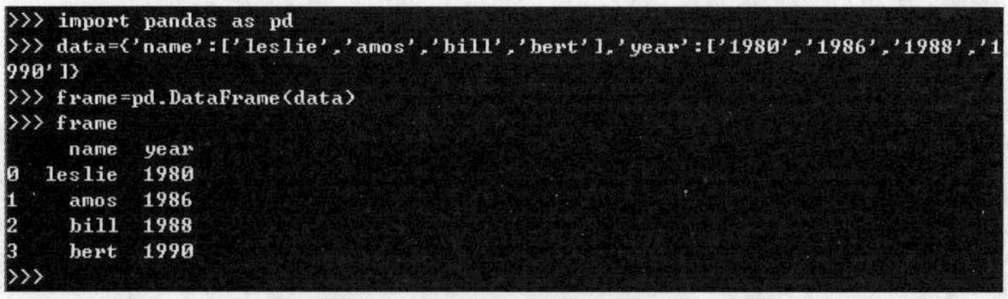

```
>>> import pandas as pd
>>> data={'name':['leslie','amos','bill','bert'],'year':['1980','1986','1988','1
990']}
>>> frame=pd.DataFrame(data)
>>> frame
     name  year
0  leslie  1980
1    amos  1986
2    bill  1988
3    bert  1990
>>>
```

图 9-15　创建 DataFrame

（2）创建 DataFrame 数据类型，并指定列序列。

在创建 DataFrame 类型时，如果自行指定了列序列，那么 DataFrame 会按照指定顺序进行排序。

【例 9-14】　创建一个 DataFrame，并指定列序列。

代码如下。

```
import pandas as pd
data = {
'name':['leslie','amos','bill','bert']
'year':['1980','1986','1988','1990']
}
frame2 = pd.DataFrame(data,columns = ['year','name'])
frame2
```

该例指定了 DataFrame 类型的列序列，将 year 列放在 name 列的前面，运行该程序，结果如图 9-16 所示。

```
>>> frame2=pd.DataFrame(data,columns=['year','name'])
>>> frame2
   year    name
0  1980  leslie
1  1986    amos
2  1988    bill
3  1990    bert
>>>
```

图 9-16　创建 DataFrame 并指定列序列

（3）使用嵌套字典来创建 DataFrame 类型。

【例 9-15】　使用嵌套字典来创建一个 DataFrame。

代码如下。

```
import pandas as pd
data = {
'name':['leslie','amos','bill','bert']
'year':['1980','1986','1988','1990']
}
pop = {'leslie':{1980},'amos':{1986}}
frame3 = pd.DataFrame(pop)
frame3
```

该例使用嵌套字典来创建 DataFrame，将外层字典的键作为列，例如 leslie、amos；将内层键作为行索引，例如"{1980}""{1986}"，运行该程序，结果如图 9-17 所示。

```
>>> pop={'leslie':{1980},'amos':{1986}}
>>> frame3=pd.DataFrame(pop)
>>> frame3
   leslie      amos
0  {1980}    {1986}
```

图 9-17　使用嵌套字典创建 DataFrame

2）DataFrame 的索引与查询

在访问 DataFrame 类型时，可以使用 index、columns、values 等属性访问 DataFrame 的行索引、列索引及数据值，返回一个二维的 ndarray。

（1）使用 index 属性访问 DataFrame。

【例 9-16】　使用 index 属性访问 DataFrame 的行索引。

代码如下。

```
import pandas as pd
data = {
'name':['leslie','amos','bill','bert']
'year':['1980','1986','1988','1990']
}
pop = {'leslie':{1980},'amos':{1986}}
frame3
frame3 = pd.DataFrame(pop)
frame3.index
```

该例使用 index 属性来返回 DataFrame 中的数据，运行该程序，结果如图 9-18 所示。

```
>>> frame3.index
RangeIndex(start=0, stop=1, step=1)
```

图 9-18　使用 index 属性返回 DataFrame

（2）使用 values 属性访问 DataFrame。

【例 9-17】　使用 values 属性访问 DataFrame 的数据。

代码如下。

```
import pandas as pd
data = {
'name':['leslie','amos','bill','bert']
'year':['1980','1986','1988','1990']
}
pop = {'leslie':{1980},'amos':{1986}}
frame3
frame3 = pd.DataFrame(pop)
frame3.values
```

该例使用 values 属性返回 DataFrame 中的数据,运行该程序,结果如图 9-19 所示。

```
>>> frame3.values
array([[{1980}, {1986}]], dtype=object)
```

图 9-19　使用 values 属性返回 DataFrame

(3) 使用索引方法和属性查询 DataFrame。

【例 9-18】　使用索引方法和属性查询 DataFrame。

代码如下。

```
import pandas as pd
data = {
'name':['leslie','amos','bill','bert']
'year':['1980','1986','1988','1990']
}
frame2 = pd.DataFrame(data,columns = ['year','name'])
frame2
'1980' in frame2.columns
'name' in frame2.columns
```

该例使用语句"'1980' in frame2.columns,'name' in frame2.columns"查询在 frame2 类型中出现的列序列的名称,因此第一句会显示为 False,而第二句会显示为 True,运行该程序,结果如图 9-20 所示。

```
>>> '1980' in frame2.columns
False
>>> 'name' in frame2.columns
True
```

图 9-20　使用索引查询 DataFrame

如果要查询在 frame2 中出现的 values 值,也可以使用类似的语句:

```
'leslie' in frame2.values
```

该语句的输出结果为 True。

（4）建立索引并查询。

要查询在 frame2 中出现的行索引，可以先建立索引，再使用语句查询。

【例 9-19】 建立行索引并查询。

代码如下。

```
import pandas as pd
data = {
'name':['leslie','amos','bill','bert']
'year':['1980','1986','1988','1990']
}
frame2 = pd.DataFrame(data,columns = ['year','name'],index = ['one','two','three','four'])
frame2
'one' in frame2.index
'five' in frame2.index
```

该例先创建了行索引，用 one、two、three、four 来表示，再查询 one 和 five 是否出现在 index 中，因此第一句显示为 True，第二句显示为 False，运行该程序，结果如图 9-21 和图 9-22 所示。

```
>>> frame2
      year   name
one   1980   leslie
two   1986   amos
three 1988   bill
four  1990   bert
>>>
```

图 9-21 创建行索引

```
>>> 'one' in frame2.index
True
>>> 'five' in frame2.index
False
```

图 9-22 查询行索引

3. DataFrame 数据分析与应用实例

在 DataFrame 中，数据分析方法包含数据计算、数据扩充、数据索引、数据丢弃、数据排序和数据汇总等，具体如表 9-2 所示。

表 9-2 DataFrame 中数据分析的具体方法及含义

方　　法	含　　义	方　　法	含　　义
sum()	对数据值做加法运算	drop()	丢弃不需要的数据值
df−()	对数据值做减法运算	sort_index()	对数据值排序
df * ()	对数据值做乘法运算	idxmin()	统计最小值的索引
df/()	对数据值做除法运算	idxmax()	统计最大值的索引
append()	对数据的行或列进行扩充	cumsum()	对数据值进行累加
reindex()	重新建立一个新的索引对象		

1）数据计算

在 DataFrame 中,常见的计算是对每一列做加法、减法、乘法或除法。

【例 9-20】 在 pandas 中建立二维数据并求和。

代码如下。

```
import pandas as pd
import numpy as np
df = pd.DataFrame([[1, 2, 3],[4, 5, 6]], columns = ['col1','col2','col3'], index = ['a','b'])
df
```

该例首先创建 DataFrame 类型,创建一个两行三列的数组,并且索引为 a 和 b,运行结果如图 9-23 所示。

```
>>> df
    col1  col2  col3
a     1     2     3
b     4     5     6
```

图 9-23 创建 DataFrame 类型

（1）每一列求和。

输入命令 df.sum(),可以对每一列求和,运行结果如图 9-24 所示。

```
>>> df.sum()
col1    5
col2    7
col3    9
dtype: int64
```

图 9-24 对 DataFrame 类型的每一列求和

（2）每一行求和。

输入命令 df.sum(1),可以对每一行求和,运行结果如图 9-25 所示。

```
>>> df.sum(1)
a     6
b    15
dtype: int64
```

图 9-25 对 DataFrame 类型的每一行求和

（3）每一行做减法。

输入命令 df-1,可以对每一行做减 1 运算,运行结果如图 9-26 所示。

```
>>> df-1
    col1  col2  col3
a     0     1     2
b     3     4     5
```

图 9-26 对 DataFrame 类型的每一行做减法运算

（4）每一行做乘法。

输入命令 df*2,可以对每一行做乘 2 运算,运行结果如图 9-27 所示。

```
>>> df*2
    col1  col2  col3
a     2     4     6
b     8    10    12
```

图 9-27　对 DataFrame 类型的每一行做乘法运算

（5）每一行做除法。

输入命令 df/2，可以对每一行做除以 2 运算，运行结果如图 9-28 所示。

```
>>> df/2
    col1  col2  col3
a    0.5   1.0   1.5
b    2.0   2.5   3.0
```

图 9-28　对 DataFrame 类型的每一行做除法运算

2）数据扩充

在 DataFrame 中，常见的扩充是对每一列或每一行进行扩充。

【**例 9-21**】　在 pandas 中建立二维数据并进行扩充。

代码如下。

```
import pandas as pd
import numpy as np
df = pd.DataFrame([[1, 2, 3],[4, 5, 6]], columns = ['col1','col2','col3'], index = ['a','b'])
df
```

该程序生成并显示了 3 列数据，如果要增加一列，可以输入命令"df['col4']=['7','8']"，该语句增加了一列 col4，并且插入了数据 7 和 8，运行结果如图 9-29 所示。

```
>>> df['col4']=['7','8']
>>> df
    col1  col2  col3 col4
a     1     2     3    7
b     4     5     6    8
```

图 9-29　对 DataFrame 类型的每一列做扩充

如果插入一行，可以输入命令"df.append(pd.DataFrame({'col1':10,'col2':11,'col3':12,'col4':13},index=['c']))"，该语句增加了一行 c，并且插入了数据 10、11、12、13，运行结果如图 9-30 所示。

```
>>> df.append(pd.DataFrame({'col1':10,'col2':11,'col3':12,'col4':13},index=['c']
))
    col1  col2  col3 col4
a     1     2     3    7
b     4     5     6    8
c    10    11    12   13
```

图 9-30　对 DataFrame 类型的每一行做扩充

3）重新索引

在 DataFrame 中，可以使用 reindex 方法重新建立一个新的索引对象。

【**例 9-22**】　在 pandas 中建立二维数据并重新建立索引。

代码如下。

```
import pandas as pd
import numpy as np
df = pd.DataFrame([[1, 2, 3],[4, 5, 6]], columns = ['col1','col2','col3'], index = ['a','b'])
df
df = df.reindex(['a','b','c','d'])
df
```

该例首先建立了一个二维数据，然后使用 reindex 方法重新建立索引，如果某个索引值不存在就会引入缺失值，运行结果如图 9-31 所示。

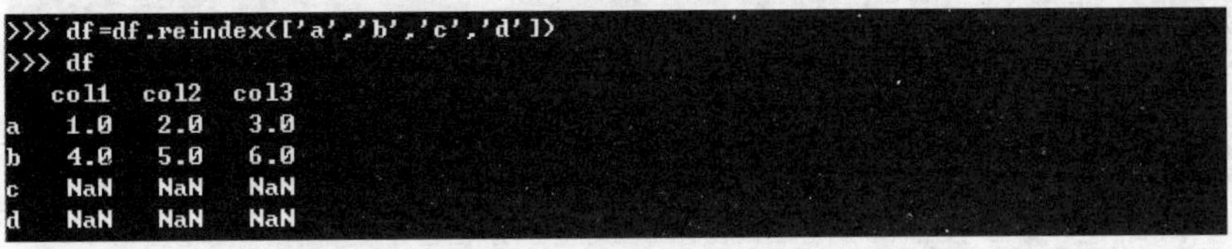

```
>>> df=df.reindex(['a','b','c','d'])
>>> df
   col1  col2  col3
a   1.0   2.0   3.0
b   4.0   5.0   6.0
c   NaN   NaN   NaN
d   NaN   NaN   NaN
```

图 9-31　对 DataFrame 类型重新建立索引值

从图 9-31 中可以看出，当出现了不存在的索引值时会用标识 NaN 表示。

4）数据丢弃

在 DataFrame 中，可以使用 drop 方法丢弃不需要的指定值，并且不会对原先的数据有任何影响。

（1）丢弃指定值。

【例 9-23】 在 pandas 中建立二维数据并丢弃不需要的某一行值。

代码如下。

```
import pandas as pd
import numpy as np
df = pd.DataFrame([[1, 2, 3],[4, 5, 6]], columns = ['col1','col2','col3'], index = ['a','b'])
df
df = df.reindex(['a','b','c','d'])
df.drop('a')
df
```

该例使用 drop 方法丢弃了索引值为 a 的整行数据，运行结果如图 9-32 所示。

```
>>> df.drop('a')
   col1  col2  col3
b   4.0   5.0   6.0
c   NaN   NaN   NaN
d   NaN   NaN   NaN
```

图 9-32　对 DataFrame 类型丢弃了指定行数据

（2）丢弃某一列值。

【例 9-24】 在 pandas 中建立二维数据并丢弃不需要的某一列值。

代码如下。

```
import pandas as pd
import numpy as np
df = pd.DataFrame([[1, 2, 3],[4, 5, 6]], columns = ['col1','col2','col3'], index = ['a','b'])
df
df = df.reindex(['a','b','c','d'])
df.drop(['col3'],axis = 1)
df
```

该例使用 drop 方法丢弃了 col3 列的数据，语句 axis＝1 表示沿着每一行或每一列标签横向执行对应的方法（列的增加或者减少），即删掉某一列，运行结果如图 9-33 所示。

```
>>> df.drop(['col3'],axis=1)
   col1  col2
a  1.0   2.0
b  4.0   5.0
c  NaN   NaN
d  NaN   NaN
```

图 9-33　对 DataFrame 类型丢弃了指定列数据

（3）丢弃某一行值。

在数据丢弃中，如果要删掉某一行，可以使用 axis＝0 来实现。例如，要删除索引值为 a 的整行数据，也可以使用语句 df.drop(['a'],axis＝0)来实现。

5）数据排序

在 DataFrame 中，可以使用 sort_index 方法对列中的数据值进行排序，它将返回一个已经排好序的新结果。

【例 9-25】　在 pandas 中建立二维数据并对数据值排序。

代码如下。

```
import pandas as pd
import numpy as np
df = pd.DataFrame({'b':[3,5,8,−1],'a':[1,4,3,9]})
df
df.sort_index(by = 'a')
```

该例对索引 a 的数据值进行了排序，在排序时将行或列的名称传递给 by 选项即可，运行结果为从小到大的顺序排列，如图 9-34 所示。

```
>>> df.sort_index(by='a')
   b  a
0  3  1
2  8  3
1  5  4
3  -1  9
```

图 9-34　对 DataFrame 类型的一列数据进行排序

6）数据汇总

在 DataFrame 中，可以使用 idxmin 和 idxmax 方法统计达到最小值和最大值的索引，该方法也称为间接索引。其中，idxmin 统计最小值的索引，idxmax 统计最大值的索引。

【例 9-26】　在 pandas 中建立二维数据并统计。

代码如下。

```
import pandas as pd
import numpy as np
df = pd.DataFrame([[1, 2, 3],[4, 5, 6]], columns = ['col1','col2','col3'], index = ['a','b'])
df
```

该例首先创建 DataFrame 类型,然后创建一个两行三列的数组,并且索引为 a 和 b。

(1) 统计索引。

输入"df.idxmin()"命令统计最小值索引,输入"df.idxmax()"命令统计最大值索引,运行结果如图 9-35 和图 9-36 所示。

```
>>> df.idxmin()
col1      a
col2      a
col3      a
dtype: object
```

图 9-35　统计 DataFrame 类型数据的最小值索引

```
>>> df.idxmax()
col1      b
col2      b
col3      b
dtype: object
```

图 9-36　统计 DataFrame 类型数据的最大值索引

(2) 对数据累加。

此外,还可以使用 cumsum 方法进行各行数据值的累加。

输入"df.cumsum()"命令,可以对每一行的数据进行累加,运行结果如图 9-37 所示。

```
>>> df.cumsum()
   col1  col2  col3
a     1     2     3
b     5     7     9
>>> df.idxmin()
```

图 9-37　统计 DataFrame 类型数据各行的累加值

9.3　pandas 读取与清洗数据

9.3.1　数据准备

CSV 是以纯文本形式存储的表格数据,本节主要讲述如何使用 pandas 读取和操作 CSV 文件中的数据。

首先准备 CSV 文件,内容如下。

```
white,red,blue,pink,black,green,animal
1,2,3,4,5,6,cat
2,3,6,1,2,3,dog
1,2,5,3,7,6,pig
2,3,4,6,2,1,mouse
```

该 CSV 文件记录了动物的颜色数据，将该文件保存为 3.csv，即可使用 pandas 读取其中所需要的各种数据。

9.3.2　从 CSV 中读取数据

1. pandas 读取 CSV 文件的方法

在 pandas 中处理 CSV 文件的方法主要有两个，即 read_csv()和 to_csv()。其中，read_csv()表示读取 CSV 文件的内容并返回 DataFrame，to_csv()则是 read_csv()的逆过程。pandas 处理 CSV 文件的方法及含义如表 9-3 所示。

表 9-3　pandas 处理 CSV 文件的方法及含义

方　　法	含　　义	方　　法	含　　义
read_csv()	读取 CSV 文件	to_csv()	写入 CSV 文件

在 pandas 中读取 CSV 文件的语法为：

```
pd.read_csv("filename")
```

其中，filename 表示要读取的 CSV 文件名称，在 filename 后还可以加上一些参数，具体如表 9-4 所示。

表 9-4　read_csv()参数及含义

参　　数	含　　义
header	表头，默认不为空（以第一行为表头），取 None 表明全数据无表头
prefix	在没有列标题时给列添加前缀
sep	指定分隔符。如果不指定参数，则会尝试使用逗号分隔
index_col	用作行索引的列编号或列名，如果给定一个序列，则有多个行索引
delimiter	定界符，备选分隔符（如果指定该参数，则 sep 参数失效）
usecols	返回一个数据子集，即选取某几列
squeeze	如果文件值包含一列，则返回一个 Series
data_parser	data_parser 指定将输入的字符串转换为可变的时间数据
dtype	每列数据的数据类型
nrows	需要读取的行数（从文件头开始算起）
na_values	一组用于替换 NA/NaN 的值
na_filter	是否检查丢失值（空字符串或空值）
verbose	是否打印各种解析器的输出信息

参　　数	含　　义
skip_blank_lines	如果为 True,则跳过空行；否则记为 NaN
iterator	返回一个 TextFileReader 对象,以便逐块处理文件
chunksize	文件块的大小
quoting	控制 CSV 中的引号常量
encoding	指定字符集类型,通常指定为'UTF-8'

2. pandas 读取 CSV 文件的实例

【例 9-27】　在 pandas 中读取外部存储的 CSV 文件。

1) 直接读取文件

代码如下。

```
import pandas as pd
import numpy as np
df = pd.read_csv("3.csv",header = 0)
print(df)
print(df.dtypes)
```

该例使用 pandas 中的 pd.read_csv 方法读取了一个名称为 3.csv 的文件,其中 read_csv 读取的数据类型为 DataFrame,header＝0 表示第一行是数据而不是文件的第一行,语句 print(df.dtypes)表示使用 df.dtypes 方法来查看每列的数据类型,运行结果如图 9-38 所示。

```
   white  red  blue  pink  black  green animal
0      1    2     3     4      5      6    cat
1      2    3     6     1      2      3    dog
2      1    2     5     3      7      6    pig
3      2    3     4     6      2      1  mouse
white      int64
red        int64
blue       int64
pink       int64
black      int64
green      int64
animal    object
dtype: object
```

图 9-38　pandas 读取 CSV 文件

2) 读取时加上行索引

如果将 header＝0 换为 header＝None,则会自动为行加上索引,运行结果如图 9-39 所示。

```
       0    1     2     3      4      5       6
0  white  red  blue  pink  black  green  animal
1      1    2     3     4      5      6     cat
2      2    3     6     1      2      3     dog
3      1    2     5     3      7      6     pig
4      2    3     4     6      2      1   mouse
```

图 9-39　pandas 读取 CSV 文件并加上行索引

3）读取时加上列索引

如果将 header＝0 换为 index_col＝0，则将第一列变为 index，运行结果如图 9-40 所示。

```
       red  blue  pink  black  green animal
white
1        2     3     4      5      6    cat
2        3     6     1      2      3    dog
1        2     5     3      7      6    pig
2        3     4     6      2      1  mouse
red            int64
blue           int64
pink           int64
black          int64
green          int64
animal        object
dtype: object
```

图 9-40　pandas 读取 CSV 文件并加上列索引

4）读取时提取某几行

如果只需读取原始数据的前两行，可以使用语句"nrows＝2"来实现，运行结果如图 9-41 所示。

```
   white  red  blue  pink  black  green animal
0      1    2     3     4      5      6    cat
1      2    3     6     1      2      3    dog
```

图 9-41　pandas 读取 CSV 文件的前两行

5）读取时跳过某几行

如果想跳过原始数据的前几行，可以使用 skiprows 方法来实现。例如，"skiprows＝[1,2,3]"表示跳过原始数据的前 3 行，运行结果如图 9-42 所示。

```
   white  red  blue  pink  black  green animal
0      2    3     4     6      2      1  mouse
```

图 9-42　pandas 读取 CSV 文件时跳过前 3 行

【例 9-28】　在 pandas 中读取含有缺失值的文件。

（1）准备含有缺失值的 CSV 文件内容如下。

```
white,red,blue,pink,black,green,animal
1,2,3,4,5,6,cat
2,3,6,NA,2,3,dog
1,2,5,NULL,7,6,pig
2,3,4,NA,2,1,mouse
```

将该文件保存为 5.csv。

（2）读取含有缺失值的文件，代码如下。

```python
import pandas as pd
import numpy as np
df = pd.read_csv("5.csv")
print(df)
```

该例会将 CSV 中的数据缺失值使用 NaN 代替,运行结果如图 9-43 所示。

```
   white  red  blue  pink  black  green  animal
0      1    2     3   4.0      5      6     cat
1      2    3     6   NaN      2      3     dog
2      1    2     5   NaN      7      6     pig
3      2    3     4   NaN      2      1   mouse
```

图 9-43　pandas 读取含有缺失值的 CSV 文件

【例 9-29】 在 pandas 中将数据值更改为缺失值。

在 pandas 中如果想把 CSV 文件中的数据值更改为缺失值,可以使用 na_values 方法来实现,代码如下。

```
import pandas as pd
import numpy as np
df = pd.read_csv("5.csv", na_values = ["1"])
print(df)
```

该例将 5.csv 文件中值为 1 的数据值更改为缺失值,并用 NaN 表示,运行结果如图 9-44 所示。

```
   white  red  blue  pink  black  green  animal
0    NaN    2     3   4.0      5    6.0     cat
1    2.0    3     6   NaN      2    3.0     dog
2    NaN    2     5   NaN      7    6.0     pig
3    2.0    3     4   NaN      2    NaN   mouse
```

图 9-44　在 pandas 中将数据值更改为缺失值

从图 9-44 中可以看出,该 CSV 文件中的数据值 1 都被更改为 NaN,以缺失值表示。

【例 9-30】 使用 pandas 进行探索性数据分析。

(1) 准备 iris(鸢尾花)数据集,该数据集是一个经典数据集,在统计学习和机器学习领域经常被用作示例。数据集内包含 3 类共 150 条记录,每类各 50 个数据,每条记录都有 4 项特征,即花萼长度(Sepal. Length)、花萼宽度(Sepal. Width)、花瓣长度(Petal. Length)、花瓣宽度(Petal. Width),可以通过这 4 个特征预测鸢尾花卉属于(iris-setosa、iris-versicolor、iris-virginica)中的哪一个品种。

该数据集的部分数据如图 9-45 所示。

(2) 导入所需的库以及字体,代码如下。

```
import matplotlib.pyplot as plt
import pandas as pd
plt.rcParams['font.sans - serif'] = ['SimHei']    ♯设置字体
```

(3) 导入 iris.csv 数据集,显示数据集的前 5 列数据,并查看该数据集中的数据统计结果,代码如下,运行结果如图 9-46 所示。

```
df = pd.read_csv("iris.csv")
print(df.head())
print(df.describe())
```

J19 fx

	A	B	C	D	E	F
1		Sepal.Ler	Sepal.Wic	Petal.Ler	Petal.Wic	Species
2	1	5.1	3.5	1.4	0.2	setosa
3	2	4.9	3	1.4	0.2	setosa
4	3	4.7	3.2	1.3	0.2	setosa
5	4	4.6	3.1	1.5	0.2	setosa
6	5	5	3.6	1.4	0.2	setosa
7	6	5.4	3.9	1.7	0.4	setosa
8	7	4.6	3.4	1.4	0.3	setosa
9	8	5	3.4	1.5	0.2	setosa
10	9	4.4	2.9	1.4	0.2	setosa
11	10	4.9	3.1	1.5	0.1	setosa
12	11	5.4	3.7	1.5	0.2	setosa
13	12	4.8	3.4	1.6	0.2	setosa
14	13	4.8	3	1.4	0.1	setosa
15	14	4.3	3	1.1	0.1	setosa
16	15	5.8	4	1.2	0.2	setosa
17	16	5.7	4.4	1.5	0.4	setosa
18	17	5.4	3.9	1.3	0.4	setosa
19	18	5.1	3.5	1.4	0.3	setosa
20	19	5.7	3.8	1.7	0.3	setosa
21	20	5.1	3.8	1.5	0.3	setosa
22	21	5.4	3.4	1.7	0.2	setosa
23	22	5.1	3.7	1.5	0.4	setosa
24	23	4.6	3.6	1	0.2	setosa
25	24	5.1	3.3	1.7	0.5	setosa
26	25	4.8	3.4	1.9	0.2	setosa
27	26	5	3	1.6	0.2	setosa
28	27	5	3.4	1.6	0.4	setosa
29	28	5.2	3.5	1.5	0.2	setosa
30	29	5.2	3.4	1.4	0.2	setosa
31	30	4.7	3.2	1.6	0.2	setosa
32	31	4.8	3.1	1.6	0.2	setosa
33	32	5.4	3.4	1.5	0.4	setosa
34	33	5.2	4.1	1.5	0.1	setosa

图 9-45 iris 数据集的部分数据

```
'''
============ RESTART: C:/Users/Administrator/Desktop/鸢尾花数据集/2.py =========
===
   Unnamed: 0  Sepal.Length  Sepal.Width  Petal.Length  Petal.Width Species
0           1           5.1          3.5           1.4          0.2  setosa
1           2           4.9          3.0           1.4          0.2  setosa
2           3           4.7          3.2           1.3          0.2  setosa
3           4           4.6          3.1           1.5          0.2  setosa
4           5           5.0          3.6           1.4          0.2  setosa
       Unnamed: 0  Sepal.Length  Sepal.Width  Petal.Length  Petal.Width
count  150.000000    150.000000   150.000000    150.000000   150.000000
mean    75.500000      5.843333     3.057333      3.758000     1.199333
std     43.445368      0.828066     0.435866      1.765298     0.762238
min      1.000000      4.300000     2.000000      1.000000     0.100000
25%     38.250000      5.100000     2.800000      1.600000     0.300000
50%     75.500000      5.800000     3.000000      4.350000     1.300000
75%    112.750000      6.400000     3.300000      5.100000     1.800000
max    150.000000      7.900000     4.400000      6.900000     2.500000
>>> 
```

图 9-46 查看 iris 数据集并显示统计结果

(4) 查看数据集信息，代码如下，运行结果如图 9-47 所示。

```
print(df.info())
```

(5) 使用散点图来查看 Sepal. Length 和 Sepal. Width 的相关性，代码如下，运行结果如图 9-48 所示。

```
df.plot(x = 'Sepal.Length', y = ' Sepal.Width ', kind = 'scatter')
plt.title("分析相关性")
plt.show()
```

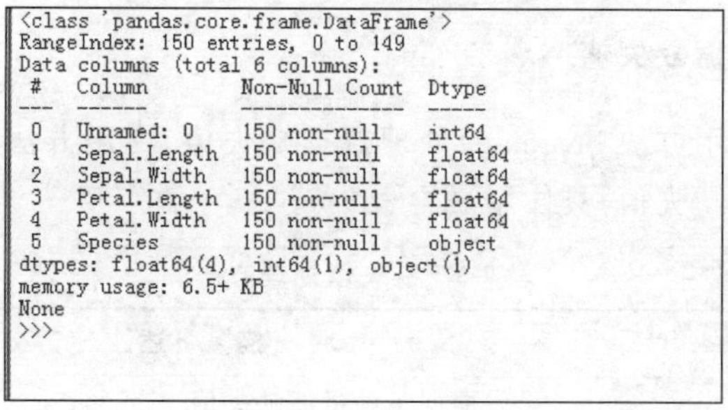

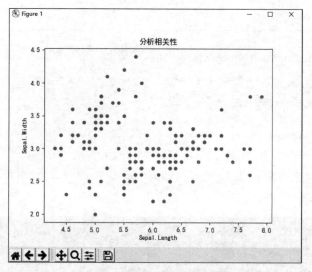

```
<class 'pandas.core.frame.DataFrame'>
RangeIndex: 150 entries, 0 to 149
Data columns (total 6 columns):
 #   Column        Non-Null Count   Dtype
---  ------        --------------   -----
 0   Unnamed: 0    150 non-null     int64
 1   Sepal.Length  150 non-null     float64
 2   Sepal.Width   150 non-null     float64
 3   Petal.Length  150 non-null     float64
 4   Petal.Width   150 non-null     float64
 5   Species       150 non-null     object
dtypes: float64(4), int64(1), object(1)
memory usage: 6.5+ KB
None
>>>
```

图 9-47 查看 iris 数据集信息

图 9-48 用散点图查看相关性

全部代码如下。

```
import matplotlib.pyplot as plt
import pandas as pd
plt.rcParams['font.sans-serif'] = ['SimHei']          #设置字体
df = pd.read_csv("iris.csv")
print(df.head())
print(df.describe())
print(df.info())
df.plot(x = 'Sepal.Length', y = 'Sepal.Width', kind = 'scatter')
plt.title("分析相关性")
plt.show()
```

9.3.3 pandas 数据清洗

pandas 作为 Python 中的一个数据分析与清洗的库,在数据清洗中主要用于处理数据缺失值、数据重复值和数据合并。

视频讲解

1. pandas 处理数据缺失值

在 pandas 中可使用方法 dropna() 处理数据缺失值，使用方法 isnull() 标明缺失值，使用方法 fillna() 填充缺失值，具体用法见表 9-5。

表 9-5 缺失值处理方法

方 法	描 述
dropna	根据条件过滤缺失值
isnull	返回一个布尔值，标明哪些是缺失值
fillna	填充缺失值数据
notnull	isnull 的否定式

【例 9-31】 在 pandas 中处理数据缺失值，代码如下。

```
import pandas as pd
import numpy as np
frame = pd.DataFrame([[1,2,3,None],[4,7,None,3],[None, None, None, None]])
frame
```

在该例中的每一行都出现了 None 值，pandas 中使用浮点值 Nan 来表示，运行效果如图 9-49 所示。

```
>>> frame
      0    1    2    3
0   1.0  2.0  3.0  NaN
1   4.0  7.0  NaN  3.0
2   NaN  NaN  NaN  NaN
```

图 9-49   pandas 中的数据缺失值

要想查看是否有缺失值，可使用语句 frame.info()，可发现每一列中都存在数据缺失值，运行效果如图 9-50 所示。

```
>>> frame.info()
<class 'pandas.core.frame.DataFrame'>
RangeIndex: 3 entries, 0 to 2
Data columns (total 4 columns):
0    2 non-null float64
1    2 non-null float64
2    1 non-null float64
3    1 non-null float64
dtypes: float64(4)
memory usage: 176.0 bytes
```

图 9-50   pandas 中统计数据缺失值

1) dropna 方法。

如果只要有缺失值，就删除该行或该列，可以使用语句 dropna(how = 'any') 来实现，运行效果如图 9-51 所示。

```
>>> frame.dropna(how='any')
Empty DataFrame
Columns: [0, 1, 2, 3]
Index: []
>>>
```

图 9-51　pandas 中用 how='any'丢弃数据缺失值

如果只想丢弃全为 NaN 的行,可以使用语句 dropna(how='all')来实现,运行效果如图 9-52 所示。

```
>>> frame.dropna(how='all')
     0    1    2    3
0  1.0  2.0  3.0  NaN
1  4.0  7.0  NaN  3.0
```

图 9-52　pandas 中用 how='all'丢弃数据缺失值

2) isnull 方法

如果想表明哪些数据是缺失值 NaN,可以使用 isnull 方法来实现,运行效果如图 9-53 所示。

```
>>> frame.isnull()
       0      1      2      3
0  False  False  False   True
1  False  False   True  False
2   True   True   True   True
```

图 9-53　pandas 中使用 isnull 方法查看数据缺失值

3) fillna 方法

(1) 用常数填充。如果想在 pandas 中填充数据缺失值,可以使用 fillna 方法来实现,该方法会将缺失值更换为一个指定的常数值,如 fillna(n),运行效果如图 9-54 所示。

```
>>> frame.fillna(1)
     0    1    2    3
0  1.0  2.0  3.0  1.0
1  4.0  7.0  1.0  3.0
2  1.0  1.0  1.0  1.0
```

图 9-54　pandas 中的数据缺失值以常数填充

从图 9-52 可以看出,语句 frame.fillna(1)表示将数据缺失值更换为常数值 1。

(2) 用字典填充。在填充缺失值时,也可以以列为单位进行,如 fillna({0:1,1:5,2:10}),运行效果如图 9-55 所示。

```
>>> frame.fillna({0:1,1:5,2:10})
     0    1     2    3
0  1.0  2.0   3.0  NaN
1  4.0  7.0  10.0  3.0
2  1.0  5.0  10.0  NaN
```

图 9-55　pandas 中的数据缺失值用字典进行填充

从图 9-55 可以看出,语句 fillna({0:1,1:5,2:10})表示将索引为 0 列的缺失值填充为 1,将索引为 1 列的缺失值填充为 5,将索引为 2 列的缺失值填充为 10。

（3）用method方法填充。在填充缺失值时，也可以使用前面出现的值来填充后面同一列中的缺失值，如fillna(method='ffill')，运行效果如图9-56所示。

```
>>> frame.fillna(method='ffill')
     0    1    2    3
0  1.0  2.0  3.0  NaN
1  4.0  7.0  3.0  3.0
2  4.0  7.0  3.0  3.0
```

图9-56　pandas中的数据缺失值以method='ffill'进行填充

从图9-56可以看出，语句fillna(method='ffill')表示以列为单位，将缺失值填充为之前出现的值，其中method为插值方式，如果fillna调用时未指定其他的参数，则默认为ffill。此外，在对数据进行填充的时候，也可以使用语句fillna(method='pad')来实现，即用前一个非缺失值去填充该缺失值，运行效果如图9-57所示。

```
>>> frame.fillna(method='pad')
     0    1    2    3
0  1.0  2.0  3.0  NaN
1  4.0  7.0  3.0  3.0
2  4.0  7.0  3.0  3.0
```

图9-57　pandas中的数据缺失值以method='pad'进行填充

（4）用inplace=True直接修改原始值。在填充缺失值时，可以使用语句inplace=True来直接改变原对象的值，如fillna(1,inplace=True)，即可将缺失值修改为1，运行效果如图9-58所示。

```
>>> frame.fillna(1,inplace=True)
>>> frame
     0    1    2    3
0  1.0  2.0  3.0  1.0
1  4.0  7.0  1.0  3.0
2  1.0  1.0  1.0  1.0
```

图9-58　pandas中的数据缺失值直接修改

2. pandas 处理数据重复数据

在数据采集中经常会出现重复的数据，这时可以使用pandas来进行数据清洗。在pandas中可以使用方法duplicated()来查找重复数据，使用方法drop_duplicates()来清洗重复数据，具体如表9-6所示。

表 9-6　重复数据处理方法

方　　法	描　　述	方　　法	描　　述
duplicated	查找重复数据	drop_duplicates	清洗重复数据

【例 9-32】　在pandas中处理重复数据。
代码如下。

```
import pandas as pd
import numpy as np
frame = pd.DataFrame({'a':['one'] * 2 + ['two'] * 3,'b':[1,1,2,2,3]})
frame
```

该例中出现了多行重复数据,运行结果如图 9-59 所示。

```
>>> frame=pd.DataFrame({'a':['one']*2+['two']*3,'b':[1,1,2,2,3]})
>>> frame
     a  b
0  one  1
1  one  1
2  two  2
3  two  2
4  two  3
```

图 9-59　pandas 中的重复数据

1) 检查重复数据

使用语句 frame.duplicated().value_counts()统计重复数据的个数,运行结果如图 9-60 所示。

```
>>> frame.duplicated().value_counts()
False    3
True     2
dtype: int64
```

图 9-60　在 pandas 中统计重复数据

从图 9-60 中可以看出,True=2 表示该例中存在两个重复数据。

另外,也可以书写语句 frame.duplicated()直接返回一个布尔值,查看各行是否为重复行,运行结果如图 9-61 所示。

```
>>> frame.duplicated()
0    False
1     True
2    False
3     True
4    False
dtype: bool
```

图 9-61　在 pandas 中返回布尔值查看重复数据

从图 9-61 中可以看出,数据集中索引为 1 的行和索引为 3 的行中都存在重复数据,用布尔值 True 表示。

2) 清洗重复数据

(1) 清洗重复的最后一行数据。要清洗重复的最后一行数据,可使用语句 frame.drop_duplicates()实现,它用于返回一个移除了重复行的 DataFrame,运行结果如图 9-62 所示。

```
>>> frame.drop_duplicates()
     a  b
0  one  1
2  two  2
4  two  3
```

图 9-62　在 pandas 中移除重复的最后一行数据

(2) 清洗指定行数据。要想清洗指定行数据,可使用语句 frame.drop_duplicates(['a']),它移除了指定为 a 列的重复行数据,运行结果如图 9-63 所示。

```
>>> frame.drop_duplicates(['a'])
     a  b
0  one  1
2  two  2
```

图 9-63　在 pandas 中移除指定行数据

3. pandas 合并数据

在 pandas 中可以使用 merge()方法将不同 DataFrame 的行连接起来，就像在 SQL 中连接关系数据库一样。如表 9-7 所示为 merge()方法的常见参数。

表 9-7　merge()方法的参数

参　　数	描　　述
left	参与合并的左侧 DataFrame
right	参与合并的右侧 DataFrame
how	合并连接的方式，常见的有 inner、left、right 和 outer，默认为 inner
on	用于连接的列索引的名称
left_on	左侧 DataFrame 用于连接的列名
right_on	右侧 DataFrame 用于连接的列名
left_index	将左侧的行索引用作其连接键
right_index	将右侧的行索引用作其连接键

【例 9-33】　在 pandas 中合并数据。

代码如下。

```
import numpy as np
import pandas as pd
data1 = pd.DataFrame({'level1':['a','b','c','d'], 'numeber1':[1,3,5,7]})
data2 = pd.DataFrame({'level2':['a','b','c','e'], 'numeber2':[2,4,6,8]})
print(pd.merge(data1,data2,left_on = 'level1',right_on = 'level2'))
```

该例建立了两个 DataFrame，并使用语句 pd.merge 将它们进行合并。其中，在合并时只显示了相同标签的字段，而其他字段被丢弃。语句 left_on 指定用于左侧连接的列名，right_on 指定用于右侧连接的列名，运行结果如图 9-64 所示。

```
   level1  numeber1 level2  numeber2
0       a         1      a         2
1       b         3      b         4
2       c         5      c         6
```

图 9-64　在 pandas 中合并不同 DataFrame 中的数据

如果在两个 DataFrame 列名不同的情况下进行连接，可以加上语句"how = 'left'"来显示全部的列名，例如 print(pd.merge(data1,data2,left_on = 'level1',right_on = 'level2',how = 'left'))，运行结果如图 9-65 所示。

```
   level1  numeber1 level2  numeber2
0       a         1      a       2.0
1       b         3      b       4.0
2       c         5      c       6.0
3       d         7    NaN       NaN
```

图 9-65　在 pandas 中合并显示 DataFrame 中的全部数据

9.4 pandas 数据可视化

9.4.1 pandas 绘图概述

1. pandas 绘图简介

绘图是数据分析中最重要的工作之一,是探索数据关联过程的一部分。通过绘图可以帮助人们更清楚地发现数据之间的内在关系。在 Python 中有很多图形化库,如之前讲述的 matplotlib 库。虽然 matplotlib 库可以绘制精美的图形,但是它需要安装大量的组件,书写大量的代码,并且绘图过程也比较复杂,而在 pandas 中可以高效地完成绘图工作,因此本节将讲述如何使用 pandas 来绘制图形。

2. pandas 绘图原理

pandas 使用一维的数据结构 Series 和二维的数据结构 DataFrame 来表示数据,因此与 numpy 相比,pandas 可以存储混合的数据结构。同时 pandas 使用 NaN 来表示缺失的数据,而不用像 numpy 那样手工处理缺失的数据,并且 pandas 使用轴标签来表示行和列,它有很多能够利用 DataFrame 对象数据组织特点来创建标准图表的高级绘图方式。因此要制作一张完整的图表,matplotlib 需要大段代码,而 pandas 只需几条语句即可实现。

pandas 中的绘图函数如下。

```
import pandas as pd
import numpy as np
from pandas import DataFrame,Series
import matplotlib.pyplot as plt
```

此外,根据需要,有时还要引入 numpy 中的随机数模块:

```
from numpy.random import randn
```

9.4.2 pandas 绘图方法

视频讲解

1. pandas 绘制线性图

在 pandas 中,依靠 Series 和 DataFrame 中的生成各类图表的 plot()方法可以轻松地绘制线性图。

1）使用 Series 绘制线性图

【例 9-34】 在 pandas 中使用 Series 绘制线性图。

代码如下。

```
from pandas import DataFrame,Series
import pandas as pd
```

```
import numpy as np
import matplotlib.pyplot as plt
s = pd.Series(np.random.randn(10).cumsum(), index = np.arange(0, 100, 10))
s.plot()
plt.show()
```

该例首先在 Python 中导入 pandas 库、numpy 库和 matplotlib 库，并引入了来自 pandas 库的 DataFrame 及 Series 数组，接着将 Series 对象的索引传给 matplotlib 来绘制图形。其中，语句 np.random 表示随机抽样，语句 np.random.randn(10) 用于返回一组随机数据（该数据具有标准正态分布），语句 cumsum() 用于返回累加值，语句 np.arange(0，100，10) 用于返回一个有终点和起点的固定步长的排列以显示刻度值（其中 0 为起点，100 为终点，10 为步长），运行结果如图 9-66 所示。

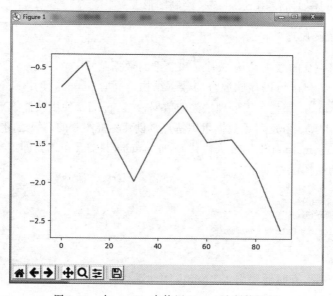

图 9-66　在 pandas 中使用 Series 绘制线性图

pandas 中常用的 numpy 随机函数如表 9-8 所示。

pandas 中使用的 Series.plot 参数如表 9-9 所示。

专用于 DataFrame.plot 方法的图形参数如表 9-10 所示。

pandas 中常见的图表类型如表 9-11 所示。

表 9-8　numpy 随机函数

函　　　数	描　　　述
rand(d0, d1, …, dn)	返回一组随机值，根据给定维度生成[0,1)的数据
randn(d0, d1, …, dn)	返回一个样本，具有标准正态分布
randint(low[, high, size])	返回随机的整数，位于半开区间[low, high)
random_integers(low[, high, size])	返回随机的整数，位于闭区间[low, high]
random([size])	返回随机的浮点数，位于半开区间[0.0, 1.0)
bytes(length)	返回随机字节

表 9-9　Series. plot 参数

参　　数	含　　义
label	图表的标签
ax	要进行绘制的 matplotlib subplot 对象
style	要传给 matplotlib 的字符风格
alpha	图表的填充透明度(0~1)
kind	图表的类型,有 line、bar、barh 及 kde 等
logy	在 Y 轴上使用对数标尺
rot	旋转刻度标签(0~360)
xticks,yticks	用作 X 轴和 Y 轴刻度的值
xlim,ylim	X 轴和 Y 轴的界限

表 9-10　专用于 DataFrame. plot 方法的图形参数

参　　数	含　　义
subplots	将各个 DataFrame 列绘制到单独的 subplot 中
sharex	如果 subplots=True,则共用一个 X 轴
sharey	如果 subplots=True,则共用一个 Y 轴
figsize	图像元组的大小
title	图像的标题
legend	添加一个 subplots 图例
sort_columns	以字母表顺序绘制各列

表 9-11　pandas 中常见的图表类型

参　　数	类　　型	参　　数	类　　型
bar	垂直柱状图	box	箱线图
barh	水平柱状图	pie	饼图
hist	直方图	scatter	散点图
kde	密度图	area	面积图
line	折线图		

2) 使用 DataFrame 绘制线性图

【例 9-35】　在 pandas 中使用 DataFrame 绘制线性图。

代码如下。

```
from pandas import DataFrame,Series
import pandas as pd
import numpy as np
import matplotlib.pyplot as plt
df = pd.DataFrame(np.random.randn(10, 4).cumsum(0),
                columns = ['A', 'B', 'C', 'D'],
                index = np.arange(0, 100, 10))
df.plot()
plt.show()
```

在 pandas 中使用 DataFrame 绘制线性图的方法与 Series 类似，该例在图形中通过使用随机函数生成成了 4 条折线，并配以 A、B、C、D 的标识，运行结果如图 9-67 所示。

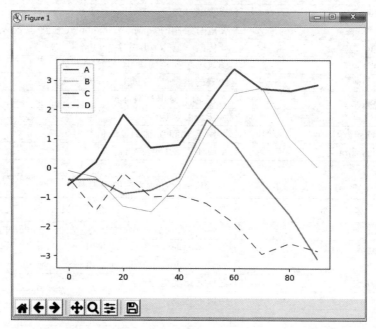

图 9-67　在 pandas 中使用 DataFrame 绘制线性图

2. pandas 绘制柱状图

1）使用 Series 绘制柱状图

在 pandas 中绘制柱状图与绘制线性图的方法类似，只需在生成线性图的代码中加上 bar(垂直柱状图)或 barh(水平柱状图)即可实现。

【例 9-36】　在 pandas 中绘制柱状图。

代码如下。

```
from pandas import DataFrame, Series
import pandas as pd
import numpy as np
import matplotlib.pyplot as plt
fig, axes = plt.subplots(2, 1)
df = pd.Series(np.random.rand(16), index = list('abcdefghijklmnop'))
df.plot.bar(ax = axes[0], color = 'r', alpha = 0.7)      #垂直柱状图
df.plot.barh(ax = axes[1], color = 'r', alpha = 0.7)      #水平柱状图
plt.show()
```

该例绘制了一个垂直柱状图和一个水平柱状图，语句 ax = axes[0]表示设置的 matplotlib subplot 对象名称，语句 color = 'r'表示设置图形的颜色为红色(red)，语句 alpha=0.7 表示设置图形的透明度为 0.7，运行结果如图 9-68 所示。

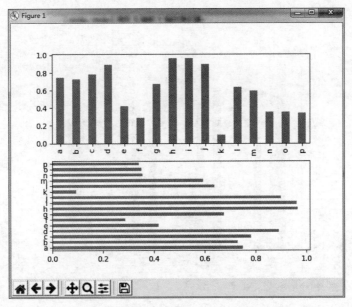

图 9-68 在 pandas 中使用 Series 绘制柱状图

2）使用 DataFrame 绘制柱状图

【例 9-37】 在 pandas 中使用 DataFrame 绘制柱状图。

代码如下。

```
from pandas import DataFrame, Series
import pandas as pd
import numpy as np
import matplotlib.pyplot as plt
df = pd.DataFrame(np.random.rand(4, 4),
                  index = ['one', 'two', 'three', 'four'],
                  columns = pd.Index(['A', 'B', 'C', 'D'], name = 'bar'))
df.plot.bar()
plt.show()
```

该例使用 DataFrame 绘制垂直柱状图，并用 DataFrame 各列的名称 bar 当作图表的标题，运行结果如图 9-69 所示。

3. pandas 绘制直方图

在 pandas 中只需通过 DataFrame 的 hist()方法即可生成直方图。

【例 9-38】 在 pandas 中绘制直方图。

代码如下。

```
from pandas import DataFrame, Series
import pandas as pd
import numpy as np
import matplotlib.pyplot as plt
```

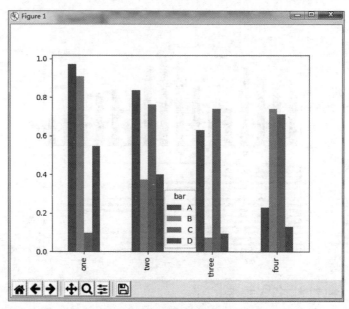

图 9-69　在 pandas 中使用 DataFrame 绘制柱状图

```
from numpy.random import randn
df = pd.DataFrame({'a':np.random.randn(1000) + 1,'b':np.random.randn(1000),}, columns =
['a', 'b'])
df.plot.hist(bins = 20)
plt.show()
```

该例使用 DataFrame 绘制了直方图，语句 bins＝20 表示直方图可以交叉，运行结果如图 9-70 所示。

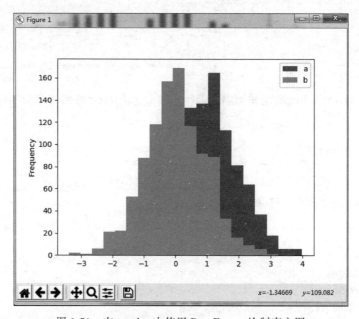

图 9-70　在 pandas 中使用 DataFrame 绘制直方图

在绘制直方图时,如在语句 df. plot. hist(bins＝20)中加入 stacked＝True,则可以绘制叠加的直方图,运行结果如图 9-71 所示。

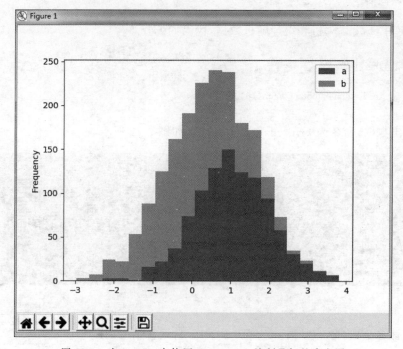

图 9-71　在 pandas 中使用 DataFrame 绘制叠加的直方图

9.5　本章小结

(1) pandas 是 Python 中的一个数据分析与清洗的库,pandas 库是基于 numpy 库构建的。在 pandas 库中包含了大量的标准数据模型,并提供了高效操作大型数据集所需的工具,以及大量快速、便捷地处理数据的函数和方法,使得以 numpy 为中心的应用变得十分简单。

(2) 在 pandas 库中有两个最基本的数据类型,即 Series 和 DataFrame。其中,Series 数据类型表示一维数组,与 numpy 中的一维 array 类似,并且二者与 Python 基本的数据结构 List 也很相近;DataFrame 数据类型则代表二维的表格型数据结构,也可以将 DataFrame 理解为 Series 的容器。

(3) pandas 使用一维的数据结构 Series 和二维的数据结构 DataFrame 来表示数据,因此 pandas 可以高效绘图。

9.6　实训

1. 实训目的

通过本章实训了解 pandas 数据分析的原理与实现方式,能进行简单的与大数据有关

视频讲解

的 pandas 数据分析与清洗操作。

2. 实训内容

（1）使用 pandas 分析和统计随机数据，代码如下。

```
import pandas as pd
import numpy as np
data = pd.Series(np.random.randn(10))
```

① 输出数据，命令为 print(data)，运行结果如图 9-72 所示。

```
>>> print(data)
0   -1.749781
1   -0.945796
2   -0.171619
3   -1.089316
4    1.216690
5   -1.731763
6    1.465880
7   -0.630664
8    0.373384
9    0.967412
dtype: float64
```

图 9-72　输出数据

② 统计总个数，命令为 print(data.count())，运行结果如图 9-73 所示。

```
>>> print(data.count())
10
```

图 9-73　统计总个数

③ 查看最大值，命令为 print(data.max())，运行结果如图 9-74 所示。

```
>>> print(data.max())
1.4658802027877365
```

图 9-74　查看最大值

④ 查看最小值，命令为 print(data.min())，运行结果如图 9-75 所示。

```
>>> print(data.min())
-1.7497814012132058
```

图 9-75　查看最小值

⑤ 查看最大值的索引，命令为 print(data.idxmax())，运行结果如图 9-76 所示。

```
>>> print(data.idxmax())
6
```

图 9-76　查看最大值的索引

⑥ 查看最小值的索引，命令为 print(data.idxmin())，运行结果如图 9-77 所示。

⑦ 求和，命令为 print(data.sum())，运行结果如图 9-78 所示。

⑧ 求平均值，命令为 print(data.mean())，运行结果如图 9-79 所示。

```
>>> print(data.idxmin())
0
```

图 9-77　查看最小值的索引

```
>>> print(data.sum())
-2.295574186575755
```

图 9-78　求和

```
>>> print(data.mean())
-0.2295574186575755
```

图 9-79　求平均值

（2）使用 pandas 读取 CSV 文档中的数据，并进行分析和清洗。

① 书写 CSV 文档内容，并保存为 animal.csv。

```
white,red,blue,pink,black,green,animal
1,2,3,4,5,6,cat
2,3,6,NA,2,3,dog
1,2,5,NULL,7,6,pig
2,3,4,NA,2,1,mouse
```

② 使用 pandas 读取 CSV 文档内容，选择第 0～2 行的数据，代码如下。

```
import pandas as pd
import numpy as np
df = pd.read_csv("animal.csv")
rows = df[0:3]
print(rows)
```

该段代码通过语句 rows＝df[0:3]选择了第 0～2 行的数据，运行结果如图 9-80 所示。

```
   white  red  blue  pink  black  green  animal
0      1    2     3   4.0      5      6     cat
1      2    3     6   NaN      2      3     dog
2      1    2     5   NaN      7      6     pig
```

图 9-80　选择第 0～2 行的数据

③ 使用 pandas 读取 CSV 文档内容，选择跳过第 1 行和第 3 行的数据，代码如下。

```
df = pd.read_csv("animal.csv",skiprows = [1,3])
print(df)
```

该段代码跳过 CSV 文件的第 1 行和第 3 行数据（索引中的第 0 行和第 2 行），运行结果如图 9-81 所示。

④ 使用 pandas 读取 CSV 文档内容，选择 white 大于 1 的数据，输入代码“print(df [df.white＞1])”，运行结果如图 9-82 所示。

```
   white  red  blue  pink  black  green  animal
0    2     3     6    NaN     2      3     dog
1    2     3     4    NaN     2      1     mouse
```

图 9-81　跳过第 1 行和第 3 行数据

```
   white  red  blue  pink  black  green  animal
1    2     3     6    NaN     2      3     dog
3    2     3     4    NaN     2      1     mouse
```

图 9-82　选择 white 大于 1 的数据

⑤ 使用 pandas 读取 CSV 文档内容，选择 blue 大于 3 并且 green 大于 3 的数据，输入代码"print(df[(df. blue>3)&(df. green>3)])"，运行结果如图 9-83 所示。

```
   white  red  blue  pink  black  green  animal
2    1     2     5    NaN     7      6     pig
```

图 9-83　选择 blue 大于 3 且 green 大于 3 的数据

⑥ 使用 pandas 读取 CSV 文档内容，并删除有缺失值行的数据，输入代码"print(df. dropna(axis=0))"，运行结果如图 9-84 所示。

```
   white  red  blue  pink  black  green  animal
0    1     2     3    4.0     5      6     cat
```

图 9-84　删除有缺失值行的数据

⑦ 使用 pandas 读取 CSV 文档内容，并删除有缺失值列的数据，输入代码"print(df. dropna(axis=1))"，运行结果如图 9-85 所示。

```
   white  red  blue  black  green  animal
0    1     2     3     5      6     cat
1    2     3     6     2      3     dog
2    1     2     5     7      6     pig
3    2     3     4     2      1     mouse
```

图 9-85　删除有缺失值列的数据

⑧ 使用 pandas 读取 CSV 文档内容，并用字符串 miss 填充有缺失值列的数据，输入代码"print(df. fillna('miss'))"，运行结果如图 9-86 所示。

```
   white  red  blue  pink   black  green  animal
0    1     2     3     4       5      6     cat
1    2     3     6    miss     2      3     dog
2    1     2     5    miss     7      6     pig
3    2     3     4    miss     2      1     mouse
```

图 9-86　用字符串填充有缺失值列的数据

⑨ 使用 pandas 读取 CSV 文档内容，并用指定值 5 填充有缺失值列的数据，输入代码"print(df. fillna(5))"，运行结果如图 9-87 所示。

（3）使用 pandas 分析 CSV 文档中的数据，并清洗重复数据。

① 书写 CSV 文档内容，并保存为 data. csv。

```
   white  red  blue  pink  black  green  animal
0      1    2     3   4.0      5      6     cat
1      2    3     6   5.0      2      3     dog
2      1    2     5   5.0      7      6     pig
3      2    3     4   5.0      2      1   mouse
```

图 9-87 用指定值填充有缺失值列的数据

```
city, field, salary, workyear
重庆,互联网,5k~8k,应届毕业生
重庆,互联网,5k~8k,应届毕业生
北京,互联网,9k 以上,应届毕业生
广州,互联网,5k 以上,应届毕业生
成都,金融服务,8k~9k,应届毕业生
成都,金融服务,8k~9k,应届毕业生
深圳,大数据分析,9k,应届毕业生
杭州,企业贷款,5k~8k,应届毕业生
杭州,企业贷款,5k~8k,应届毕业生
大连,企业管理,9k~10k,应届毕业生
昆明,数据清洗,6k~8k,应届毕业生
```

使用 Python 中的 pandas 库导入并显示该文档,代码如下。

```
import pandas as pd
import numpy as np
df = pd. read_csv('data.csv', encoding = 'gb2312')
print(df)
```

由于该文档中有中文字符,所以加入语句"encoding = 'gb2312'",运行结果如图 9-88 所示。

```
     city    field    salary    workyear
0    重庆     互联网      5k~8k    应届毕业生
1    重庆     互联网      5k~8k    应届毕业生
2    北京     互联网      9k以上    应届毕业生
3    广州     互联网      5k以上    应届毕业生
4    成都     金融服务     8k~9k    应届毕业生
5    成都     金融服务     8k~9k    应届毕业生
6    深圳    大数据分析       9k    应届毕业生
7    杭州     企业贷款     5k~8k    应届毕业生
8    杭州     企业贷款     5k~8k    应届毕业生
9    大连     企业管理    9k~10k    应届毕业生
10   昆明     数据清洗     6k~8k    应届毕业生
```

图 9-88 显示数据集

从图 9-88 中可以看出,该数据集中存在重复数据,因此要进行清洗。

② 查看是否有重复数据,输入代码"print(df. duplicated(). value_counts())",运行结果如图 9-89 所示。

```
False    8
True     3
dtype: int64
```

图 9-89 查看重复数据

③ 移除重复数据,输入代码"print(df. drop_duplicates())",运行结果如图 9-90 所示。

	city	field	salary	workyear
0	重庆	互联网	5k~8k	应届毕业生
2	北京	互联网	9k以上	应届毕业生
3	广州	互联网	5k以上	应届毕业生
4	成都	金融服务	8k~9k	应届毕业生
6	深圳	大数据分析	9k	应届毕业生
7	杭州	企业贷款	5k~8k	应届毕业生
9	大连	企业管理	9k~10k	应届毕业生
10	昆明	数据清洗	6k~8k	应届毕业生

图 9-90 移除重复数据

（4）使用 pandas 实现数据可视化。

① 使用 pandas 绘制多个柱状图，代码如下。

```python
from pandas import DataFrame, Series
import pandas as pd
import numpy as np
import matplotlib.pyplot as plt
df = pd.DataFrame(np.random.rand(2, 2),
                  index = ['one', 'two'],
                  columns = pd.Index(['A', 'B'], name = 'bar'))
df.plot.bar()
plt.show()
```

运行结果如图 9-91 所示。

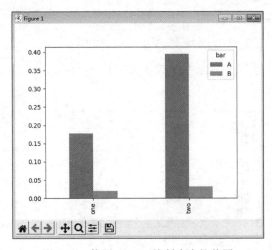

图 9-91 使用 pandas 绘制多个柱状图

② 使用 pandas 绘制散点图，代码如下。

```python
from pandas import DataFrame, Series
import pandas as pd
import numpy as np
import matplotlib.pyplot as plt
df = pd.DataFrame(np.random.rand(50, 2), columns = ['a', 'b'])
df.plot.scatter(x = 'a', y = 'b', marker = '+')
plt.show()
```

运行结果如图 9-92 所示。

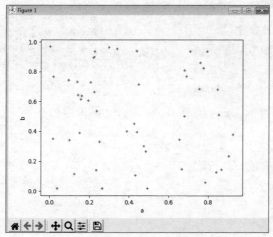

图 9-92 使用 pandas 绘制散点图

③ 使用 pandas 绘制箱型图,代码如下。

```python
import pandas as pd
import numpy as np
import matplotlib.pyplot as plt
df = pd.DataFrame(np.random.rand(10, 5), columns = ['A', 'B', 'C', 'D', 'E'])
df.plot.box()
plt.show()
```

运行结果如图 9-93 所示。

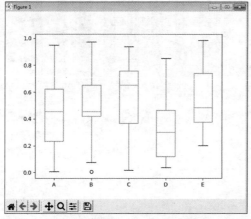

图 9-93 使用 pandas 绘制箱型图

(5)使用 Python 读取 Excel 文件,并生成柱状图,代码如下。

```python
import pandas as pd
import matplotlib.pyplot as plt
```

```
plt.rcParams['font.family'] = 'simhei'            ♯设置字体
score = pd.read_excel('score.xls')                ♯读取 Ecxel 文件
print(score)                                      ♯显示数据
score.plot.bar(x = '姓名',y = '成绩',color = 'g')   ♯绘制柱状图
plt.xticks(rotation = 360)                        ♯设置 X 轴标签
plt.title("学生成绩柱状图")
plt.show()
```

该实训读取了外部的 Excel 文件 score.xls，文件内容如下：

```
姓名    成绩
蔡亮    93
张川    67
刘健    47
王飞飞   78
徐雨菲   77
洪大明   84
王峰    70
刘甜    83
```

运行该程序结果如图 9-94 所示。

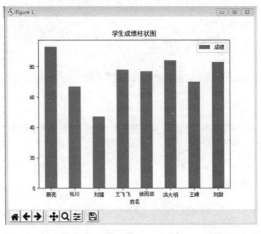

图 9-94　Python 读取 Excel 文件绘制柱状图

习题

1. 如何安装 pandas？
2. pandas 的数据类型有哪些？分别有什么特点？
3. 在 Series 中如何自定义索引？
4. 在 pandas 中如何清洗数据？
5. 如何用 pandas 读取外部文本内容？
6. 如何用 pandas 实现数据可视化操作？

第 **10** 章

综 合 实 训

本章学习目标
- 掌握 Kettle 工具，能够进行数据清洗与数据转换。
- 掌握 pandas，能够进行数据分析与数据可视化。

本章首先是大数据中的数据清洗实训，接着是数据分析实训。

10.1 数据清洗实训

10.1.1 使用 Kettle 对生成的随机数实现字段选择

视频讲解

1. 实训目的

要求学生能够掌握 Kettle 工具中数据转换的应用。

2. 实训步骤

（1）运行 Kettle，单击"文件"菜单项，选择"新建"→"转换"选项，在打开的界面中选择"生成随机数""增加常量"和"计算器"选项，将它们拖动到右侧的工作区域中，并建立节点连接，工作流程如图 10-1 所示。

（2）双击"生成随机数"图标，在打开的对话框中设置"名称"为 x、"类型"为"随机数字"，如图 10-2 所示。

（3）单击"确定"按钮，在工作区域中右击"生成随机数"图标，在弹出的快捷菜单中选择"改变开始复制的数量"选项，如图 10-3 所示。

（4）在弹出的"步骤复制的数量"对话框中输入"30"，并单击"确定"按钮，如图 10-4 所示。

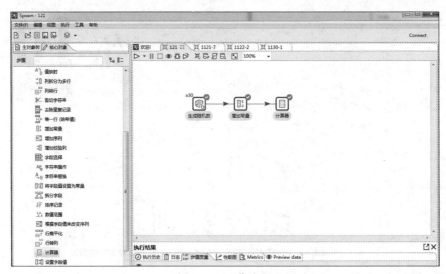

图 10-1　工作流程

图 10-2　输入随机数字段　　　　　　　　　图 10-3　复制随机数

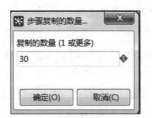

图 10-4　复制随机数个数为 30

（5）双击"增加常量"图标，在弹出的对话框中设置"名称"为 y、"类型"为 Number、"值"为 100、"设为空串？"为"否"，如图 10-5 所示。

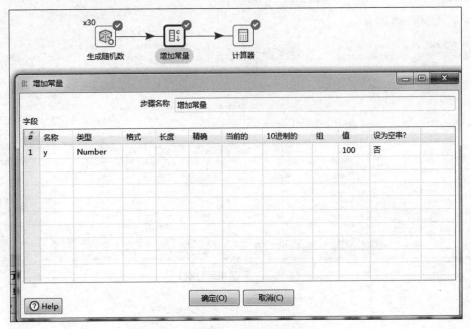

图 10-5 在增加常量中输入字段内容

（6）双击"计算器"图标，在弹出的对话框中设置"新字段"为 x＋y、"计算"为 A＋B、"字段 A"为 x、"字段 B"为 y、"值类型"为 Number、"移除"为"否"，如图 10-6 所示。

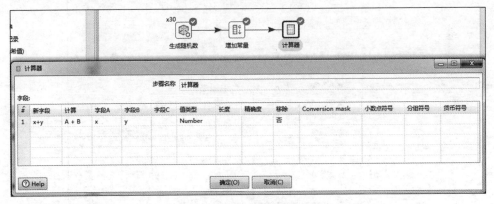

图 10-6 设置计算器字段内容

（7）保存该文件，执行"运行"命令，结果如图 10-7 所示。

（8）右击"计算器"图标，在弹出的快捷菜单中选择 Preview 选项，如图 10-8 所示。

（9）在弹出的对话框中选择"计算器"选项，并单击"快速启动"按钮，即可查看运行结果，如图 10-9 和图 10-10 所示。

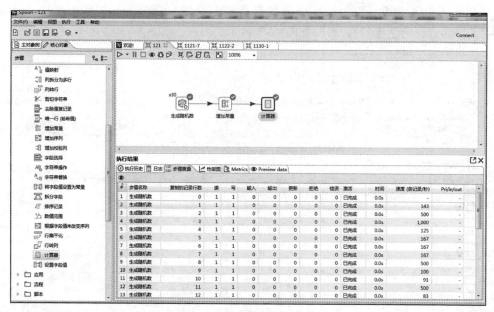

图 10-7　保存并运行程序

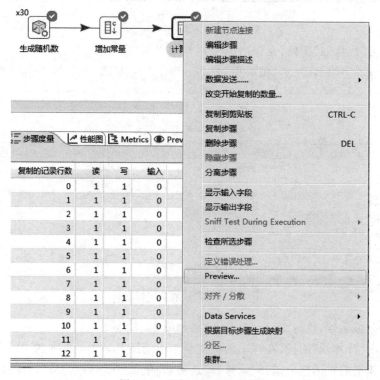

图 10-8　选择 Preview 选项

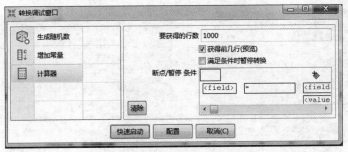

图 10-9　选中计算器并快速启动

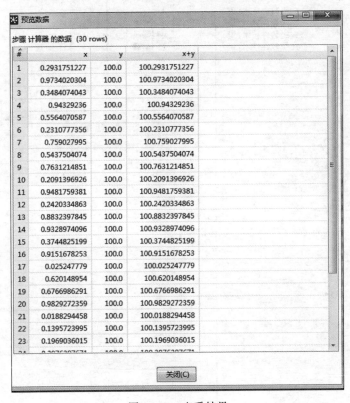

图 10-10　查看结果

视频讲解

10.1.2　使用 Kettle 连接不同的数据表

1. 实训目的

要求学生能够使用 Kettle 工具连接多张外部数据表。

2. 实训步骤

(1) 准备两张 Excel 工作表存储学生信息，并分别保存为 10-1.xlsx、10-2.xlsx，如图 10-11 和图 10-12 所示。

图 10-11　学生信息表 1

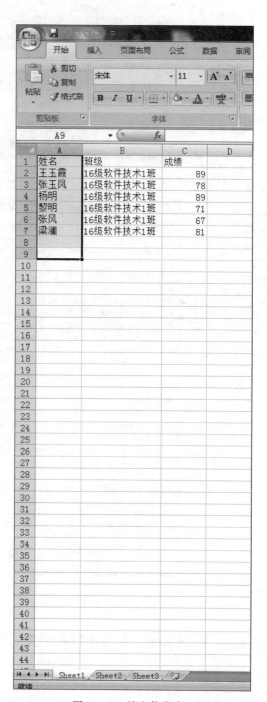

图 10-12　学生信息表 2

（2）运行 Kettle，单击"文件"菜单项，选择"新建"→"转换"选项，在打开的界面中选择"Excel 输入"和"记录集连接"选项，将它们拖动到右侧的工作区域中，并建立连接。其中，"Excel 输入"拖动两次，工作流程如图 10-13 所示。

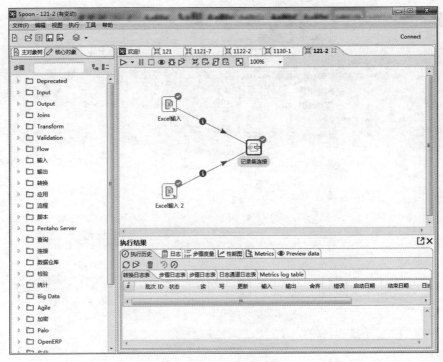

图 10-13 工作流程

（3）双击"Excel 输入"和"Excel 输入 2"图标，在弹出的对话框中分别加入事先创建的表 10-1.xlsx 和表 10-2.xlsx，如图 10-14 和图 10-15 所示。

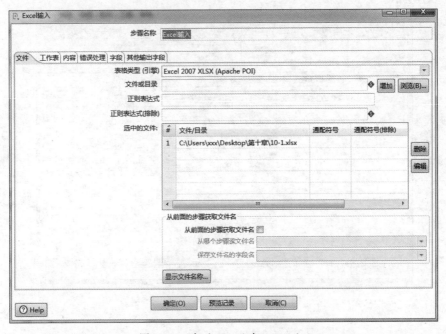

图 10-14 加入 Excel 表 10-1.xlsx

图 10-15 加入 Excel 表 10-2.xlsx

（4）选择"工作表"选项卡，在弹出的对话框中增加要读取的工作表名称，如图 10-16 和图 10-17 所示。

图 10-16 增加工作表名称(1)

图 10-17 增加工作表名称(2)

(5)选择"字段"选项卡,在弹出的对话框中输入字段内容,如图 10-18 和图 10-19 所示。

#	名称	类型	长度	精度	去除空格类型	重复	格式	货币符号	小数	分组
1	姓名	String	-1	-1	none	否				
2	性别	String	-1	-1	none	否				
3	班级	String	-1	-1	none	否				

图 10-18 输入 Excel 表字段

(6)双击"记录集连接"图标,在弹出的"合并排序"对话框中进行设置,如图 10-20 所示。

图 10-19　输入 Excel 表 2 字段

图 10-20　"合并排序"对话框

（7）保存该文件，执行"运行"命令，结果如图 10-21 所示。

（8）右击"记录集连接"图标，选择 Preview 选项，在弹出的"转换调试窗口"对话框中选择"记录集连接"选项，并单击"快速启动"按钮，即可查看运行结果，如图 10-22 和图 10-23 所示。

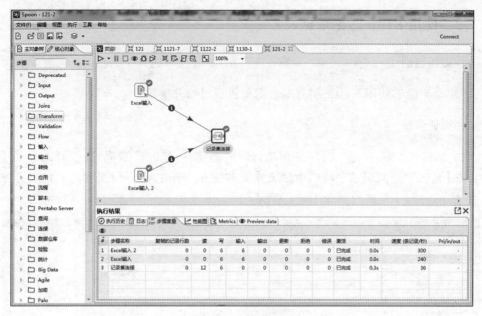

图 10-21 保存并运行

图 10-22 "转换调试窗口"对话框

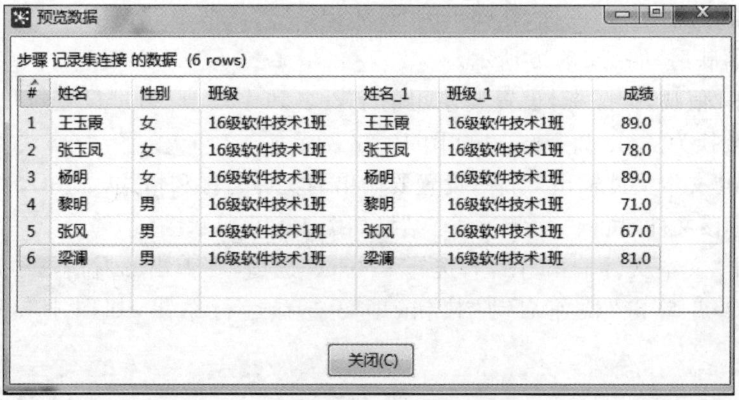

图 10-23 查看记录

10.1.3 使用 Kettle 过滤数据表

1. 实训目的

要求学生能够使用 Kettle 工具对数据值进行过滤并输出。

2. 实训步骤

（1）运行 Kettle，单击"文件"菜单项，选择"新建"→"转换"选项，在打开的界面中选择"Excel 输入""过滤记录""值映射""文本文件输出"选项，将它们拖到右侧的工作区域中，并建立连接，工作流程如图 10-24 所示。

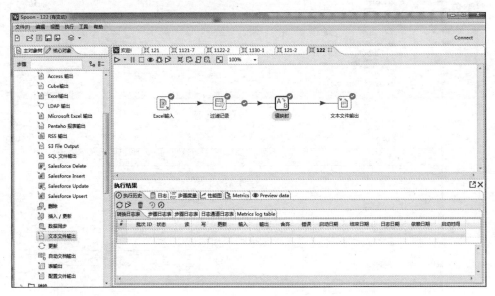

图 10-24 工作流程

（2）双击"Excel 输入"图标，将前一个实验准备好的表 10-1. xlsx 导入，并建立字段，如图 10-25 所示。

（3）双击"过滤记录"图标，在弹出的"过滤记录"对话框中设置过滤条件，当发送 true 数据时执行值映射，如图 10-26 所示。

（4）双击"值映射"图标，设置要使用的字段名和字段值，通过设置可以将性别中的"男"和"女"转换为 male 和 female，如图 10-27 所示。

（5）双击"文本文件输出"图标，设置要输出的文件名称和格式，如图 10-28 所示。

（6）保存该文件，执行"运行"命令，结果如图 10-29 所示。

（7）右击"文本文件输出"图标，选择 Preview 选项，在弹出的对话框中选择"文本文件输出"选项，并单击"快速启动"按钮，即可查看运行结果，如图 10-30 和图 10-31 所示。

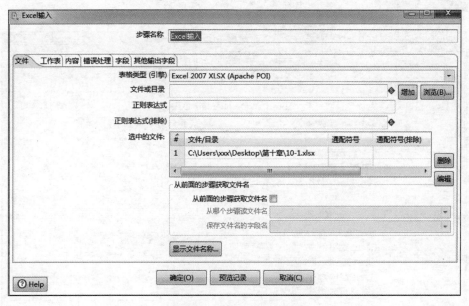

图 10-25 导入表 10-1. xlsx

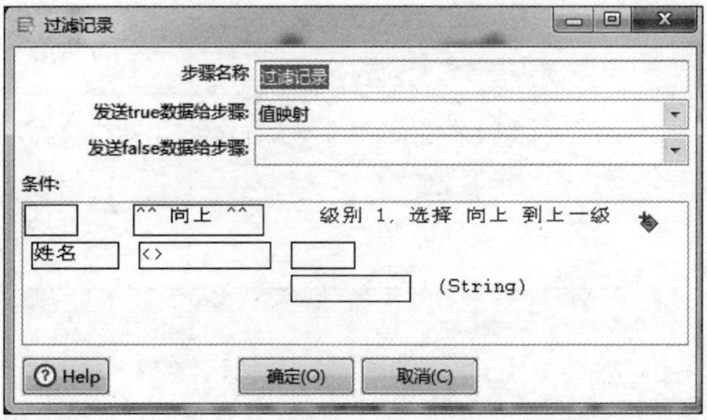

图 10-26 "过滤记录"对话框

图 10-27 设置值映射

图 10-28　设置文本文件输出

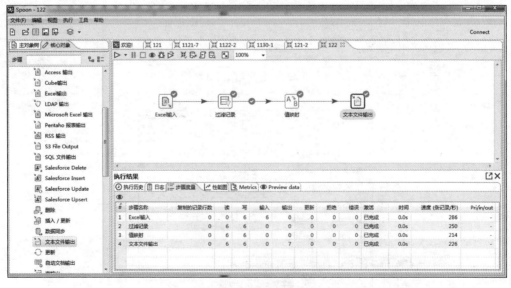

图 10-29　保存并运行

图 10-30 选中"文本文件输出"并快速启动

图 10-31 查看结果

10.1.4 使用 Kettle 连接 MySQL 数据库并输出查询结果

1. 实训目的

要求学生能够使用 Kettle 和 MySQL 进行数据查询。

2. 实训步骤

（1）在 MySQL 中建立数据库 test，新建表 xs，在表 xs 中建立字段 xuehao、xingming、zhuanye、xingbie 和 chengji，将字段 xuehao 设置为主键，并输入数据，如图 10-32 和图 10-33 所示。

```
+----------+-------------+------+-----+---------+-------+
| Field    | Type        | Null | Key | Default | Extra |
+----------+-------------+------+-----+---------+-------+
| xuehao   | char(6)     | NO   | PRI | NULL    |       |
| xingming | char(6)     | NO   |     | NULL    |       |
| zhuanye  | char(10)    | YES  |     | NULL    |       |
| xingbie  | tinyint(1)  | NO   |     | 1       |       |
| chengji  | tinyint(1)  | YES  |     | NULL    |       |
+----------+-------------+------+-----+---------+-------+
```

图 10-32 在 MySQL 中新建表并新建字段

图 10-33　在 MySQL 中新建表并输入数据

（2）运行 Kettle，单击"文件"菜单项，选择"新建"→"转换"选项，在打开的界面中选择"表输入"和"文本文件输出"选项，将它们拖到右侧的工作区域中，并建立连接，工作流程如图 10-34 所示。

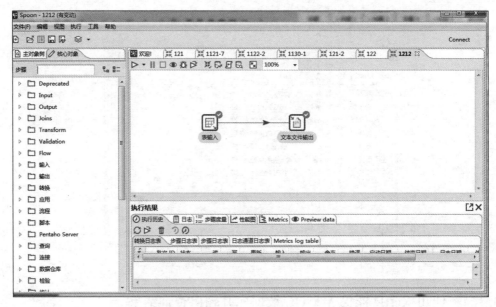

图 10-34　工作流程

（3）双击"表输入"图标，在弹出的对话框中单击"编辑"按钮，建立 Kettle 与 MySQL 数据库的连接，设置完成后单击"测试"按钮，即可查看连接状况，如图 10-35 和图 10-36 所示。

值得注意的是，如果显示无法建立连接，可能是没有安装对应的数据库链接驱动，需要在官网下载"mysql-connector-java-5.1.46-bin.jar"文件（对应不同版本有不同的文件），并将文件复制到 Kettle 所安装的"D:\pdi-ce-7.1.0.0-12\data-integration\lib"路径下。

（4）在"表输入"对话框的 SQL 栏中输入查询语句"SELECT xingming FROM xs WHERE chengji＞80"，查找成绩大于 80 分的学生的姓名，并单击"确定"按钮，如图 10-37 所示。

（5）保存该文件，执行"运行"命令。右击"文本文件输出"图标，在弹出的快捷菜单中选择 Preview 选项，然后在弹出的对话框中选择"文本文件输出"选项，并单击"快速启动"按钮，即可查看输出结果，如图 10-38 所示。

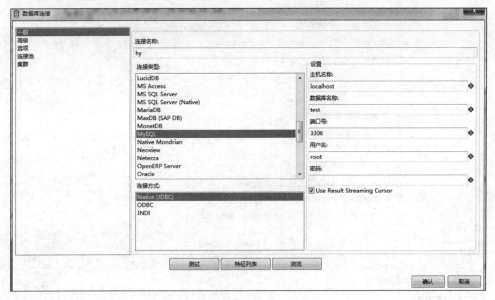

图 10-35　Kettle 连接 MySQL

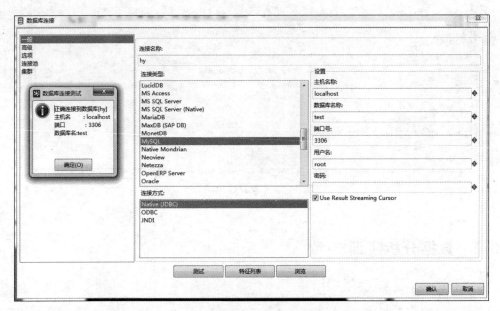

图 10-36　查看连接状况

图 10-37　输入 SQL 语句

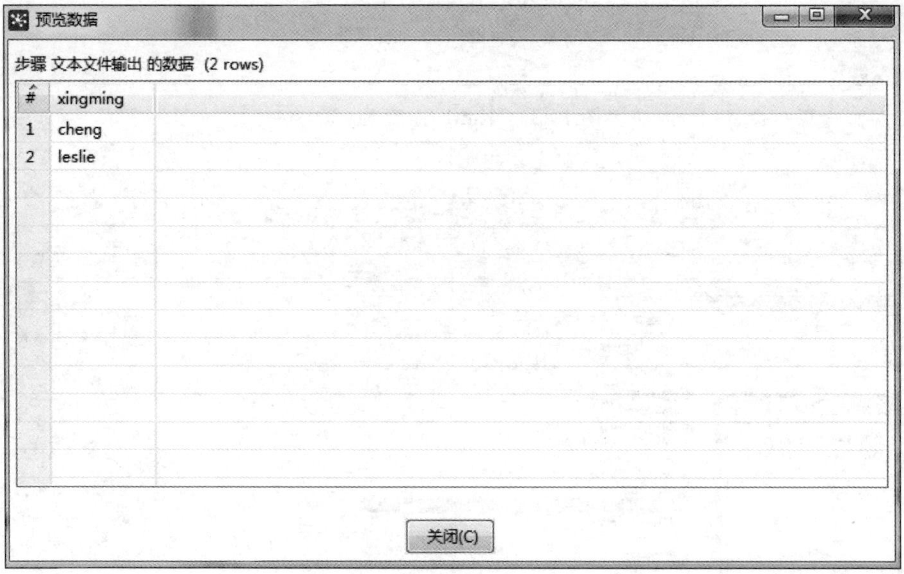

图 10-38　查看输出结果

10.2　数据分析实训

1. 实训目的

要求学生能够使用 pandas 进行数据分析。

2. 实训步骤

（1）生成日期数据并可视化，代码如下。

```
import numpy as np
import pandas as pd
import matplotlib.pyplot as plt
import matplotlib.dates as mdate
plt.rcParams['font.sans-serif'] = ['SimHei']  # 设置字体
# 生成一个时间序列
time = pd.to_datetime(np.arange(0,11), unit='D',
                      origin=pd.Timestamp('2023-12-01'))
# 生成数据
data = np.random.randint(10,50, size=11)
ax = plt.subplot(111)
# 对 X 轴的刻度进行格式化
ax.xaxis.set_major_formatter(mdate.DateFormatter('%Y-%m-%d'))
# 为 X 轴添加刻度
plt.xticks(pd.date_range(time[0],time[-1],freq='D'),rotation=45)
plt.plot(time,data,color='r')
# 设置标题
plt.title('折线图示例')
# 设置 X 轴和 Y 轴名称
plt.xlabel('日期',fontsize=20)
plt.ylabel('销售量',fontsize=20)
plt.show()
```

运行效果如图 10-39 所示。

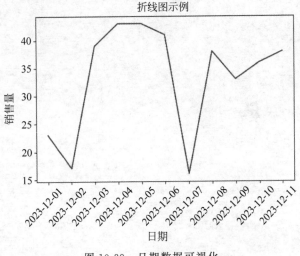

图 10-39　日期数据可视化

（2）pandas 读取数据库并可视化。

① 启动 MySQL，创建数据库 test，并创建数据表 company，表结构如图 10-40 所示。

② 向数据表 company 插入数据，运行效果如图 10-41 所示。

③ 使用 Python 连接该数据库，代码如下。

```
mysql> describe company;
+-------+------------+------+-----+---------+-------+
| Field | Type       | Null | Key | Default | Extra |
+-------+------------+------+-----+---------+-------+
| id    | char(8)    | NO   | PRI | NULL    |       |
| name  | char(8)    | NO   |     | NULL    |       |
| score | tinyint(1) | YES  |     | NULL    |       |
+-------+------------+------+-----+---------+-------+
3 rows in set (0.00 sec)
```

图 10-40 创建数据表

```
mysql> use test;
Database changed
mysql> select * from company;
+-------+-------+-------+
| id    | name  | score |
+-------+-------+-------+
| 00001 | owen  |    90 |
| 00002 | alex  |    80 |
| 00003 | messi |    70 |
| 00004 | ronny |    75 |
+-------+-------+-------+
4 rows in set (0.00 sec)
```

图 10-41 插入数据

```python
import pandas as pd
import matplotlib.pyplot as plt
from pymysql import *
conn = connect(host = 'localhost', user = 'root', passwd = '', db = 'test', charset = 'utf8')
# 此处数据库密码为空
sql = 'select * from company'
df = pd.read_sql(sql,conn)
print(df)
df.plot.bar(x = 'name', y = 'score', color = 'g')
plt.tick_params(axis = 'x', rotation = 360)
plt.title("score")
plt.show()
```

运行效果如图 10-42 所示。

	id	name	score
0	00001	owen	90
1	00002	alex	80
2	00003	messi	70
3	00004	ronny	75

（3）numpy 与 pandas 绘图，代码如下。

```python
import pandas as pd
import numpy as np
import matplotlib.pyplot as plt
plt.rcParams['font.sans - serif'] = ['SimHei']     # 设置字体
```

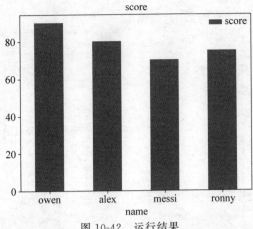

图 10-42 运行结果

```
data = pd.DataFrame(np.arange(16).reshape((4,4)),columns = ['北京','上海','天津','重庆'],
index = [str(i) + '月' for i in np.arange(1,5)])
print(data)
data.plot()
plt.title('四个城市的对比')
plt.show()
data1 = data['北京'].plot()
plt.title('北京数据')
plt.show()
```

该例首先生成 1-4 月四个城市的数据,如下所示。

	北京	上海	天津	重庆
1月	0	1	2	3
2月	4	5	6	7
3月	8	9	10	11
4月	12	13	14	15

接着用折线图来描述四个城市的数据,如图 10-43 所示。

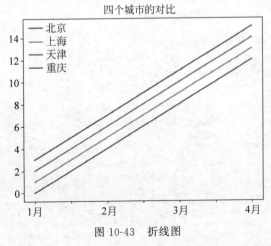

图 10-43 折线图

最后用折线图来描述北京的数据，如图 10-44 所示。

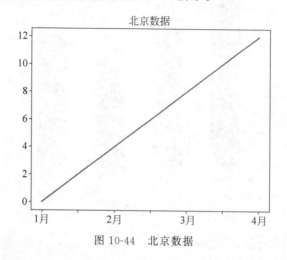

图 10-44　北京数据

（4）数据筛选，代码如下。

```
import pandas as pd
import matplotlib.pyplot as plt
df = pd.DataFrame({'姓名':['黄同学','王同学','李同学 ','陈同学','罗同学'],
    '性别':['男','女','男','女','男'],
    '身高':['175','167','166','173','189'],
    '家庭住址':['重庆江北','上海陆家嘴','北京朝阳','重庆沙坪坝','广东广州'],
    '电话号码':['13434813546','19748672895','16728613064','14561586431','19384683910'],
    '收入':['1.1 万','0.84 万','0.9 万','1.7 万','2.0 万']})  # 数据集
print(df)
print(df["姓名"].str.cat(df["家庭住址"],sep = ' - ' * 4))  # 字符串的拼接
print(df["家庭住址"].str.contains("江"))  # 判断某个字符串是否包含给定字符
print(df["身高"])
print(df["性别"])
print(df["电话号码"].str.slice_replace(4,8, " * " * 4))  # 字符串脱敏，" * " * 4
print(df.sort_values(['身高'], ascending = False))  # 身高排序
```

运行结果如下所示。

	姓名	性别	身高	家庭住址	电话号码	收入
0	黄同学	男	175	重庆江北	13434813546	1.1 万
1	王同学	女	167	上海陆家嘴	19748672895	0.84 万
2	李同学	男	166	北京朝阳	16728613064	0.9 万
3	陈同学	女	173	重庆沙坪坝	14561586431	1.7 万
4	罗同学	男	189	广东广州	19384683910	2.0 万
0	黄同学 ---- 重庆江北
1	王同学 ---- 上海陆家嘴
2	李同学 ---- 北京朝阳
3	陈同学 ---- 重庆沙坪坝
4	罗同学 ---- 广东广州

```
Name: 姓名, dtype: object
0    True
1    False
2    False
3    False
4    False
Name: 家庭住址, dtype: bool
0    175
1    167
2    166
3    173
4    189
Name: 身高, dtype: object
0    男
1    女
2    男
3    女
4    男
Name: 性别, dtype: object
0    1343 **** 546
1    1974 **** 895
2    1672 **** 064
3    1456 **** 431
4    1938 **** 910
Name: 电话号码, dtype: object
     姓名    性别  身高    家庭住址        电话号码          收入
4    罗同学   男    189   广东广州      19384683910   2.0万
0    黄同学   男    175   重庆江北      13434813546   1.1万
3    陈同学   女    173   重庆沙坪坝    14561586431   1.7万
1    王同学   女    167   上海陆家嘴    19748672895   0.84万
2    李同学   男    166   北京朝阳      16728613064   0.9万
>>>
```

10.3　本章小结

（1）用户可以使用开源工具 Kettle 进行数据转换与清洗。

（2）用户可以在 Python 3 中使用 pandas 进行数据分析。

习题

1. 请阐述使用 Kettle 进行随机数生成的流程。

2. 请阐述使用 Kettle 进行数据表连接与过滤的流程。

3. 请阐述使用 pandas 进行数据分析的流程。

参 考 文 献

[1] 刘鹏,张燕,张重生,等.大数据[M].北京：电子工业出版社,2017.

[2] 黄宜华,苗凯翔.深入理解大数据[M].北京：机械工业出版社,2014.

[3] 零一,韩要宾,黄园园.Python 3 爬虫、数据清洗与可视化实战[M].北京：电子工业出版社,2018.

[4] 刘硕.精通 Scrapy 网络爬虫[M].北京：清华大学出版社,2017.

[5] 杨尊琦.大数据导论[M].北京：机械工业出版社,2018.

[6] 林子雨.大数据技术原理与应用[M].北京：人民邮电出版社,2017.

[7] 周苏,王文.大数据可视化[M].北京：清华大学出版社,2016.

图 书 资 源 支 持

感谢您一直以来对清华版图书的支持和爱护。为了配合本书的使用，本书提供配套的资源，有需求的读者请扫描下方的"书圈"微信公众号二维码，在图书专区下载，也可以拨打电话或发送电子邮件咨询。

如果您在使用本书的过程中遇到了什么问题，或者有相关图书出版计划，也请您发邮件告诉我们，以便我们更好地为您服务。

我们的联系方式：

地　　址：北京市海淀区双清路学研大厦 A 座 714

邮　　编：100084

电　　话：010-83470236　010-83470237

客服邮箱：2301891038@qq.com

QQ：2301891038（请写明您的单位和姓名）

资源下载：关注公众号"书圈"下载配套资源。

资源下载、样书申请

图书案例

书圈

清华计算机学堂

观看课程直播